彩图 1　灰树花

彩图 2　桑黄

彩图 3　绣球菌

彩图 4　大球盖菇

彩图 5　羊肚菌

彩图 6　长根菇

彩图 7　鹿角灵芝

彩图 8　大球盖菇人工林下种植

彩图 9　空气倒吸引起的污染

彩图 10　摇床培养的液体菌种

彩图 11　液体菌种

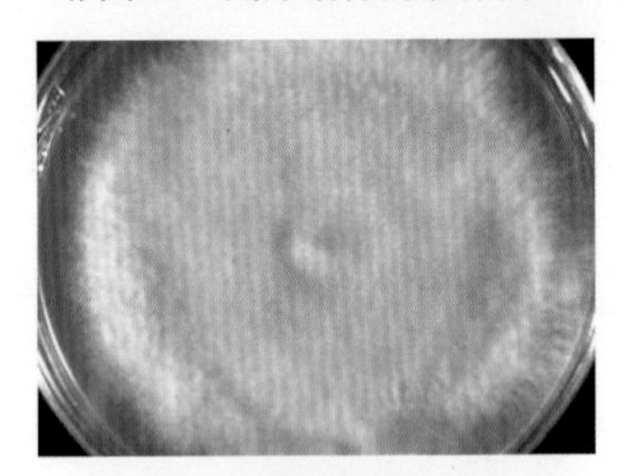

彩图 12　被细菌污染的母种

彩图 13　发生虫害的菌种

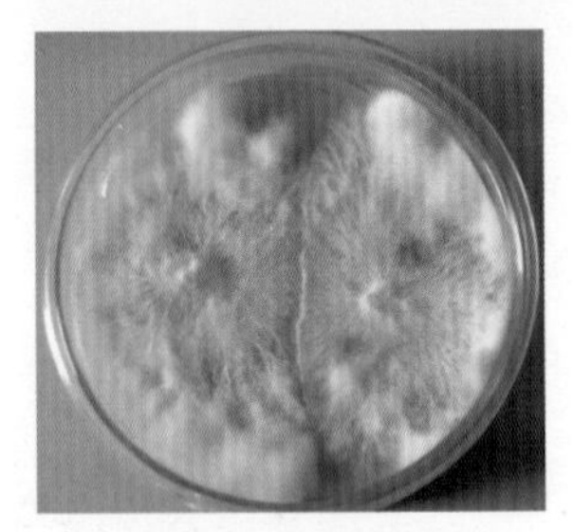

彩图 14　拮抗线

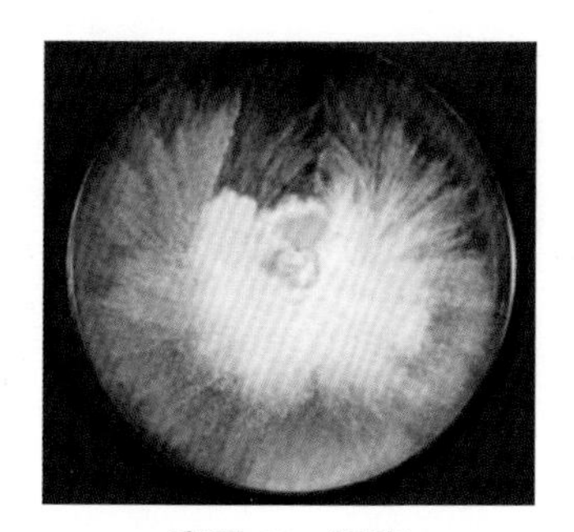
彩图 15　湿斑

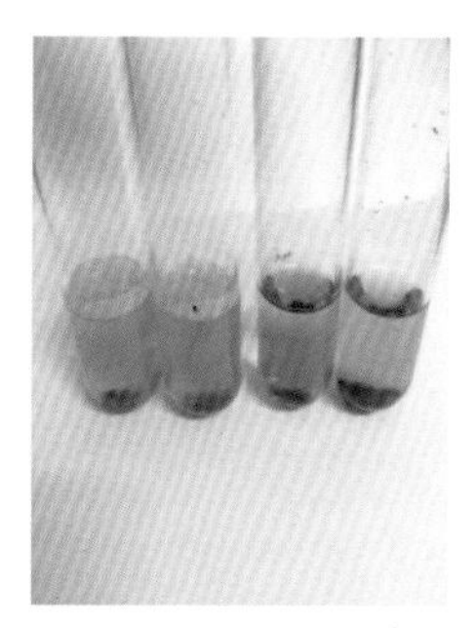
彩图 16　木屑菌种污染判断

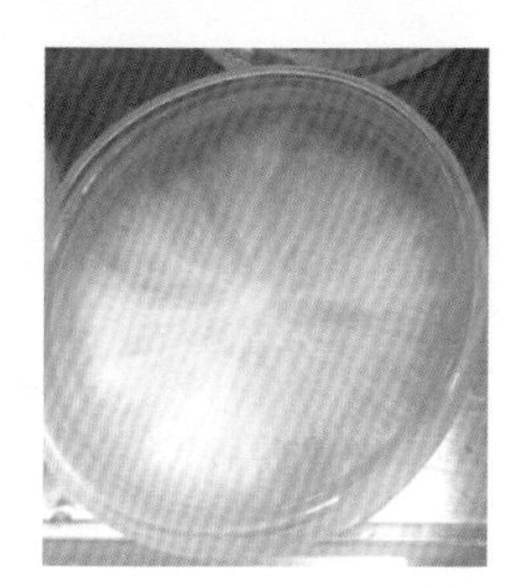
彩图 17　香菇菌丝体

彩图 18　高温发菌的菌袋

彩图 19　进入排场转色期的香菇菌袋

彩图 20　转色不正常

彩图 21　高温型品种——鲍鱼菇

彩图 22　平菇黑色品种

彩图 23　平菇灰色品种

彩图 24　平菇白色品种

彩图 25　平菇黄色品种

彩图 26　平菇红色品种

彩图 27　平菇球形菇

彩图 28　平菇黄菇病

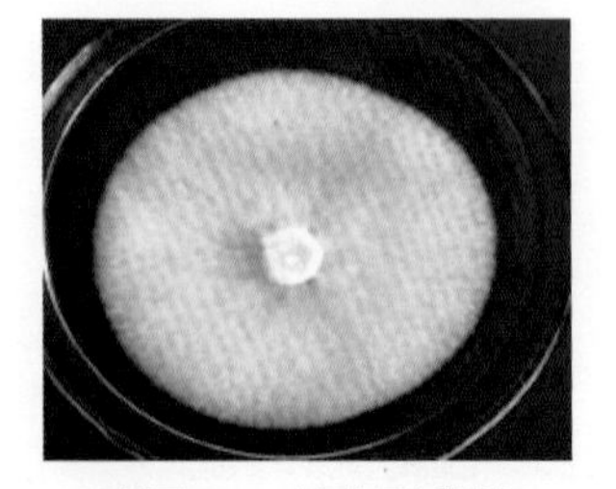

彩图 29　浓密型菌丝

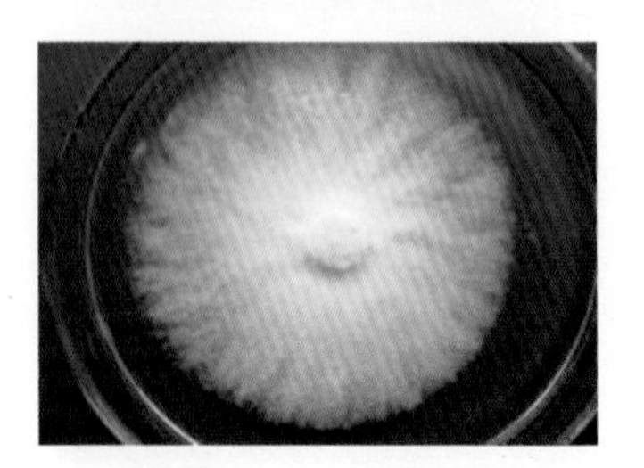

彩图 30　中等型菌丝

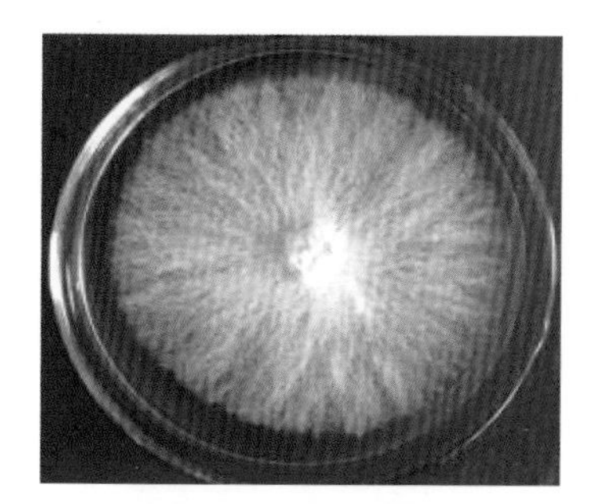

彩图 **31**　稀疏型菌丝

彩图 **32**　无筋品种

彩图 **33**　半筋品种

彩图 **34**　全筋品种

彩图 **35**　感染链孢霉的黑木耳菌包

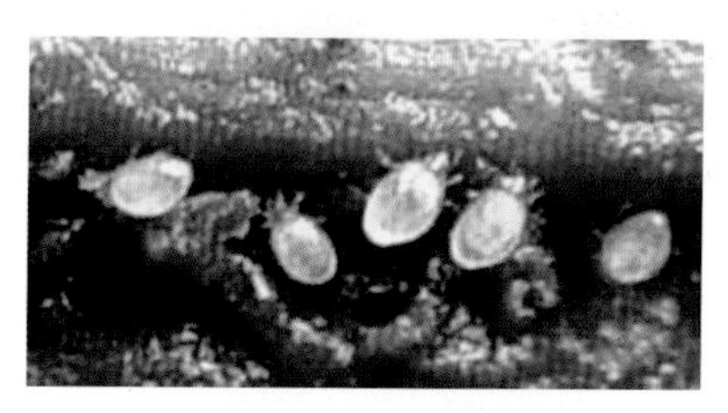

彩图 **36**　螨虫若虫

彩图 **37**　黑木耳流耳

彩图 **38**　黑木耳绿藻病

彩图 39　黑木耳红眼病

彩图 40　黑木耳牛皮菌

彩图 41　双孢蘑菇白色品种

彩图 42　双孢蘑菇棕色品种

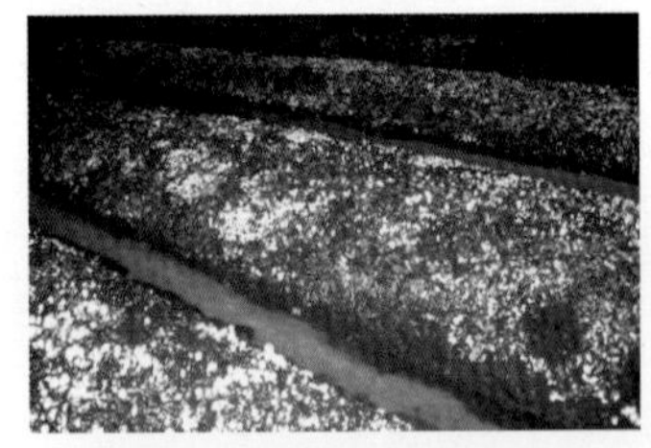

彩图 43　双孢蘑菇出菇过密

彩图 44　双孢蘑菇死菇

彩图 45　双孢蘑菇畸形菇

彩图 46　双孢蘑菇薄皮菇

彩图 **47**　双孢蘑菇硬开伞

彩图 **48**　双孢蘑菇地雷菇

彩图 **49**　双孢蘑菇红根菇

彩图 **50**　双孢蘑菇水锈病

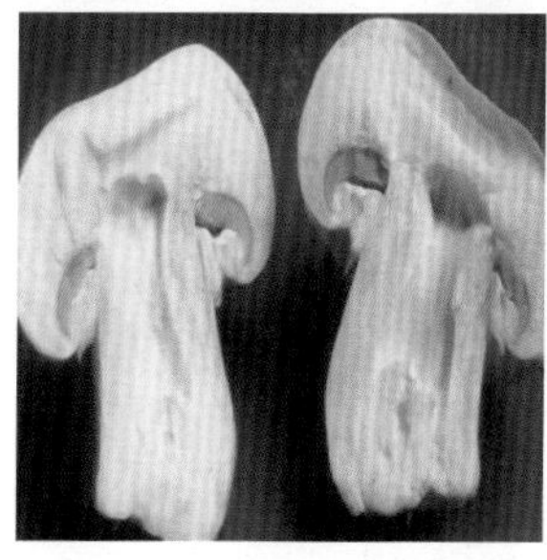

彩图 **51**　双孢蘑菇空心菇

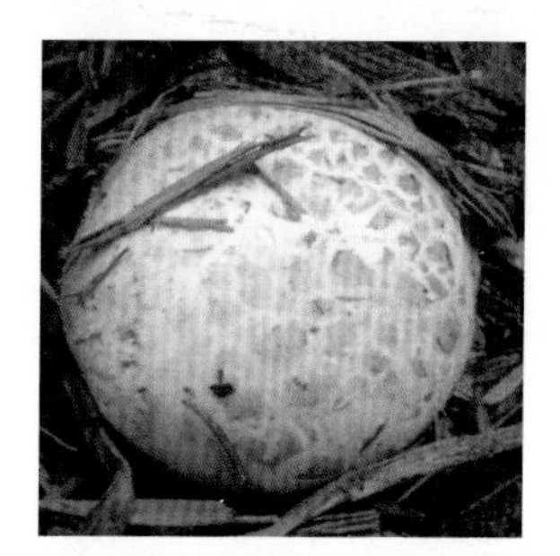

彩图 **52**　双孢蘑菇鳞片菇

彩图 **53**　双孢蘑菇群菇

彩图 **54**　双孢蘑菇胡桃肉状菌

彩图 **55**　被细菌污染的料面（左）与正常料面（右）

彩图 **56**　蓝光灯照射

彩图 **57**　白色金针菇工厂化生产

彩图 **58**　黄色金针菇工厂化生产

彩图 **59**　金针菇细菌性斑点病

专家帮你
提高效益
★★★

怎样提高
食用菌种植效益

国淑梅　牛贞福　刘　永　编著

机械工业出版社

本书较为全面地分析、总结了食用菌菌种制作和香菇、平菇、黑木耳、双孢蘑菇、金针菇在生产中的误区，着重从常见食用菌的生长条件、栽培季节、栽培模式、菌袋制作、出菇管理等关键环节展开介绍。本书内容翔实、新颖，图文并茂、通俗易懂，实用性、可操作性强，设有“提示”“注意”“小窍门”“提高效益途径”等小栏目，可以帮助读者更好地掌握提高食用菌种植效益的方法。

本书适合从事食用菌生产的企业、合作社、菇农及农业技术推广人员使用，也可供农业院校相关专业的师生参考阅读。

图书在版编目（CIP）数据

怎样提高食用菌种植效益 / 国淑梅，牛贞福，刘永编著. -- 北京 ：机械工业出版社，2025. 1. --(专家帮你提高效益). -- ISBN 978-7-111-76940-8

Ⅰ. S646

中国国家版本馆 CIP 数据核字第 2024M4G090 号

机械工业出版社（北京市百万庄大街22号　邮政编码100037）

策划编辑：高　伟　周晓伟　　责任编辑：高　伟　周晓伟　刘　源

责任校对：李　思　陈　越　　责任印制：单爱军

保定市中画美凯印刷有限公司印刷

2025年1月第1版第1次印刷

145mm×210mm・10印张・4插页・277千字

标准书号：ISBN 978-7-111-76940-8

定价：49.80 元

电话服务　　网络服务

客服电话：010-88361066　　机　工　官　网：www.cmpbook.com

010-88379833　　机　工　官　博：weibo.com/cmp1952

010-68326294　　金　书　网：www.golden-book.com

封底无防伪标均为盗版　　机工教育服务网：www.cmpedu.com

前言 PREFACE

食用菌产业作为朝阳产业，在我国已成为继粮、油、菜、果之后的第五大种植产业，食用菌产品具有较高的食用、药用和保健价值，市场潜力巨大。近年来，越来越多的投资者和农业项目涉足食用菌产业，从业人数、生产规模、栽培品种、经济效益等不断增加。然而，我国食用菌产业在快速发展的过程中存在着生产实践与理论脱节、从业者整体专业素养不高、栽培模式和方法生搬硬套、产品价格波动较大等问题，困扰着广大从业者，成为限制食用菌产业健康发展的痛点。

为提升广大从业者的栽培水平，科学指导食用菌生产，减少种植风险，提高食用菌的生产水平和效益，本书聚焦当下食用菌产业中占比较大的香菇、平菇、黑木耳、双孢蘑菇、金针菇（工厂化栽培）品种，以其生长条件、栽培季节、栽培模式、菌袋制作、出菇管理等关键环节为着力点，解决食用菌栽培过程中遇到的难题，以促进食用菌产业稳定健康发展。

为了使本书内容更加形象生动，具有较强的可读性和适用性，编者尽可能地加入了有代表性的图片进行辅助说明。本书在编写过程中得到了淄博益君农业发展股份有限公司、东明县惠农食用菌种植专业合作社、滕州市润禾食用菌种植专业合作社等单位的支持，同时也参考了国内外食用菌专家和同行的相关研究成果，在此一并致谢！

需要特别说明的是，本书所用的药物及其使用剂量仅供读者参考，不可完全照搬。在实际生产中，所用药物学名、通用名与实际商品名称存在差异，药物浓度也有所不同，建议读者在使用每一种药物之前，都要认真参阅厂家提供的产品说明以确认药物用量、用药方法、用药时间及禁忌等。

由于编者水平有限，书中难免存在不足之处，敬请广大读者、同行、专家提出宝贵意见，以便重印时修正。

编著者

目 录 CONTENTS

第一章
树立科学生产理念
向科学要效益

第一节　食用菌生产的基本情况及误区

一、食用菌的定义和分类

1. 食用菌的定义

食用菌是指能形成大型的肉质（或胶质）子实体或菌核类组织并能供人们食用或药用的一类大型真菌。通常所说的食用菌包括人工栽培的食用菌和可食的野生菌。

2. 食用菌的分类

食用菌在分类上属于真菌界、真菌门，大多属于担子菌亚门和子囊菌亚门，其中约 95% 的食用菌属于担子菌亚门。根据自然状态下食用菌营养物质的来源，可将食用菌分为腐生型、寄生型和共生型 3 种类型。

（1）腐生型　从植物残体上或无生命的有机物中吸收养料的食用菌称为腐生菌。根据腐生型食用菌适宜分解的植物残体不同和生活环境的差异，可分为木腐型（木生型）、草腐型和土生型 3 个生态类群。

1）木腐型（木生型）。木腐型食用菌从木本植物残体中吸取养料。该类食用菌不侵染活的树木，多生长在枯木朽枝上，以木质素为优先利用的碳源，也能利用纤维素。其常在枯木的形成层生长，使木材变腐并充满白色菌丝。有的食用菌对树种适应性广，如平菇、香菇、木耳等；有的适应范围较窄，如茶树菇、灰树花（彩图 1）、桑黄（彩图 2）等。

【提示】

食用菌利用的树木一般是阔叶树（冬季落叶），在购买木屑时一定要清楚是哪种木屑，否则会造成巨大损失。珍稀菌中的绣球菌（彩图 3）可以利用松木屑进行栽培。

2）草腐型。草腐型食用菌从草本植物残体或腐熟有机肥料中吸取养料。该类食用菌多生长在腐熟堆肥、厩肥、烂草堆上，优先利用纤维素，几乎不能利用木质素，可用秸秆、畜禽粪作为培养料，如草菇、鸡腿菇、双孢蘑菇、大球盖菇（彩图 4）等。

3）土生型。土生型食用菌多生长在腐殖质较多的落叶层、草地、肥沃田野等场所，如羊肚菌（彩图 5）、长根菇（商品名为黑皮鸡坳，见彩图 6）、马勃、竹荪等。

【提示】

木腐型及草腐型食用菌较易于驯化，在人工栽培的食用菌中占绝大多数；而土生型食用菌的驯化较难，产量较低且不稳定，如羊肚菌。目前，大规模栽培的菇类几乎都是腐生型菌类（木腐型和草腐型），在实际生产中要根据它们的营养生理来选择合适的培养料。

（2）寄生型　生活在活的有机体内或体表，从活的寄主细胞中吸收营养而生长发育的食用菌称为寄生菌。在食用菌中整个生活史都是营寄生生活的情况十分罕见，多为兼性寄生或兼性腐生。兼性寄生的典型代表是蜜环菌，它可以在树木的死亡部分营腐生生活，一旦进入木质部的活细胞后就转为寄生生活，常生长在针叶或阔叶树干的基部或根部，形成根腐病。寄生菌中兼性腐生的代表是冬虫夏草，它是寄生在鳞翅目幼虫上的一种真菌，能够杀死虫体并将虫体变成长满菌

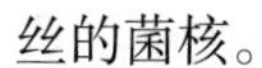

丝的菌核。

(3) 共生型　与高等植物、昆虫、原生动物或其他菌类相互依存、互利共生的食用菌称为共生菌。

1）食用菌与植物共生。菌根菌是食用菌与植物共生的典型代表，食用菌菌丝与植物的根结合成复合体——菌根。菌根菌能分泌生长激素，促进植物根系的生长，菌丝还可帮助植物吸收水分及无机盐，而植物则把光合作用合成的碳水化合物提供给菌根菌。菌根分为外生菌根和内生菌根两种类型，多数是外生菌根，约有 30 个科 99 个属，与阔叶树或针叶树共生。

① 外生菌根。外生菌根的菌丝大部分紧密缠绕于根表面，形成菌套，并向四周伸出致密的菌丝网，仅有少部分菌丝进入根的表皮细胞间生长，但不侵入植物细胞内部。木本植物的菌根多为外生菌根，如赤松根和松口蘑。

② 内生菌根。菌根菌的菌丝侵入根细胞内部的为内生菌根，如蜜环菌的菌索侵入天麻的块茎中，吸取部分养料，而天麻块茎在中柱和皮层交界处有一消化层，该处的溶菌酶能将侵入块茎的蜜环菌丝溶解，使菌丝内含物释放出来供天麻吸收。

【提示】

食用菌与植物形成菌根，是长期自然环境中形成的一种生态关系。这种关系受到破坏或改变，无论植物或食用菌的生活都会受到不良影响甚至不能正常生活。因此，目前这类食用菌的人工栽培较困难，取得成功的不多。菌根菌中有不少优良品种，如松露、松茸、牛肝菌，但还没有驯化到完全可以人工栽培，是未来开发的一个方向。

2）食用菌与动物共生。食用菌与动物构成的共生关系中，最典型的例子是不少热带食用菌与白蚁或蚂蚁存在密切的共生关系。在自然条件下，鸡纵只能生长在白蚁窝上，鸡纵在白蚁窝上的生长为白蚁提供了丰富的营养物质，而白蚁窝则为鸡纵提供了生存基质。

3）食用菌与微生物共生。食用菌与微生物的共生关系中最典型的例子就是银耳属。现在已经很明确，银耳与香灰菌、金耳与韧革菌存在一种偏共生关系，其中的香灰菌与韧革菌通常被称为“伴生菌”。

二、食用菌产业现状

1. 产区范围扩大化

我国食用菌产量占世界食用菌总产量的 70% 以上，已成为名副其实的食用菌产业大国，主产区从东南地区、华东地区、东北地区和中部地区扩展到西南地区和西北地区，产业布局呈现出“东菇西移”和“南菇北移”的发展趋势。四川、贵州、云南、甘肃、新疆、山西、陕西等过去发展相对较少的省区新建并成长了一批新兴的食用菌产区，食用菌主产县达到 600 个，产值超过亿元的县有 100 余个，从事生产、加工和经销的各类企业有 1 万多家，全国各地食用菌从业人员达 2500 万人，食用菌产业已经成为我国很多地区农民增收致富的产业和现代农业的特色产业。

2. 栽培品种多样化

我国已调查到的食用菌有 936 种，可人工栽培的近 60 种，已商业化规模栽培的达 36 种，主要有香菇、双孢蘑菇、平菇、金针菇、黑木耳、毛木耳、银耳，即常见的“四菇三耳”，以及巴氏蘑菇、真姬菇、蛹虫草、杏鲍菇、白灵菇、羊肚菌、猴头菇、秀珍菇、姬菇、榆黄蘑、鸡腿菇、茶树菇等珍稀食药用菌。羊肚菌、桑黄等珍稀食用菌驯化栽培的成功，使我国食用菌栽培种类继续领先世界。食用菌栽培在我国已初步形成了传统品种、工厂化品种、药用食用菌和野生食用菌四大品类格局。

3. 品种发展区域化

我国幅员辽阔，各地的食用菌产业依据自身优势形成不同的发展格局。长江三角洲地区依靠资金、技术和人才优势，在金针菇、杏鲍菇、双孢蘑菇、真姬菇、绣球菌等工厂化生产方面持续领先，集中

度不断增强，生产技术水平紧追欧洲及美国、日本、韩国等发达国家，形成了工厂化生产优势基地。福建、广东等产区依靠行业人文基础，大力开展长根菇、大杯蕈等珍稀食用菌栽培，并形成了漳州双孢蘑菇、毛木耳和古田袋栽银耳等优势生产基地。浙江、福建等产区依据特殊自然环境，在香菇栽培方面已形成周年生产；湖北、河南等产区和河北、山西等产区，则分别形成了秋栽和夏栽香菇优势生产基地。四川等产区已经形成羊肚菌、毛木耳、段木银耳及黑木耳等优势生产基地。东北产区则是袋栽黑木耳、榆黄蘑、滑菇等食用菌的优势生产基地。与此同时，现代农业产业园区、经济技术开发区、观光博览园区、文化旅游科普园区的快速发展，已经成为展示现代食用菌科技进步成果、推广食用菌健康饮食文化、传播食用菌科学文化知识、推动食用菌行业提档升级和拉动食用菌产品消费的重要力量。

4. 工厂化生产专业化

截至 2021 年 12 月，全国食用菌工厂化生产企业共有 337 家，按生产品种统计排前四位的分别是杏鲍菇 91 家、真姬菇 86 家、金针菇 71 家、双孢蘑菇 38 家；生产品种由金针菇、杏鲍菇、双孢蘑菇扩展到灰树花、草菇等 10 多种，实现了规模化、周年化和品种的多样化生产，提质增效成效显著。食用菌工厂化生产凸显出资本集中、高效专业的发展势头，已成为食用菌行业实现又好又快发展的主力军。

5. 延伸企业发展迅速化

食用菌精深加工产业发展良好，产业附加值不断提升、效益明显提高。食用菌生产企业高度重视食用菌的增值增效，通过保鲜贮运、延长货架期及加工增值和药用开发利用等方式，保证了保鲜与加工产品的品种、产量和产值呈现较快增长。采用物理方法进行保鲜和加工的厂家越来越多，食用菌酱菜、速食品和饮品的品类不断增多，食用菌保健食品和药品开发稳步发展，产业链条延伸和产品升级取得明显进步。

6. 流通模式多元化

全国食用菌优势产区及消费城市周边建成了一批规模较大的专业交易市场，如浙江庆元香菇市场、河南西峡双龙香菇批发市场、福建古田食用菌批发市场、北京新发地农贸批发市场菌类交易大厅和黑龙江东宁黑木耳批发市场等，在产品集散、供求调节和价格形成等方面发挥了不可替代的作用，承担着全国交易总额的50%~80%。同时，食用菌经纪人、运销商等中介组织作用突出，菇农与加工企业、农超、电商等对接数量增多，“互联网+”在食用菌产业领域的推动作用逐步显现，食用菌干制品、鲜品、菌棒和设备等出口品类日趋多样，在境外设厂生产和销售日趋增多，食用菌产业发展内涵不断丰富。

三、食用菌产业发展存在的误区

1. 投资存在一定的盲目性

受市场预期、资本投入和地方政策等影响，企业主要集中在东部经济发达地区，而中西部省区较少。东部区域性生产企业过多，有的成为集聚群，造成一些地区产能过剩；而且这些企业很多建在“五高”地区，即原料费用高、人工费高、电价高、运输成本高、管理费用高，造成产业布局结构上的不合理。

随着东部地区食用菌行业的人才、资金和技术向西部地区转移速度加快，个别地区在缺乏科学评估的情况下，大力发展段木栽培和依赖木屑资源的代料栽培，增加了生态环境及市场压力。部分地区政府和企业高估食用菌产业的市场价值和发展趋势，产业投入过于迅猛，工厂化生产出现季节性产能过剩，以至于出现资金短缺、效益下滑、个别产品的价格波动剧烈等问题，企业及产业风险有所放大。

2. 产品的结构不合理

香菇、平菇、黑木耳、金针菇、双孢蘑菇和毛木耳等品种成为主体，其他30余种食用菌产量比重偏低。主栽食用菌品类市场集中度过高，珍稀和药用食用菌栽培技术瓶颈突出和生产规模过小，导致品种结构不平衡。食用菌工厂化生产中金针菇、杏鲍菇等品种产能过

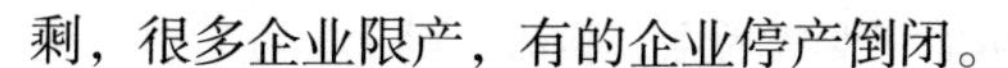

剩，很多企业限产，有的企业停产倒闭。

受消费市场规模、保鲜和加工技术、餐饮文化和市场宣传等因素制约，珍稀和药用食用菌的市场开发相对滞后，市场发展空间发掘不足，导致产品多元化、多样化的发展势头相对较弱。

3. 菌种技术研发相对滞后

我国食用菌种质资源丰富，但对野生食用菌种质资源的调查、采集、保藏和开发利用严重不足，部分主栽优良品种长期依赖国外引进，缺乏具有自主知识产权且能够满足工厂化生产的优良菌种，严重制约着我国食用菌行业的健康持续发展。同时，规模化制种技术体系落后，专业化菌种厂少，新品种开发、优良品种保育和提纯复壮等工作落后，对产业提质增效和提档升级造成重大影响。

4. 新型栽培基质开发不足

一方面我国是农业大国，每年有大量的农作物秸秆和畜禽粪便，适宜草腐菌生产，可变废为宝，形成循环经济；另一方面我国又是森林资源匮乏的国家，人均木材占有量很少，而木腐菌生产每年需要大量木屑，虽有一定比例的替代物，但木屑用量仍很大。

食用菌行业规模的快速扩张，尤其是木腐菌生产的过度发展，对林业资源保护形成冲击，菌业生产与林业保护的关系需要调整，避免出现大范围的“菌林矛盾”。草腐菌基质资源丰富但开发动力不足，大量农畜产业的副产品和废弃资源尚未被充分开发利用，棉花秆、豆秸秆、玉米芯、小麦及水稻秸秆等替代木屑基质、畜禽粪便，以及食用菌菌渣的循环利用技术和水平有待进一步提升。

5. 精深加工和产品开发技术创新水平较低

食用菌企业重生产、轻加工，形成的产业链前端大、产量高，而后续加工业小而少，没有形成高附加值的产业链。随着保鲜加工水平和新技术的应用，食用菌产品的感官指标虽然获得了较大提升，但在内在质量指标、品种针对性工艺等方面，与发达国家相比仍有较大差距。加工产品的品种不平衡，过度集中于灵芝、金针菇、猴头菇和香菇等少数种类，同质化问题严重，加工工艺的技术含量、产品的纯度、精度等水平

偏低。加工方式仍以干制等初加工形式为主，腌渍、烘干、罐装多，精深加工不足，创新水平较低，产业链条较短，外延加工有限。

6. 产业园、文化、品牌、市场建设基础薄弱

目前，食用菌园区建设初具规模，现代农业产业园区、工业经济技术开发区、食用菌观光旅游园区、文化博览科普园区和博物馆等在经济发达地区和大中城市周边逐渐兴起，但与食用菌生产、加工等产业链环节衔接不够，总体上存在融合不足的情况，存在园区内涵不够丰富、内容比较单一等问题，降低了食用菌现代科技成果的展示度和对消费者的吸引力。

在品牌建设上，虽然“庆元香菇”“泌阳花菇”“平泉滑子菇”“通江银耳”“西峡香菇”“随州香菇”“东北黑木耳”“济南鸡腿菇”和“冠县灵芝”等地理标识产品已经初具影响，但知名品牌不多，除雪榕、羲皇、绿宝、北味、绿雅、如意情、丰科等知名品牌外，其他具有市场影响力的品牌较少。

在市场建设上，现代化的交易和流通方式培育不足，统一和及时的市场信息引导较弱，合理的价格机制尚未形成，生产与销售相互脱节现象突出，市场流通效率较低，与行业规模快速扩大的发展势头相比严重滞后，导致食用菌产业发展风险有所放大。

7. 从业人员结构不合理

在食用菌生产一线的技术人员中，专业人员比例很少，主要的生产技术管理人员大都是土生土长的“菇农”，而行业内有限的专业技术人员主要集中在高等院校、科研院所里。支撑产业发展的菌需设备的研发制造，主要靠企业自主研发。食用菌企业迫切需要懂技术、会管理、有经营能力的复合型人才。

第二节　提高食用菌产业效益的途径

随着生活水平的不断提升，人们的营养需求已由过去如何吃饱向如何吃好转变，健康、营养、安全的食用菌产品越来越受到消费者

的重视，市场消费空间和产品产量逐年增长，食用菌生产者必须借助经济社会发展的宏观环境，抓住良好机遇，积极培育产业发展新动能，激发产业发展新活力，真正实现食用菌产业的提质增效和提档升级，在内外因共同作用下实现产业创新发展。

一、培育具有知识产权的优质品种

食用菌企业要注意收集我国主要的食药用菌种质资源，发掘特异基因资源，为育种研究提供新材料。科研院所应加强野生食用菌的驯化研究，建立国家级和地方食药用菌种质资源库，研究集成各类食用菌菌种繁育标准化技术体系。

在品种选育中，以我国大宗特色食用菌种类品种选育为重点，加强灵芝、香菇、猴头菇、银耳、毛木耳等加工专用系列新品种的选育，保护性地发展食用菌夏季栽培和仿野生栽培。开发绣球菌、秀珍菇、蛹虫草、大球盖菇、长根菇、羊肚菌等珍稀品种的工厂化生产专用品种，逐步使工厂化生产品种适应市场需求的多样化，降低市场风险，满足不同消费群体的饮食消费需要。针对羊肚菌、块菌、冬虫夏草等名贵珍稀食药用菌，进行人工或半人工优质丰产新品种选育和驯化栽培关键技术的研究与应用。

二、发展农业循环经济

食用菌与农业废弃物资源有天然的亲和能力，生产模式是典型的变废为宝的循环农业，“农林畜业废弃物—食用菌基料—食用菌产品—菌糠肥料、饲料、燃料”已经实现完整的循环利用，农村废弃资源如秸秆、果树枝、禽畜粪便等得到了合理化利用；也衍生出食用菌与光伏的有机结合（图 1-1），与林下经济的互补式发展（图 1-2），与农作物轮作模式的相互结合。大力推广具有区域特色的高效专用食用

图 1-1　光伏食用菌出菇棚

菌栽培基质，如沙棘木屑、桑枝木屑、玫瑰木屑（图 1-3）等；推广黑木耳、香菇、平菇等品种的机械化、规模化“集中制棒”和农户“分散出菇”模式，既节省投入，又保证菌包质量，可带动菇农增收致富。在生产过程中推广利用病虫害绿色综合防控技术，发展农业循环经济对食用菌市场扩大和规模扩张具有重要的促进作用。

图 1-2　林菌间作

图 1-3　利用玫瑰木屑生产的木耳

【提示】

利用闲置养殖棚发展食用菌的途径：

（1）**棚内未硬化的泥土地面改造**　拆除现有地面上的鸭网和鸡架笼，将地面土层挖除 10 厘米深度，下层翻松 10 厘米，每平方米撒施生石灰粉 1 千克，掺匀后整平压实，上铺 3 厘米厚黄沙，再铺一层砖或水泥方块。

（2）**棚体改造**　将棚顶现有覆盖物拆除，棚架表面杂物清理干净并粉刷，采用无滴膜 + 保温被 + 黑白膜 3 层覆盖，上面覆盖遮阳网，保留原有墙体，粉刷清洁，棚两端设置湿帘和风机，棚两侧留通风口。

（3）**棚内消毒**　用磷化铝、硫黄、敌敌畏和克霉灵（美帕曲星）烟雾剂等熏蒸或喷洒 3~4 遍，以杀虫、杀螨和杀菌消毒，注意操作安全。对棚体周围环境撒喷石灰粉、新洁尔灭和漂白粉，以消毒防虫。

根据季节温度变化，可种植不同温型的食用菌品种，达到周年生产效果。与相关食用菌生产企业合作，高温季节栽培高温毛木耳、草菇、灵芝、秀珍菇、姬松茸、长根菇等，中低温季节可栽培香菇、大球盖菇、黑木耳、平菇、滑子蘑、白灵菇等。棚内可平面栽培，也可平架栽培，还可设网格架栽培。

三、将高新技术应用于食用菌生产

目前食用菌的标准化生产和装备能力水平已遥遥领先于一般农业生产，机械化和规模化制袋技术、精准化高效栽培技术、病虫害绿色综合防控技术，以及新型高效栽培设施与栽培管理技术广泛应用，实现“减员、增效、提质、保安全”的目的。推广应用具备隔热保温遮阳、水体调温、自控加湿、辅助自然通风、辅助自然散射光照、物理防控病虫害等功能的食用菌专用栽培大棚和单元化设施（图 1-4），将工厂化栽培技术、物联网和智能化技术及专用机械和专用设施，快速转化并相继应用在生产环节。食用菌工厂化生产企业应建立以研发和运用现代生物工程技术、培育优质高产品种、创新液体菌种生产应用及栽培管理全程自动化控制为特征的企业发展思路，凸显科技竞争力，提高企业经济效益。

图 1-4　食用菌简易控温设施

四、加强食用菌保鲜和精深加工技术研发

研发食用菌产品物理、生物、气调保鲜技术，低温冷藏保鲜库、冷藏运输车辆、质量管理和溯源体系等；研发食用菌边角余料、残次菇、下脚料和杀青水的综合利用技术，开发食用菌氨基酸、蛋白粉及

饲料添加剂等产品；研究食用菌品种的功能活性成分，开发高附加值的系列食用菌精深加工产品，改变全国食用菌高产量低产值的现状。利用食用菌营养均衡可作为主粮和可以辅助治疗慢性、流行性疾病的特点，开发相关的功能食品、保健食品及药品，高端化、品牌化、差异化的食用菌产品可为国家粮食安全和全民大健康事业发挥独特的作用。

五、拓展市场流通销售渠道

食用菌品类丰富，可选择空间大，通过精深加工和形态改变，可以满足市场对食品的多样性选择，以适应不同市场的差异化需求。针对市场的这一特点，可以充分利用大数据进行管理，针对不同消费群体，推进精准化供给，通过专业市场建设和专门供应商培育，不断提高供给效率。建立不同层级、不同功能的流通市场，培育具有国际影响力的食用菌交易（会展）中心和物流中心，积极参加各类展销会、博览会，加强现代流通交易平台建设和龙头企业培育，提高流通效率。完善食用菌冷链物流体系，推动食用菌仓储、物流、加工全程冷链操作。

近年来，随着电子商务的兴起，越来越多的传统企业开始涉足线上服务，利用电商平台，通过线上线下相结合的经营模式，拓宽经营渠道，增加新的利润点。大数据、物联网、云计算、移动互联网等“互联网 +”技术被广泛应用在生产、经营、管理、服务等产业链环节中，使食用菌产业变得更加标准化、精准化。食用菌生产企业、生产者不但要考虑如何卖好菇，而且要在企业文化建设、战略制定、市场开发、人才培养、信息化搜集等方面积极做好数据整合，对信息进行高效分析和科学预判；应积极利用“互联网 +”和“新零售”的跨界“联姻”，重视互联网电商平台建设和供应商合作，拓展销售渠道，掌握产品市场话语权。

六、食用菌三产融合

食用菌可食用、可药用、可观赏；可农业、可工艺、可园艺；

吃进去的是草，长出来的是蛋白质，留下来的是肥料。食用菌的这些特点，有利于改善农业生产的组织形式，易于形成有行业特色的优势生产区域，易于建设现代农业产业园和特色小镇。

食用菌还可以满足消费市场对食品故事化、娱乐化和便利化的需求，经过千百年来的不断发展，食用菌孕育了丰富的历史故事和文化传奇。可以通过“食用菌 +”的多样组合，如“+ 特色小镇”“+ 旅游”“+ 医药”“+ 一带一路”“+ 脱贫”“+ 互联网”“+ 健康”等，将食用菌的文化内涵发掘出来，实现食用菌产业从要素驱动、投入驱动向创新驱动的转变，增强食用菌的渲染力和市场消费力，促进食用菌产业成为农业增效、农民增收、农村增绿的开创者和引导者，成为引领第一、第二、第三产业融合发展的主导与行业典范。

食用菌产业三产融合发展途径，见表 1-1。

表 1-1　食用菌产业三产融合发展途径

发展类型	主要内容	主要载体	功能
同一产业	第一产业（非耕地栽培）	光伏、山区、荒滩、重度盐碱地、戈壁滩等	节约土地、增加效益
	第二产业	酱菜、速食、饮品、药品	产业链条延伸、产品升级
	第三产业	观光园、采摘园、主题园、主题餐厅、美食节、旅游产品、特色小镇、农业嘉年华	美丽乡村建设、乡村振兴
不同产业	食用菌 + 茶	时空结构型、食物链型、综合型	“茶树→食用菌→茶园”生态循环、生态旅游
		灵芝茶、虫草茶、食用菌发酵茶、菇（菌）茶	养生、健康
	食用菌 + 花（果和农副产品、中药渣、食品加工渣）	食用菌栽培新基质、立体种植、茶（花、果、农产品）品质的提升，食用菌 + 陈皮（果茶）	资源利用率、循环经济、立体种植、观光，食用菌与其他产业的融合发展

（续）

发展类型	主要内容	主要载体	功能
文化嫁接	食用菌＋茶艺、茶具、茶道或其他产业	旅游、餐饮、购物、机械手（机器人）	提高旅游经济附加值，推动食用菌经济发展，促进食用菌产品品质提高
	文学艺术	诗词、书画、动漫、电影	民族文化传播

七、进入国际市场

与国际市场相比，我国食用菌品种多样且后来居上，许多珍稀品种深受国际市场尤其是欧美国家欢迎，需求意愿强烈。经过 30 多年的快速发展，我国食用菌产业在人才、技术、装备、产能等方面储备充足，借助国家“一带一路”倡议实施的机遇，全面推进食用菌产业走出去，通过技术、人才、服务、产品、设备等互联互通，创造企业发展新动能。探索在中亚和美洲等优势棉花产区建立工厂化食用菌品种产区，在东南亚热带、亚热带建立特色产区，在非洲建立粗放式食用菌品种和生产工艺简单的品种产区，在森林资源和电力资源丰富的地区建立规模化的生产园区。

第三节　掌握食用菌理论知识　提高管理技能

一、生产者对食用菌基础知识的误区

1. 不重视食用菌基础知识学习

食用菌生产者往往重视栽培技术的学习，忽视食用菌生物学特性。食用菌生物学特性包括营养需求和环境条件，了解食用菌的营养需求才能有效利用当地原材料、优化培养基；只有掌握食用菌生长所需的环境条件才能建造适合食用菌生长的设施、选择适宜的季节进行栽培。食用菌是有生命的，属于微生物的范畴，既然有生命，那么我们就需要认识“他”、懂“他”，学会与“他”对话。食用菌生产者只

有充分了解食用菌的生物学特性，才能对食用菌的生长进行控制，达到“与菌对话”的境界。

【小知识】

尽量满足食用菌的生长要求就是发菌管理、出菇管理的基本原则。能够做到“与菌对话”是食用菌生产者的最高境界。例如：

1）食用菌说：“我需要营养”。我是“杂食”性生物，胃口好，木质素类的、纤维素类的培养料，如棉籽壳、玉米芯、棉秆、木屑、稻草、农产品废弃物等，都能分解和利用。

2）食用菌说：“我需要合适的温度”。菌丝生长阶段，我在5~35℃的条件下都能生长。书上一般写我最喜欢的温度是25℃左右，但在22℃时长得最好、最壮，产量也最高。

3）食用菌说：“我需要合适的湿度”。有人说，“拌料水多一些，产量高。”其实我需要60%~65%的含水量，水分再多就无法呼吸，只能在厌氧环境里生存，很多细菌、霉菌也都过来找我了。

4）食用菌说：“我需要氧气”。我和人类一样吸入氧气，呼出二氧化碳。可是，有的人并不真正了解我。例如，人们只注重了大棚通风，而我生活在培养料中，人们却忽视了培养料通风，因此大棚再怎么通风我还是无法顺畅地呼吸。我长期生长在厌氧环境下，长出的蘑菇也不正常了。

5）食用菌说：“我不太需要光照”。在光照需求方面，我是分阶段的，在菌丝生长阶段需要完全黑暗；在冬季发菌阶段，大棚里的温度很低，可以揭开草苫晒大棚以增温，当然可以用黑色的塑料薄膜覆盖。在出菇阶段有的种类需要光照，有的种类不需要。

“如果满足我以上五大需求，我就能化作一朵朵健康、美味的蘑菇，丰富人们的餐桌，增进人们的健康”，食用菌说。

2. 生产品种盲目追“新”求“异”

有的食用菌生产者在品种选择上比较盲目，没有对市场需求充分调研就进行食用菌新品种种植，往往会因为技术、市场价格等问题造成亏损。也有的生产者看到其他食用菌效益高，频繁更换生产品种，没有遵循“人无我有、人有我优、人有我精、人精我专”的市场原则。

【注意】

食用菌生产者要追求生产效益，在进行品种选择时一定要和当地人们的消费习惯、消费水平、市场需求相结合。

3. 不熟悉自己的生产设施设备

食用菌生产者尤其是工厂化企业往往追求最新最好的生产设施、设备，而忽视对自己的生产设施、设备的熟悉和掌握。不熟悉菇房制冷机组、通风机、加湿器等环境控制设备的工作原理和特点（包括缺点），就不能很好地实现温、湿、气、光等各指标的精准控制，也就不能提前预测、排除故障。对于大棚、温室的出菇管理也是一样的，如何通风、如何喷雾、如何给光，控制到什么程度，也都需要在熟悉自己生产设施的基础上进行操作。

4. 生产者缺乏记录总结习惯

食用菌生产者缺乏对菌种、原料、拌料、灭菌、接种、菌丝生长、扭结、分化等生产全过程的观察、记录意识。同一个品种，在不同的情况下会出现不同的状态，如配方的变化、设备的变化、季节的变化等，有可能一些情况一年才会遇到一次，不能做好记录、总结，也就不能提高生产技术。出菇管理是食用菌各个环节中需要时间最长的，要从中学习吸取前辈、同事的经验，从事同一品种的生产者在一起经常交流、探讨，将别人的经验和自己的实际生产结合起来才会不断提升。

二、掌握食用菌的营养生理

食用菌的生命活动需要大量的水分，较多的碳素、氮素，其次是磷、镁、钾、钠、钙、硫等主要矿质元素，还需要铜、铁、锌、锰、钴、钼等微量元素，有的还需要维生素。

1. 碳源

碳源是构成食用菌细胞和代谢产物中碳来源的营养物质，也是食用菌生命活动所需要的能量来源，是食用菌最重要的营养源之一。食用菌主要利用单糖、双糖、半纤维素、纤维素、木质素、淀粉、果胶、有机酸和醇类等。单糖、有机酸和醇类等小分子碳化合物可以被直接吸收利用，其中葡萄糖是利用最广泛的碳源。而纤维素、半纤维素、木质素、淀粉、果胶等大分子碳化合物，需在酶的催化下水解为单糖后才能被吸收利用。生产中食用菌的碳源主要来源于各种富含纤维素、半纤维素的植物性原料，如木屑、玉米芯、棉籽壳、稻草、麦草、玉米秸秆、蔗渣等农产品的下脚料。

木屑、玉米芯等大分子碳化合物分解较慢，为促使接种后的菌丝体尽快恢复创伤，使食用菌在菌丝生长初期能充分吸收碳素，在生产中进行拌料时适当加入一些葡萄糖、蔗糖等容易吸收的碳源，作为菌丝生长初期的辅助碳源，可促进菌丝的快速生长，并可诱导纤维素酶、半纤维素酶，以及木质素酶等胞外酶的产生。

【注意】

加入辅助碳源的含量不宜太高，一般糖含量为0.5%~1%，否则可能导致质壁分离，引起细胞失水。

2. 氮源

氮源是指构成细胞的物质或代谢产物中氮素来源的营养物质。氨基酸、蛋白胨等小分子有机氮可被菌丝直接吸收，而大分子有机氮则必须经菌丝分泌的胞外酶分解成小分子后才能够被吸收。生产上常用蛋白胨、氨基酸、酵母膏等作为母种培养基的氮源，而在原种、栽培种和出菇培养基中，多由含氮高的麸皮、豆粕等物质提供氮素。

【提示】

少数食用菌只能以有机氮作为氮源，多数食用菌除利用有机氮外，也能利用 NH_4^+ 和 NO_3^- 等无机氮源，通常铵态氮比硝态氮更易被菌丝吸收。以无机氮为唯一氮源时易产生生长慢、不结菇现象，因为菌丝没有利用无机氮合成细胞所必需的全部氨基酸的能力。

一般在菌丝生长阶段要求含氮量较高，培养基中氮含量以0.016%~0.064%为宜，若含氮量低于0.016%，菌丝生长就会受阻。子实体发育阶段对氮含量的要求略低于菌丝生长阶段，一般为0.016%~0.032%。氮含量过高会导致菌丝徒长，抑制子实体发生及生长。

【注意】

食用菌在生长发育过程中，碳源和氮源的比例要适宜。食用菌正常生长发育所需的碳源和氮源的比例称为碳氮比（C/N）。一般而言，食用菌菌丝生长阶段所需C/N较小，以（15~20）：1为宜；子实体发育阶段要求C/N较大，以（30~40）：1为宜。若C/N过大，菌丝生长缓慢，难以高产；若C/N过小，容易导致菌丝徒长而不易出菇。不同菌类其最适C/N也有所不同，如草菇的最适C/N为（40~60）：1，而香菇则为（25~40）：1。

3. 矿质元素

矿质元素是构成细胞和酶的成分，并在调节细胞与环境的渗透压中起作用。根据其在菌丝中的含量，可分为大量元素和微量元素（表1-2）。

表1-2 食用菌对矿质元素的需求

元素		用量/摩	作用
大量元素	钾（K）	10^{-3}	核酸构成、能量传递、中间代谢
	磷（P）	10^{-3}	酶的活化、ATP代谢
	镁（Mg）	10^{-3}	氨基酸、核苷酸及维生素的组建
	硫（S）	10^{-3}	氨基酸、维生素及巯基的构建
	钙（Ca）	10^{-4}~10^{-3}	酶的活化、质膜成分
微量元素	铁（Fe）	10^{-6}	细胞色素及正铁血红素的构成
	铜（Cu）	10^{-7}~10^{-6}	酶的活化、色素的生物合成

（续）

元素		用量 / 摩	作用
微量元素	锰（Mn）	10^{-7}	酶的活化、TCA 循环、核酸合成
	锌（Zn）	10^{-8}	酶的活化、有机酸及其他中间代谢
	钼（Mo）	10^{-9}	酶的活化、硝酸代谢及其他

木屑、作物秸秆及畜粪等生产用料中的矿质元素含量一般可以满足食用菌生长发育的要求，但在生产中常添加石膏 1%~3%、过磷酸钙 1%~5%、生石灰 1%~2%、硫酸镁 0.5%~1%、草木灰等给予补充。

4. 维生素和生长因子

（1）维生素　维生素是食用菌生长发育必不可少又用量甚微的一类特殊有机营养物质，主要起辅酶的作用，参与酶的组成和菌体代谢。食用菌一般不能合成硫胺素（维生素 B_1），如金针菇、香菇、鸡腿菇等，这种维生素是羧基酶的辅酶，对食用菌碳的代谢起重要作用，缺乏时食用菌发育受阻，外源加入量通常为 0.01~0.1 毫克 / 千克。许多食用菌还需要微量的核黄素（维生素 B_2）、生物素（维生素 H）等，其中核黄素是脱氢酶的辅酶，生物素则在天冬氨酸的合成中起重要作用。

【注意】

制种与栽培实践中，所用的天然培养基材料，如马铃薯、麦芽汁、麸皮、米糠等均含有丰富的维生素，可以不必再添加，但应特别注意不可过分破坏，多数维生素在 120℃以上的高温条件下易分解，尤其是高压灭菌时，并非灭菌温度越高、灭菌时间越长就越好，灭菌虽然彻底，但会对营养物质尤其是维生素造成严重的破坏。

（2）生长因子　生长因子是促进食用菌子实体分化的微量营养物质，如核苷、核苷酸等，它们在代谢中主要发挥“第二信使”的作用。其中，环腺苷酸（cAMP）具有生长激素的功能，在食用菌生长中极为重要。此外，萘乙酸（NAA）、吲哚乙酸（IAA）、赤霉素（GA）、吲哚丁酸（IBA）等也能促进食用菌的生长发育，在生产上有一定的应用。

三、精确控制食用菌生长环境

1. 温度

不同的食用菌因其野生环境不同而具有不同的温度适应范围，并都有其最适生长温度、最低生长温度和最高生长温度（表 1-3）。

表 1-3 几种常见食用菌对温度的要求

种类	菌丝体生长温度 /℃		子实体分化与发育最适温度 /℃	
	范围	最适	分化	发育
双孢蘑菇	6~33	24	8~18	13~16
香菇	3~33	25	7~21	12~18
草菇	12~45	35	22~35	30~32
木耳	4~39	30	15~37	24~27
侧耳	10~35	24~27	7~22	13~17
银耳	12~36	25	18~26	20~24
猴头菇	12~33	21~24	12~24	15~22
金针菇	7~30	23	5~19	8~14
大肥菇	6~33	30	20~25	18~22
口蘑	2~30	20	20~30	15~17
松口蘑	10~30	22~24	14~20	15~16
光帽鳞伞	5~33	20~25	5~15	7~10

（1）食用菌对环境温度的需求规律　一般而言，菌丝体生长的温度范围大于子实体分化的温度范围，子实体分化的温度范围大于子实体发育的温度范围，孢子产生的适温低于孢子萌发的适温（表 1-4）。

表 1-4　几种食用菌孢子产生、萌发的适温

种类	孢子产生的适温 /℃	孢子萌发的适温 /℃
双孢蘑菇	12~18	18~25
草菇	20~30	35~39
香菇	8~16	22~26
侧耳	12~30	24~28
木耳	22~32	22~32
银耳	24~28	24~28
金针菇	0~15	15~24
茯苓	24~26.5	28

① 菌丝体生长对温度的要求。多数食用菌菌丝生长的温度范围是 5~33℃。除草菇外，大多数食用菌菌丝体生长的最适温度一般为 20~30℃。

【注意】

最适温度指的是菌丝体生长最快的温度，并不是菌丝健壮生长的温度。在实际生产中，为培育出健壮的菌丝体，常常将温度调至比菌丝最适生长温度略低 2~3℃。例如，双孢蘑菇菌丝体在 24~25℃的环境中生长最快，但菌丝稀疏无力；在 20~22℃的环境中生长略慢，但菌丝却粗壮浓密。在高温下，菌丝体的生活力会迅速减弱，超过 28℃会造成黑木耳菌丝“热伤”，导致后期出耳不良。草菇菌丝耐受高温却不耐低温，在 40℃仍可旺盛生长，但降到 5℃就会死亡。

② 子实体分化与发育对温度的要求。食用菌子实体分化形成后，若温度过高，则子实体生长快，但组织疏松，干物质较少，盖小，柄细长，易开伞，产量与品质均会下降。如果温度过低，则生长过于缓慢，周期会拉长，总产量也会降低。

【注意】

子实体发育的温度主要是指气温，而菌丝生长的温度和子实体分化的温度则是指料温。所以在实际生产中，既要注重料温，也要注重气温。除此之外，还需根据温度选择不同类型食用菌的栽培季节，一般在温度较高的季节接种培养，可促进菌丝的快速生长。当菌丝长满培养料后，适当降低温度，给菌丝以低温刺激，解除高温对子实体分化的抑制作用；在子实体生长发育阶段，温度又可比子实体分化时的温度略高一些。

（2）食用菌的温度类型

① 根据子实体形成分类，可将食用菌分为低温型、中温型、高温型。低温型子实体分化的最高温度为24℃，最适温度为13~18℃，如金针菇、双孢蘑菇、猴头菇、滑菇等，它们多发生在秋末、冬季与春季。中温型子实体分化的最高温度为28℃，最适温度为20~24℃，如黑木耳、银耳、竹荪、大肥菇、凤尾菇、羊肚菌、长根菇等，它们多在春季和秋季发生。高温型子实体分化的最适温度为24~30℃，最高可达到40℃左右，草菇是最典型的代表，常见的还有秀珍菇、灵芝、毛木耳等，它们多在盛夏发生。

② 根据子实体分化分类，可将食用菌分为恒温结实型与变温结实型。有些种类的食用菌在子实体分化时，不仅要求较低的温度，而且要求有一定的温差刺激才能形成子实体，通常把这种类型的食用菌称为变温结实型食用菌，如香菇、平菇、杏鲍菇等。有些种类的食用菌子实体分化不需要温差，保持一定的恒温就能形成子实体，这类食用菌则称为恒温结实型食用菌，如双孢蘑菇、草菇、金针菇、黑木耳、银耳、猴头菇、灵芝等。

2. 空气

（1）空气对菌丝体生长的影响　一般而言，食用菌菌丝体耐缺氧、耐高二氧化碳的能力比子实体强，在通气良好的培养料中均能良好生长。但如果培养料过于紧实，水分含量过高，其生长速度就会显著降低。

【提示】

在生产实践中，配料时准确控制培养料的配比（粗粒、细粒）、含水量和菌袋的松紧度，可以保持菌丝周围的氧气含量。接种后加强菇房的通风换气、及时排除废气、补充氧气，是保证菌丝旺盛生长的关键所在。

（2）空气对子实体生长发育的影响　空气对食用菌子实体生长发育的影响，一方面表现为子实体分化阶段的“趋氧性”。袋栽食用菌时，如香菇、木耳、平菇等，在袋上开口，菌丝就很容易从接触空气的开口部位生长出子实体。另一方面表现为子实体生长发育阶段对二氧化碳的“敏感性”。出菇阶段由于呼吸作用逐渐加强，需氧量和二氧化碳排放量不断增加，累积到一定量的二氧化碳会使菌盖发育受阻，菌柄徒长，造成畸形菇。若不及时通风换气，子实体就会逐渐发黄，萎缩死亡。例如，灵芝子实体在 0.1% 的二氧化碳环境中，一般不形成菌盖，只是菌柄分化成鹿角状（彩图 7）；当二氧化碳含量达到 1% 时，子实体就难以分化。由于较高含量的二氧化碳易导致子实体畸形，致使菌柄徒长，在生产上为了获取菌柄细长、菌盖小的优质金针菇（图 1-5），在子实体生长阶段常控制通气量，以使子实体在二氧化碳含量较高的环境中发育。

图 1-5　优质金针菇

【注意】

通风换气是贯穿于食用菌整个生长发育过程中的重要环节，适当的通风换气还能抑制病虫害的发生，且有利于调节空气湿度。通风效果应以嗅不到异味、不闷气、感觉不到风的存在并不引起温湿度大幅度变动为宜。

3. 水分

食用菌菌丝中的含水量一般为70%~80%，子实体的含水量可达到80%~90%，有时甚至更高。食用菌的水分主要来自培养基质和周围环境，影响食用菌含水量的外界因素主要包括培养料含水量、空气相对湿度、通风状况等，其中大部分来自培养料。

（1）菌丝体生长阶段对环境水分的要求 食用菌菌丝体生长阶段一般要求培养料的含水量为60%~65%，适合段木栽培的食用菌要求段木的含水量在40%左右。大多数食用菌在菌丝体生长阶段要求的空气湿度为60%~70%（表1-5），这样的空气湿度不仅有利于菌丝体生长，而且不利于杂菌的滋生。

表1-5 食用菌不同生长发育阶段对水分的要求

种类	培养料含水量（%）	空气相对湿度（%）	
		菌丝体生长时期	子实体生长时期
黑木耳	60~65	70~80	85~95
双孢蘑菇	60~68	70~80	80~90
香菇	60~70（木屑） 38~42（段木）	60~70	80~90
草菇	60~70	70~80	85~95
平菇	60~65	60~70	85~95
金针菇	60~65	80	85~90
滑菇	60~70	65~70	85~95
银耳	60~65	70~80	85~95

【提示】

培养料的含水量是影响出菇的重要因子，培养料的含水量过高、过低，均会对菌丝体生长产生不良的影响，最终导致减产或栽培失败。如果培养料的含水量为45%~50%，菌丝体生长快，但多稀疏无力、不浓密；如果培养料的含水量达到70%，则菌丝体生长缓慢，对杂菌的抑制力弱，培养料会变酸发出臭味，菌丝停止生长。

（2）**子实体生长阶段对环境水分的要求**　该阶段对培养料含水量的要求与菌丝体生长阶段基本一致，但对空气湿度的要求则高得多，一般为 85%~90%。空气湿度低会使培养料表面大量失水，阻碍子实体的分化，严重影响食用菌的品质和产量。但菇房的空气湿度也不宜超过 95%，否则不仅容易引起杂菌污染，还不利于菇体的蒸腾作用，导致菇体发育不良或停止生长。

【提示】

食用菌子实体生长发育虽然都喜欢潮湿环境，但根据其对湿度的需求不同，可以将食用菌分为喜湿性食用菌和厌湿性食用菌两大类。喜湿性菌类对高湿有较强的适应性，如银耳、黑木耳、平菇等；厌湿性菌类对高湿环境的耐受力差，如双孢蘑菇、香菇、金针菇等。

4. 酸碱度

大多数食用菌适宜在偏酸的环境中生长。适合菌丝体生长的 pH 一般为 3~8，以 5~6 为宜。不同类型的食用菌最适 pH 存在差异，一般木生菌类适宜生长的 pH 为 4~6，而粪草菌类适宜生长的 pH 为 6~8。不同种类的食用菌对环境 pH 的要求也有不同，其中猴头菇最喜酸，其菌丝体在 pH 为 2~4 的条件下仍能生长；草菇、双孢蘑菇则喜碱，最适 pH 为 7.5，在 pH 为 8 的条件下仍能生长良好。

【注意】

菌丝生长的最适 pH 并不是配制培养基时所需配制的 pH，这主要是因为培养基在灭菌过程中及菌丝生长代谢过程中会积累酸性物质，如乙酸、柠檬酸、草酸等，这些有机酸的积累会导致培养基 pH 下降。因此，在配制培养基时应将 pH 适当调高，生产中常向培养料中加入一定量的新鲜石灰粉，将 pH 调至 8~9；在后期管理中，也常用 1%~2% 的石灰水喷洒菌床，以防 pH 下降。

5. 光照

食用菌体内无叶绿素，不能进行光合作用。食用菌在菌丝体生长阶段不需要光照，但大部分食用菌在子实体分化和发育阶段都需要一定的散射光。

（1）**光照对菌丝体的影响** 大多数食用菌的菌丝体在完全黑暗的条件下，生长发育良好。光照对食用菌菌丝生长起抑制作用，光照越强，菌丝生长越缓慢；日光中的紫外线有杀菌作用，可以直接杀死菌丝；光照使水分蒸发加快，空气相对湿度降低，对食用菌生长是不利的。

【提示】

在实际生产中，如果棚内温度较低，在晴天揭开棚覆盖物（草苫、棉被等）进行棚内增温时，需要在处于发菌期的菌袋上覆盖一层不透明覆盖物，以免菌丝受到伤害。

（2）**光照对子实体的影响** 主要体现在以下几个方面：

1）光照对子实体分化的诱导作用。在子实体分化时期，不同的食用菌对光照的要求是不同的，大部分食用菌子实体的发育都需要一定的散射光，如香菇、滑菇、草菇等，在完全黑暗的条件下不能形成子实体；而平菇、金针菇在黑暗条件下虽能形成子实体，但只长菌柄，不长菌盖，菇体畸形，也不产生孢子。

2）光照对子实体发育的影响。该影响主要体现在子实体形态建成和子实体色泽两个方面。

① 子实体形态建成。光能抑制某些食用菌菌柄的伸长，在完全黑暗或光照微弱的条件下，灵芝的子实体会变成菌柄瘦长、菌盖细小的畸形菇。只有当光照达到1000勒以上时，灵芝的子实体才能生长正常。食用菌的子实体还具有正趋光性（图1-6），在栽培环境中改变光源的方向，也会使子实体畸形，所以光源应设置在有利于菌柄直立生长的位置。

② 子实体色泽。光照能促进子实体色素的形成和转化，因此光

照能影响子实体的色泽。一般来说，光照能加深子实体的色泽，如平菇室外栽培颜色较深，室内栽培颜色较浅；光照不足时，草菇呈灰白色，黑木耳色泽也变浅，黑木耳只有在250~1000勒的光照强度下才出现正常的黑褐色；光照越暗，双孢蘑菇、鸡腿菇子实体越白。

图1-6　杏鲍菇生长的正趋光性

6. 生物

食用菌不论是生长在自然界，还是生长在人工栽培条件下，无时无刻不与周围的生物发生关系、相互影响，有的对食用菌生长发育有利，有的则有害。这些与食用菌之间相互影响的生物即为食用菌生长发育的生物因子，包括微生物、植物、动物。所以，从事食用菌生产，一定要重视这些生物因素，研究它们之间的相互关系，发展其有益的方面，避免或控制其不利的方面。

（1）食用菌与微生物的关系

1）对食用菌有益的微生物。有益微生物对食用菌生长发育的促进作用主要表现在为食用菌提供营养物质和帮助食用菌生长发育两个方面。

① 为食用菌提供营养物质。在微生物中，如假单孢菌、嗜热性放线菌、嗜热真菌等，能分解纤维素、半纤维素、木质素，使结构复杂物质变为简单物质，易于被食用菌吸收利用。这些微生物死亡后，体内的蛋白质、糖类也是食用菌良好的营养物质。此外，嗜热放线菌、腐质酶都可以产生生物素、硫胺素、泛酸和烟酸等维生素，这些维生素养分都是食用菌生长发育所不可或缺的。

【注意】

在平菇、鸡腿菇、双孢蘑菇、草菇、大球盖菇等食用菌发酵栽培过程中，培养料的发酵温度一开始不要上升得太快（可通过料堆的高低、大小控制），要阶梯式上升，否则前面的低温微生物繁殖量太少，培养料内的营养物质不足，会影响栽培总产量。

② 帮助食用菌生长发育。银耳属普遍存在的伴生现象，目前人工栽培的有银耳（伴生菌为香灰菌）和金耳（伴生菌为毛韧革菌）。例如，银耳的芽孢子缺少分解纤维素、半纤维素的酶，不能分解纤维素和半纤维素，因此不能单独在木屑上生长。有一种香灰菌分解纤维素、半纤维素能力很强，其形成的养分可供银耳利用。如果没有香灰菌，银耳就生长不好，所以制备银耳菌种时要混上香灰菌菌丝，二者结合接种效果更好（图 1-7）。某些食用菌的孢子在人工培养基上不能萌发，必须在有其他微生物存在时才能萌发，如红蜡蘑、大马勃的孢子在有红酵母的培养基上才能萌发。

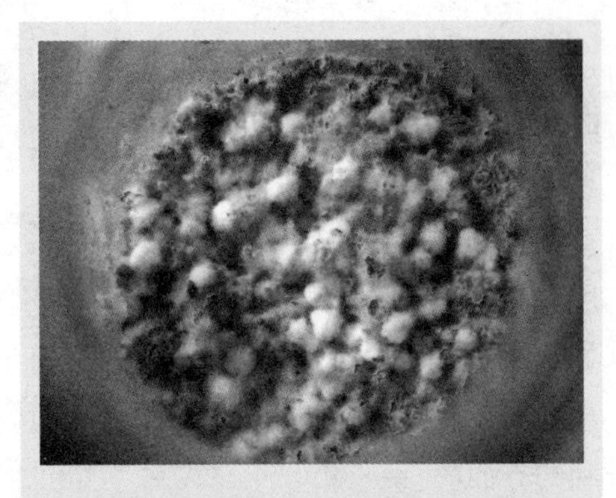

图 1-7 银耳菌种与香灰菌菌丝结合接种

【注意】

银耳菌丝在普通琼脂培养基上会出现白色绒球状的菌丝团，又称“白毛团”，生长速度缓慢；香灰菌丝生长极快，会分泌黑褐色色素，使培养基变为黑色或墨绿色。银耳菌丝的有无可通过“白毛团”的有无和黑褐色色素的有无来辨别，比较容易区分是否为有效菌种。金耳的母种可直接经子实体组织分离得到，其生产周期相较于银耳会缩短。伴生菌毛韧革菌需要低温刺激，若温度控制不当，毛韧革菌的生长速度会超过金耳，得到无效菌种。

2）对食用菌有害的微生物。对食用菌有害的微生物种类繁多，有细菌、放线菌、酵母菌、丝状真菌和病毒等。有害微生物可对食用菌产生多种危害，但最主要的是寄生性危害和竞争性危害。寄生性危害指微生物可直接从食用菌菌丝体或子实体内吸取养分，导致食用菌的生理代谢失调而死亡，从而造成严重的减产甚至绝收。竞争性危害指微生物与食用菌争夺培养料中的养分、水分和生长空间，并改变培养料的 pH，使食用菌生存环境改变，造成减产。

（2）食用菌与植物的关系 食用菌本身无法合成有机物，必须以腐生、共生或寄生的方式从植物中获取养分，但这种“获利”的关系并不是单向的。有些食用菌能与植物共生，形成菌根，彼此受益。菌根真菌能分泌乙酸等刺激物质刺激植物生根，并帮助植物吸收无机盐，而植物光合作用合成有机物供给食用菌，如松乳菇与松树、红菇与红栎、口蘑与黑栎共生形成菌根。

【提示】

植物叶片的蒸腾作用调节了林地的温度和湿度，繁茂的枝叶遮挡了大量直射光，形成了阴郁且具有一定散射光的环境，这些都是适宜食用菌生长发育的条件，可在人工林（彩图 8）、自然林下种植食用菌。

（3）食用菌与动物的关系 动物对食用菌的生长发育也有一定的影响。有的动物对食用菌是有益的，它们可为食用菌提供营养，也可作为食用菌孢子的传播媒介，如白蚁对鸡㙡菌的形成有利，鸡㙡菌长在蚁窝上，以蚁粪为营养；其菌丝帮白蚁分解木质素，产生抗生素，有时可充当其食物。如果白蚁搬家了，此处也不再长鸡㙡菌了。有些动物对食用菌孢子传播也是有益的。例如，竹荪的孢子就是靠蝇类传播的；著名的块菌子囊果生于地下，它的孢子只能通过野猪挖掘采食后才能传播（猪粪传播）。草原上的一些食用菌的孢子经过牛羊的消化道后，反而更容易萌发，有利于食用菌的繁殖。

对食用菌有害的动物能吞食菌丝，或咬食子实体，对食用菌造成直接危害；咬食后的伤口，易被微生物侵染带来病害，这是间接危害，如菇蚊、菇蝇、跳虫、线虫等。家鼠、田鼠也会啃食培养料，毁坏菌床，破坏生产。

第二章
科学生产菌种
向良种要效益

第一节　食用菌菌种存在的误区

一、菌种认识方面存在的误区

1. 菌种与种子的概念混淆

种子是作物在其自身生长发育过程中形成的、用于繁殖下一代的繁殖体。在食用菌生产过程中，菌丝体是繁殖下一代的基本材料，因此菌丝体就成了食用菌生产的“种子”。但由于菌丝体不能独立存在，所以菌种往往是菌丝体与培养料的混合体。从功能看，种子与菌种有着相同的功能。但从物质结构看，种子与菌种应该有着本质的区别。

国际上通常将食用菌的菌种分为三级：一级种、二级种和三级种，并对各级菌种分别给予mother culture、mother spawn、commercial spawn的英文称呼。这些名称大致反映了上述三级菌种间的关系：一级种（或称为母种，见图2-1），即最初的多孢子或单孢子培养物，二级种（原种）是指三级种的种源（图2-2），

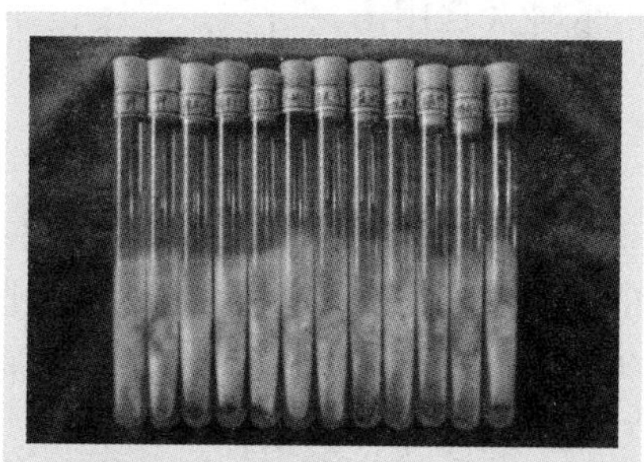

图2-1　母种——试管种

三级种为栽培种（图 2-3）。我国有关部门引用了国际上的这种划分，分别以母种、原种、栽培种冠名，并在此基础上建立了一套菌种管理体系。

图 2-2 原种

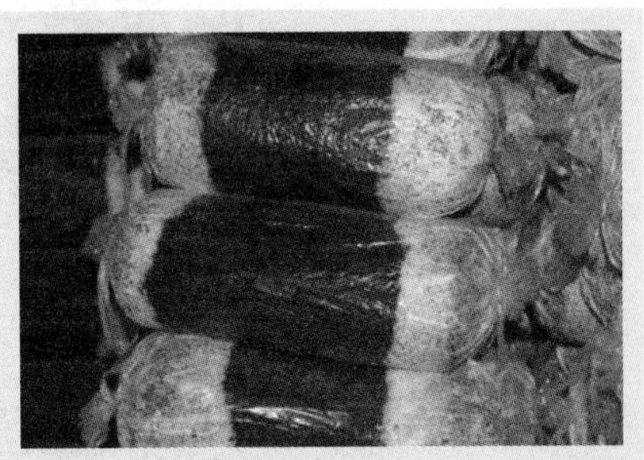
图 2-3 栽培种

【注意】

作物的种子与食用菌的菌种不同。作物的种子按照一定的标准被选定作为种子后，其质量主要由内部的遗传特征所决定，外部环境对其影响较小。而菌种是由菌丝体与培养料混合而成的，培养料的构成也会直接影响菌种的质量。

2. 菌种生产类型混淆

根据农业部 2015 年修订的《食用菌菌种管理办法》，食用菌菌种分为 3 个层次（母种、原种、栽培种），分别由县级以上地方人民政府农业（食用菌）行政主管部门负责本行政区域内的菌种管理工作。这种分级管理的依据也是建立在传统农业的认识基础之上。原种与栽培种除了繁殖代数有差异之外，没有本质差异。因此，所谓的三级种，实际上仅有两级。由于生产者有权根据自己的生产所需进行菌种的繁殖，所以在食用菌的菌种管理过程中，主要是开展母种和原种的管理，管理的内容也主要是生产许可。菌种生产单位主要生产原种和母种，很少生产栽培种。

【提示】

由于栽培种的生产过程与菌棒的生产过程有一定相似性，因此栽培者往往仅购买原种，再自行扩繁成栽培种，以此来节省成本。有的生产者把栽培种再扩繁 1~2 次，这无疑增加了菌种变异和污染的概率，是不允许的。

3. 对菌种知识产权重要性的认识不足

1985 年，我国开始建立知识产权法律体系，并将微生物的菌种列入了《中华人民共和国专利法》保护范围。当前，在食用菌产业领域，对食用菌菌种知识产权的重要性还认识不足。食用菌菌种的科研成果，通常是以新品种认定替代专利申请保护。品种的认定只是确认了品种的新颖性和实用性，以及确认了品种的归属权，没有提供品种的独占权和使用权。管理部门及管理力度也不同，审定或鉴定后的品种管理，是一种行政管理；而专利是由法院以国家意志的形式进行管理，以专利的形式实现食用菌种源的知识产权法律保护，这对于我国发展具有自主知识产权的食用菌产业具有非常重要的现实意义。

【注意】

未经人类任何技术处理而存在于自然界的微生物属于科学发现，这类微生物不能被授予专利权。只有当微生物经过分离成为纯培养物，并且具有特定的用途时，微生物本身才属于可给予专利保护的客体。因此，只有经过选育得到的具有一定用途的食用菌菌种才可以获得专利保护，通过人工选育的优良食用菌栽培菌种都可以通过专利形式对生产菌种进行保护。对新选育的食用菌菌种，在申请发明专利时，必须到国家知识产权局指定的专利程序微生物保藏机构进行保藏，以达到专利法要求的实用性要求。

由于对食用菌菌种的知识产权重视不够，导致育种者不得不用控制母种的方法保护自己的品种利益。由于菌种的知识产权归属于法律管理体系，农业管理部门对这方面的管理还比较薄弱，因此，像栽

培种的扩繁是否存在侵犯知识产权等问题就无人认定。在发生菌种质量纠纷时，争议的焦点往往仅是菌种质量及其造成的生产损失，而菌种权益从未被涉及。

未经专利权人许可，出于商业目的生产原种、栽培种均为侵权行为，包括从菌棒中提取菌丝体进行转管、扩繁等行为。因此，菌种生产单位可以依据专利法，将菌种的独占权从目前的试管种供应扩大到试管种的应用。在菌种质量纠纷事件处理过程中，首先甄别菌种的生产者是否有权进行菌种生产，甄别的内容包括菌种生产是否得到生产许可、菌种种源的使用是否得到授权等，以此规范菌种生产领域的秩序。

【提示】

自2006年以来，日本根据有关法律，在海关安装了食用菌DNA检测仪器，对进口的食用菌产品进行DNA菌种检测。如果发现进口的食用菌使用的是在日本登记注册的菌种的近源种，育种单位将有权收取专利费。

二、菌种市场方面存在的误区

由于食用菌产业仍是一个新兴行业，虽然目前各级政府开始重视它的发展，有关部门也正着手建立健全相关政策、法规与标准，但目前监管力度还远远不够，虚假广告、伪劣菌种坑农害农的现象时有发生，严重制约着我国食用菌产业的健康、可持续发展，主要表现在以下方面：

1. 菌种质量误区

作为发展食用菌的基础生产资料，食用菌菌种质量纠纷时有发生，菇农利益受损。由于菌种生产厂家的设施设备、培养条件和技术水平不同，生产出的菌种质量有很大差异，无生产、经营资质的菌种厂生产出的菌种，质量不一定能得到保证。

由于外界不利环境因子的影响、菌种生产程序不严格、菌种自身或诱发变异、杂菌或病毒感染、长期保藏不注意选育复壮及无限度扩繁培养等，导致食用菌菌种不纯、退化或老化，主要表现在菌丝生长速度慢、菌龄延长，子实体转茬慢、产量低、抗杂和抗逆能力弱、异常生长，菇质差等。

2. 菌种价格误区

目前的菌种销售价格并没有充分考虑技术投入、出菇试验成本、售后服务、可能承担的菌种质量风险等因素。不少菌种生产单位采取低价竞争，造成了菌种价格定位不合理的局面。菌种的不正常低价可能意味着菌种质量、菌龄等无法得到保障，可能会导致产量、效益降低。

【提示】

购买菌种六注意：

① 购买菌种单位两证齐全。到已获取菌种生产许可证和菌种销售许可证的生产单位定购所需菌种，切勿贪图菌种价格便宜而到不具备生产资质的菌种厂购买菌种。

② 购买来源清楚和种性特征明确的菌株。切勿贪图菌种价格便宜购买菌种来源不清楚和种性特征不明确的菌株，特别要搞清是否是同名异种或同种异名的菌株。

③ 购买纯正的菌种。所谓“正”就是该菌种是“正宗”的，不是冒牌顶替的菌种。菌种育成人对菌种种性的了解有着其他菌种生产单位无法比拟的优势，应设法到所需菌种的正宗选育、正宗引进的单位或个体菌种厂定购菌种，并负责该菌种的提纯复壮工作。

④ 购买适宜菌龄的菌种。根据生产季节安排，提前订购，使所需食用菌菌种的菌龄适宜，防止菌种生长时间过长而老化、污染或菌龄过短、未长满菌瓶或菌袋。购买菌种时应当场认真检验菌种质量，必须打开大包装，逐小包仔细看，有瑕疵的一概不要。

⑤ 最好直接到厂家或厂家专营点购买菌种。购买菌种不要因怕远、怕跑路，而在门口购买叫卖的菌种，很难掌握其真正来源，真假难分。如果出了问题，也很难找到源头。

⑥ 购买菌种一定索要厂家开具的发票，且需写清菌种名称、购买时间、价格、数量和户名。菌种风险时刻存在，一旦出问题往往就是大问题，一般都需要索赔。而购买发票是最有力的证据，并且备注项目要写全写清。

3. 品种名称误区

食用菌品种很多，常见的一般有十几个品种，一般一个菌种厂会同时生产几个品种，很多情况如生产不规范、不够重视、盲目追求效益等，会导致在生产过程中常常对自己引进的菌种随意进行编号，这样，同一菌株会有很多不同的名称，使菇农无所适从，不知道购买哪一个品种，影响菇农的正确选择。

4. 种性介绍误区

使栽培者明确推广菌种的特性，是菌种提供者必须做到的，但一定要科学、准确。在现实中，对所售菌种种性介绍含糊、夸大、牵强附会甚至广告、言辞欺骗的现象屡见不鲜。例如，菌种发菌阶段对各种霉菌、出菇阶段对不同侵染性病害的抗御能力，笼统地说抗性强，是极不科学的；生物转化率，其高低涉及的因素很多，但有的厂家却把菌种的生物转化率提高到 200% 以上，显然是误导。

5. 菇农自制菌种误区

由于购买菌种一般价格较高，抱着降低食用菌生产成本的想法，个别栽培者在经过一段时间的栽培后便尝试自制菌种，却不知这样极易造成人为减产，若再不会识别感染杂菌，未及时剔除受污染的菌种，接种后会在食用菌生长后期大面积感染进而造成食用菌栽培失败，造成经济损失。菇农自制菌种较分散、制种技术落后、制种成本较高、品种更新换代期长、菌种退化严重等问题一度影响生物转化率及生产效益的提高。

【提示】

我们经常说“专业问题专业化解决”，菌种生产企业的优势就是设备精良、制种技术和管理规范、菌种成品率高，菇农的优势是出菇管理精细化，菇农与其花费2~3个月自制菌种，反而不如利用现有设施、时间多栽培一茬食用菌的效益高。菌种企业和菇农两者结合才能提高各自的经济效益，具体可参照“蔬菜工厂化集中育苗＋菜农分散种植”的模式。

第二节　重视菌种制作设备　提高菌种生产质量和效率

一、配料加工、分装设备

1. 原材料加工设备

（1）秸秆粉碎机　用于农作物秸秆的切断（如玉米秸秆、玉米芯、棉秆等），以便进一步粉碎或直接使用的机械。

（2）木屑机　将阔叶树或硬杂木的枝丫切成片，然后经过粉碎机粉碎，作为食用菌的生产原料。

【提示】

在食用菌栽培原料丰富的地区，可集中收集、加工，提供具有当地特色的栽培原料，如果枝木屑、花枝木屑、药用植物枝叶等，生产具有特殊成分的食用菌，打造特色食用菌品牌，延长当地特色农产品的产业链。

2. 配料分装设备

（1）拌料机　拌料机可用来替代人工拌料，把主料和辅料加适量水进行搅拌，使其均匀混合（图2-4）。

【提示】

一般拌料机容积越大，拌料效率越高，料水混合、主辅料混合越均匀，有利于灭菌时湿热的均匀传递，并有助于提高产量。

图 2-4　大型拌料机

（2）装瓶装袋机　小型菌种厂可采用小型立式装袋机或小型卧式多功能装袋机，工厂化生产可以采用大型立式冲压式装袋设备。

1）小型装袋机。小型装袋机主要是把拌好的培养料填装到一定规格的塑料袋内，一般每小时可以装 250~300 袋（图 2-5）。

图 2-5　小型装袋机

【提示】

小型装袋机的优点是装袋紧实，中间通气孔打到袋底；装袋质量好，速度快。缺点是只能装一种规格的塑料袋。

2）小型多功能装袋机。小型多功能装袋机主要是把拌好的培养料填装到各种规格的塑料袋内，一般每小时可装 200 袋（图 2-6）。

【提示】

小型多功能装袋机的优点是栽培各种食用菌时都可以使用，料筒和搅龙可以根据菌袋规格进行更换；缺点是装袋的质量和速度受操作人员熟练程度的影响较大，一般栽培食用菌种类较多时采用。

3）大型冲压式装袋机。大型冲压式装袋机与小型装袋机的工作原理基本相同（图 2-7），但是需要与拌料机、传送装置一起使用，而且是连续作业，一般每小时可以装 1200 袋，多用于大型菌种厂或食用菌的工厂化生产。

图 2-6　小型多功能装袋机

图 2-7　大型冲压式装袋机

【提示】

① 自动装袋机出现斜袋故障。在下料的时候，如果有一个菌包是倾斜的，必须先进行判断检修。如果口袋向左倾斜，可以松散右边的夹具；如果口袋向右倾斜，则表示左侧一个夹子已经出现了松动。记住几个角，然后关闭电源并挂检修卡，用工具卡住齿轮，在底部已经松动的地方稍用力拉紧。

② 自动装袋机出现蹲袋故障。当料袋进入护腕冲压程序以后，若料袋出现了皱袋、蹲袋状态，应及时关闭总电源，并挂上检修卡，然后将护腕两边的护腕夹向内调紧，加大夹子和不锈钢套的吻合力。

二、灭菌设备

1. 高压灭菌设备

图 2-8 手提式高压灭菌器

高压灭菌锅炉产生的饱和蒸汽压力大、温度高，能够在较短时间内杀灭杂菌，高温（121℃）、高压（1.05 千克/厘米^2）使微生物因蛋白质变性、失活而达到彻底灭菌的目的。

高压灭菌设备按照样式大小可分为手提式高压灭菌器（图 2-8）、立式高压灭菌锅（图 2-9）、高压灭菌柜（图 2-10）等。

图 2-9 立式高压灭菌锅

图 2-10 高压灭菌柜

【注意】

菌种生产均需采用高压灭菌。在高压灭菌时，要在 0.05 兆帕时排净锅内冷空气，防止锅内存在气包，气包即未排出的空气包裹了要杀菌的器皿或基质，形成空气保护层，使蒸汽湿热不能到达和穿透，从而影响杀菌。灭菌完毕后，不可放气减压，防止水汽突然膨胀冲击器皿和原料，造成基质膨胀污染瓶、袋口，导致容器爆裂。等到压力表指针回归零后，排净余气后再开盖出锅，出锅要适时，防止形成凝结水或基质由于内部温度过高造成表层水分蒸发。

2. 常压灭菌设备

常压灭菌是通过锅炉产生强穿透力的热活蒸汽的持续释放，使内部培养基保持持续高温（100℃）来达到灭菌的目的。常压灭菌灶的建造根据各地习惯而异，一般包括蒸汽发生装置（图 2-11）和灭菌池（图 2-12）两部分。

图 2-11　大型蒸汽发生装置

图 2-12　灭菌池

【提示】

常压灭菌一次不可过多，在设计上要求锅炉或其他蒸汽发生器的供气量与灭菌容积相匹配，同时进入灭菌舱内的蒸汽管口应均匀排布。灭菌池内的栽培袋最好采用周转筐排叠，有利于灭菌池内蒸汽充分流通，达到灭菌效果。

3. 周转筐

在食用菌生产过程中，为搬运方便和减少料袋变形或被扎破，目前大多采用周转筐进行装盛。周转筐一般用钢筋或高压聚丙烯（图 2-13）材料制成，应光滑，防止扎袋。其规格根据生产需要确定。

三、接种设备

接种设备有接种帐、接种箱、超净工作台、接种机、简易蒸汽接种设备、离子风机，以及相应的接种工具等。

图 2-13　塑料周转筐

1. 简易接种帐

简易接种帐（图 2-14）由塑料薄膜制作而成，可以设在大棚内或房间内，规格分为大、小两种，小型的规格为 2 米 ×3 米，大型的规格为（3~4）米 ×4 米，接种帐高度为 2~2.2 米，过高不利于消毒和灭菌。接种帐可随空间条件而设置，可随时打开和收起，一般采用高锰酸钾和甲醛熏蒸消毒（图 2-14）。

2. 接种箱

接种箱用木板和玻璃制成，接种箱的前后装有两扇能开启的玻璃窗，下方开 2 个圆洞，洞口装有袖套，箱内顶部装日光灯和 30 瓦紫外线灯各 1 盏，有的还装有臭氧发生装置（图 2-15）。接种箱的容积一般以能放下 80~150 个菌袋为宜，适合于一家一户小规模生产使用，也适合小型菌种厂制种使用。

图 2-14　简易接种帐

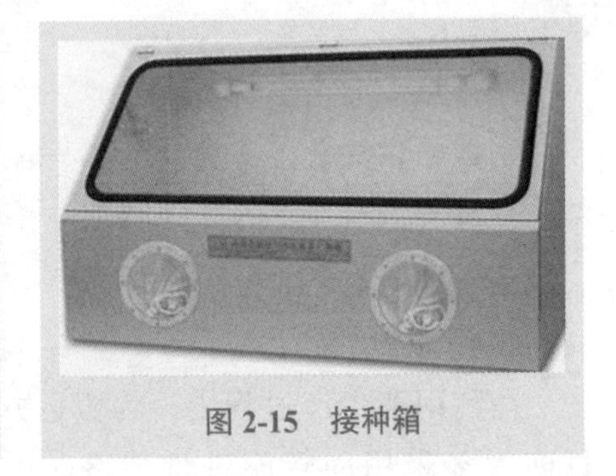
图 2-15　接种箱

3. 超净工作台

超净工作台的工作原理是在特定的空间内，室内空气经预过滤器初滤，由小型离心风机压入静压箱，再经空气高效过滤器二级过滤。从空气高效过滤器出风面吹出的洁净气流具有一定的且均匀的断面风速，可以排除工作区原来的空气，将尘埃颗粒和生物颗粒带走，以形成无菌的高洁净的工作环境（图 2-16）。

4. 接种机

接种机也分许多种，简单的离子风式的接种机（图 2-17）可以摆放在桌面上，使前方 25 厘米^2 左右的面积达到无菌状态，方便接种等操作。还有适合工厂化接种的百级净化接种机，接种空间可达到百级净化，实现接种无污染，保证接种成功率。

图 2-16　超净工作台

图 2-17　离子风式接种机

5. 简易接种室

接种室又称无菌室，是分离和移接菌种的小房间，实际上是扩大的接种箱。

【注意】

①接种室应分里外两间，高度均为 2~2.5 米。里面为接种间，面积一般为 5~6 米^2；外间为缓冲间，面积一般为 2~3 米^2。两间门不宜对开，出入口要求安装推拉门。接种室不宜过大，否则不易保持无菌状态。②房间里的地板、墙壁、天花板要平整、光滑，以便擦洗消毒。③门窗要紧密，关闭后与外界空气

隔绝。④房间最好设有工作台，以便放置酒精灯、常用接种工具等。⑤工作台上方和缓冲间天花板，应安装能任意升降的紫外线杀菌灯和日光灯。

6. 接种车间

接种车间是扩大的接种室，室内一般放置多个接种箱或超净工作台，一般在食用菌工厂化生产企业中较为常见（图 2-18）。菌种生产车间应统一使用防爆灯具。

图 2-18　接种车间

【提示】

空气洁净度级别：

① 百级净化，指大于或等于 0.5 微米的尘粒数大于 350 粒 / 米^3（0.35 粒 / 升）到小于或等于 3500 粒 / 米^3（3.5 粒 / 升）；大于或等于 5 微米的尘粒数为 0。

② 千级净化，指大于或等于 0.5 微米的尘粒数大于 3500 粒 / 米^3（3.5 粒 / 升）到小于或等于 35000 粒 / 米^3（35 粒 / 升）；大于或等于 5 微米的尘粒数小于或等于 300 粒 / 米^3（0.3 粒 / 升）。

③ 万级净化，指大于或等于 0.5 微米的尘粒数大于 35000 粒 / 米^3（35 粒 / 升）到小于或等于 350000 粒 / 米^3（350 粒 / 升）；大于或等于 5 微米的尘粒数大于 300 粒 / 米^3（0.3 粒 / 升）到小于或等于 3000 粒 / 米^3（3 粒 / 升）。

7. 接种工具

接种工具（图 2-19）主要是用于菌种分离和菌种的移接，包括接种铲、接种针、接种环、接种钩、接种勺、接种刀、接种棒、镊子及液体菌种专用的接种枪等。

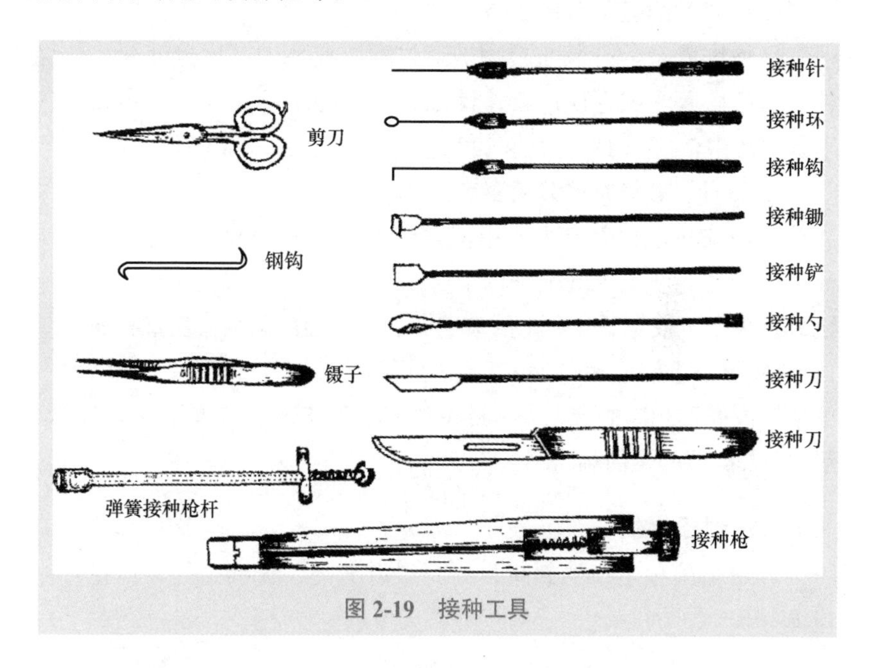

图 2-19　接种工具

四、培养设备

培养设备主要包括恒温培养箱、培养架和培养室等，液体菌种还需要摇床和发酵罐等设备。

1. 恒温培养箱

恒温培养箱是主要用来培养试管斜面母种和少量原种的专用电器设备。

2. 培养室及培养架

一般制种规模比较大时采用培养室培养菌种。培养室面积一般为 20~50 米^2，采用温度控制仪或空调等控制温度，同时安装换气扇，以保持培养室内的空气清新。

培养室内一般设置培养架，架宽45厘米左右，上下层之间距离55厘米左右，培养架一般设4~6层，架与架之间的距离为60厘米。

五、培养料的分装容器

1. 母种培养基的分装容器

母种培养基的分装主要用玻璃试管、漏斗、玻璃分液漏斗、烧杯、玻璃棒等。试管规格以外径（毫米）× 长度（毫米）表示，在食用菌生产中常使用18毫米 ×180毫米、20毫米 ×200毫米的试管。

2. 原种及栽培种的分装容器

原种及栽培种生产主要用塑料瓶、玻璃瓶、塑料袋等容器。原种一般采用容积为850毫升以下、耐126℃高温的无色或近无色的、瓶口直径小于或等于4厘米的玻璃瓶；或近透明的耐高温塑料瓶；或15厘米 ×28厘米、耐126℃高温的聚丙烯（PP）塑料袋。栽培种除可使用同原种相同的容器外，还可使用小于或等于17厘米 ×35厘米、耐126℃高温的聚丙烯塑料袋。

六、封口材料

食用菌菌种生产的封口材料一般有套环、无棉盖体、棉花、扎口绳等。

七、生产环境调控设备

食用菌菌种生产环境调控设备有制冷压缩机、制冷机组、冷风机、空调机、加湿器等设备。

八、菌种保藏设备

菌种保藏设备有低温冰箱、超低温冰箱和液氮冰箱，生产上一般采用低温冰箱保藏，其他两种设备一般用于科研院所菌种的长期保藏。

九、液体菌种生产设备

1. 液体菌种培养器

液体菌种培养器主要由罐体、空气过滤器、电子控制柜等几部分组成（图 2-20 和图 2-21）。罐体部分包括各种阀门、压力表、安全阀、加热棒、视镜等；空气过滤器包括空气压缩机、滤壳、滤芯、压力表等几部分；电子控制柜主要是电路控制系统，该系统采用微型计算机控制，主要是对灭菌时间、灭菌温度、培养状态及培养时间进行控制。

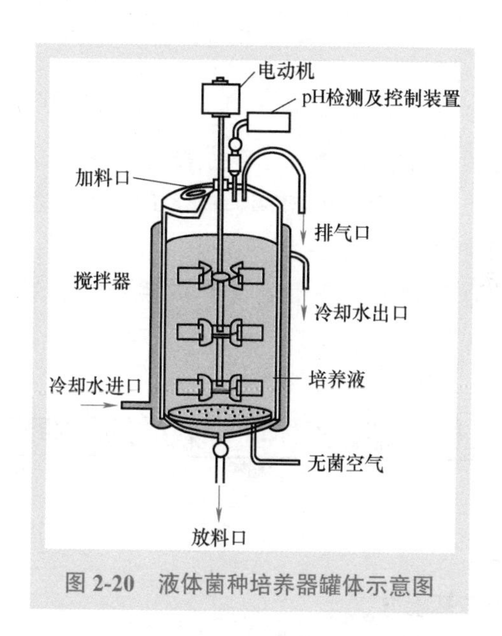

图 2-20　液体菌种培养器罐体示意图

2. 摇床

在食用菌生产中，也可使用简易摇床生产少量液体菌种（图 2-22）。

图 2-21　液体菌种培养器

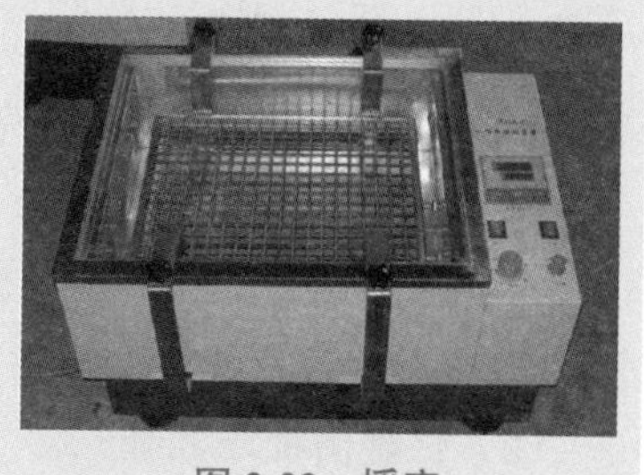

图 2-22　摇床

液体菌种是采用生物培养（发酵）设备，通过液体深层培养（液体发酵）的方式生产食用菌菌球，作为食用菌栽培的种子。用液体培养基在发酵罐中通过深层培养技术生产的液体食用菌菌种，具有试管、谷粒、木屑、棉壳、枝条等固体菌种不可比拟的物理性状和优势。

【提示】

要加强食用菌菌种生产技术研发的支持力度，通过引进、研究新设备、新技术，努力推进菌种的专业化生产，形成菌种生产与食用菌栽培的专业分工，提高菌种的品质和生产效率，有效降低菌种生产成本，尤其是栽培种的生产成本，降低自繁种的使用量，才能实现食用菌菌种产业健康、可持续发展。

第三节　提高固体菌种效益的关键环节

一、母种

1. 母种培养基配方

（1）常用的母种培养基配方

1）马铃薯葡萄糖琼脂培养基（PDA）配方。马铃薯（去皮）200克，葡萄糖20克，琼脂18~20克，水1000毫升。

2）马铃薯葡萄糖蛋白胨琼脂培养基配方。马铃薯（去皮）200克，蛋白胨10克，葡萄糖20克，琼脂20克，水1000毫升。

3）马铃薯综合培养基配方。马铃薯（去皮）200克，磷酸二氢钾3克，维生素B_1 2~4片，葡萄糖20克，硫酸镁1.5克，琼脂20克，水1000毫升。

（2）保藏菌种培养基

1）玉米粉50克，葡萄糖10克，酵母膏10克，琼脂15克，水

1000 毫升。

2）蛋白胨 10 克，葡萄糖 10 克，酵母膏 5 克，琼脂 20 克，水 1000 毫升。

3）硫酸镁 0.5 克，磷酸氢二钾 1 克，葡萄糖 20 克，磷酸二氢钾 0.5 克，蛋白胨 2 克，琼脂 15 克，水 1000 毫升。

2. 母种培养基的配制

（1）材料准备　选取无芽、无变色的马铃薯，洗净去皮，称取 200 克，切成 1 厘米^{3}左右的小块。同时准确称取好其他材料。将酵母粉加入少量温水中。

（2）热浸提　将切好的马铃薯小块放入 1000 毫升水中，煮沸后用文火再煮 30 分钟。

（3）过滤　煮 30 分钟后用 4 层纱布过滤。

（4）琼脂熔化　将琼脂粉事先加入少量温水中，然后倒入培养基浸出液中。煮琼脂时要多搅拌，直至完全熔化。

（5）定容　琼脂完全熔化后，将各种材料全部加入液体中，加水定容至 1000 毫升，搅拌均匀。

（6）分装　选用洁净、完整、无损的玻璃试管，进行分装。一般培养基装量为试管长度的 1/5~1/4。

【注意】

不要使培养基残留在近试管口的壁上，以免日后污染。如果试管口壁上沾有培养基，待冷却后用小手指把培养基推至离管口 4~5 厘米处，然后再塞棉塞。

分装完毕后，塞上棉塞（选用干净的梳棉制作），棉塞长度为 3~3.5 厘米，塞入管内 1.5~2 厘米，外露部分 1.5 厘米左右，松紧适度，以手提外露棉塞试管不脱落为宜。然后将 7 支捆成 1 捆，用双层牛皮纸将试管口一端包好扎紧（图 2-23）。

（7）灭菌　灭菌前，先向锅内加足水分，然后将包扎好的试管直立放入灭菌锅套桶中，盖上锅盖，对角拧紧螺丝，关闭排气阀，开始加热。在 0.15 兆帕压力下保持 30 分钟。

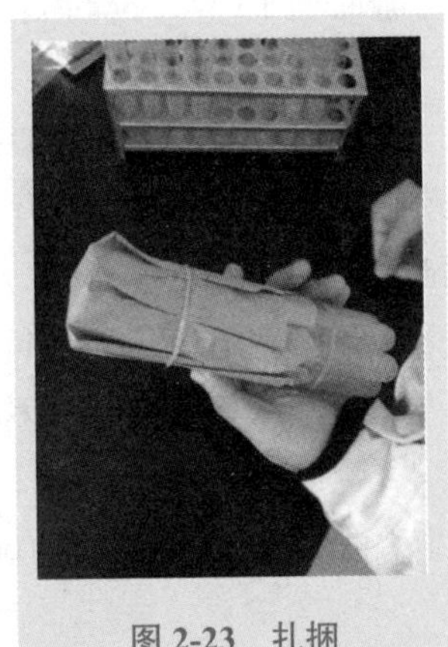

图 2-23　扎捆

（8）**摆斜面**　待压力自然降至 0 兆帕时，打开排气阀放掉余气，然后打开锅盖，自然降温 20 分钟左右再摆放斜面。斜面长度以斜面顶端距离棉塞 4~5 厘米为好。

【提示】

如果打开锅盖后立即摆放斜面，会由于温差过大而导致试管内易产生过多的冷凝水。斜面摆放好后，在培养基凝固前，不宜再搬动。为防止斜面凝固过快、在斜面上方形成冷凝水，可在摆好的试管上覆盖一层棉被，这在低温季节尤其重要。试管内如果形成冷凝水，则斜面培养基的含水量会降低并且易感染杂菌。

（9）**无菌检查**　随机抽取 3%~5% 的试管，置于 28℃恒温培养箱中，48 小时后检查，无任何微生物长出的为灭菌合格，方可使用。

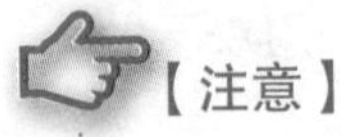

【注意】

生产者若不进行无菌检查，接种后如果感染杂菌，则不能分清是灭菌不彻底还是接种过程污染。

3. 母种接种

（1）接种前准备

1）接种前，必须彻底清理打扫接种室（箱），经喷雾及熏蒸消毒，使其达到无菌状态。工作人员穿好工作服，戴好口罩、工作帽。

2）清洗接种工具。一般为金属的针、刀、耙、铲、钩。

3）接种工具消毒。用肥皂水洗手，擦干后再用70%~75%酒精喷双手、菌种试管及一切接种用具（图2-24）。

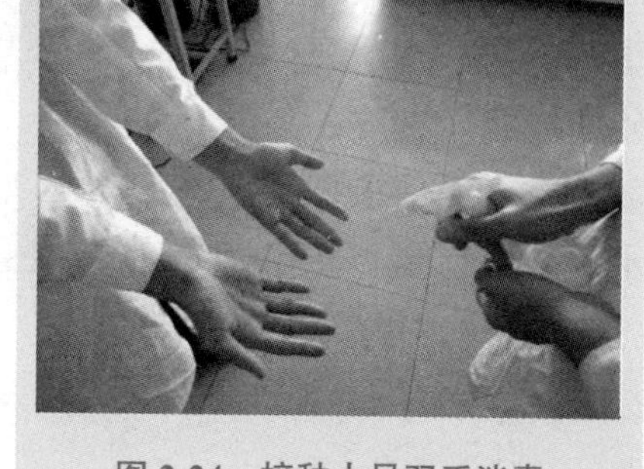

图2-24　接种人员双手消毒

4）标记。可事先在试管上贴标签，注明菌名、接种日期等。

5）接种场所灭菌消毒。将接种所需物品移入超净工作台（接种箱），检查是否齐全，按工作顺序放好，并用5%苯酚（石炭酸）溶液重点在工作台下方附近的地面上喷雾消毒，打开紫外线灯照射灭菌30分钟。

【提示】

1支母种可能会影响整个食用菌产业，种源的重要性不言而喻。选择没有污染、菌丝生长健壮的适龄母种（图2-25），这样可从源头控制污染。选择适龄母种可保证菌丝在培养基质的快速生长，降低其他杂菌繁殖污染的机会。在接种前除认真检查外，接种时还应摒弃接近管口的部分菌种，因为这部分菌种在培养过程中受外源污染的概率大，摒弃这部分菌种可防止一些隐性的外源性污染源。

（2）接种

1）接种区域。关闭紫外线灯（如需开日光灯，需间隔20分钟以上才可打开)，接种人员用75%酒精棉球擦拭双手和母种外壁，并点燃酒精灯，其火焰周围10厘米区域均为无菌区，在该区域接种可以避免杂菌污染。

2）准备。将菌种和斜面培养基的两支试管用大拇指和其他四指握在左手中，使中指位于两支试管之间的部分，斜面向上并使它处于水平位置，先将棉塞用右手拧转松动，以利于接种时拔出。

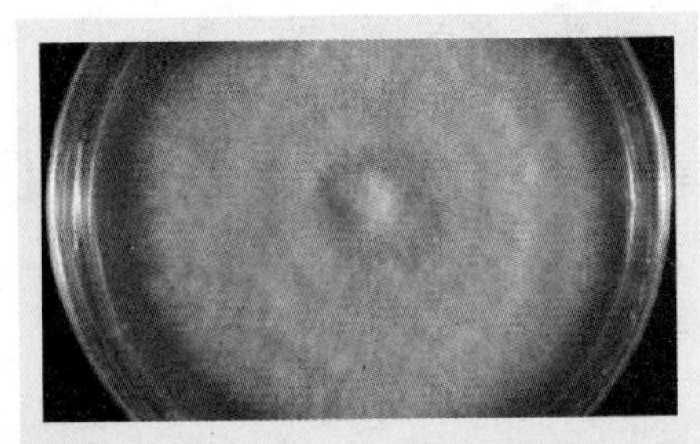
图2-25 生长健壮的适龄母种

【提示】

拔棉塞时要旋转拔出，要使缓劲，以免造成试管内负压，导致外界空气突然进入而带入杂菌。

3）工具处理。右手拿接种钩，在火焰上方将工具灼烧灭菌，凡在接种时进入试管的部分，都用火灼烧灭菌，操作时要使试管口靠近酒精灯火焰。

4）试管口处理。用右手的小拇指、无名指、中指同时拔掉两支试管的棉塞，并用手指夹紧，用火焰灼烧管口，灼烧时应不断转动试管口，杀灭试管口可能沾染的杂菌。

5）取菌种。将烧过并经冷却后的接种钩伸入菌种管内，去除上部老化、干瘪的菌丝块，然后取0.5厘米 ×0.5厘米大小的菌块，迅速将接种钩抽出试管，注意不要使接种钩碰到管壁。

6）接菌。在火焰旁迅速将接种钩伸进待接种试管，将挑取的菌块放在斜面培养基的中央。注意不要把培养基划破，也不要使菌种沾在管壁上。

7）塞棉塞。抽出接种钩，灼烧管口和棉塞，并在火焰旁将棉塞塞上。

【注意】

每接种 3~5 支试管，就要将接种钩在火焰上再次灼烧灭菌，以防大面积污染。

4. 培养

（1）恒温培养　接种完毕，将接好的试管菌种放入 22~24℃恒温培养箱中培养。

（2）污染检查　接种后 2 天内要检查 1 次接种后杂菌污染情况，如果在试管斜面培养基上发现有绿色、黄色、黑色等颜色的斑点，而不是白色、生长整齐一致的斑点、块状杂菌，就应立即剔除。以后每 2 天检查 1 次。挑选出菌丝生长致密、洁白、健壮，无任何杂菌感染的试管菌种，放于 2~4℃的冰箱中保存。

二、原种、栽培种生产

1. 常见培养基及制作

（1）以棉籽壳为主料的培养基

1）棉籽壳培养基配方。

① 棉籽壳 99%，石膏 1%，含水量 60% ± 2%。

② 棉籽壳 84%~89%，麸皮 10%~15%，石膏 1%，含水量 60% ± 2%。

③ 棉籽壳 54%~69%，玉米芯 20%~30%，麸皮 10%~15%，石膏 1%，含水量 60% ± 2%。

④ 棉籽壳 54%~69%，阔叶木屑 20%~30%，麸皮 10%~15%，石膏 1%，含水量 60% ± 2%。

2）棉籽壳培养基制作。先按配方比例计算出所需要的各原料的量，分别称取原料，再加入适量的水。适宜含水量的简便检验方法是，用手紧握一把拌匀后的培养料，当指缝间有水但不滴下时，料内的含水量为适度。

（2）以木屑为主料的培养基

1）木屑培养基配方。

① 阔叶树木屑 78%，麸皮或米糠 20%，蔗糖 1%，石膏 1%，含

水量 58% ± 2%。

② 阔叶树木屑 63%，棉籽壳 15%，麸皮 20%，蔗糖 1%，石膏 1%，含水量 58% ± 2%。

③ 阔叶树木屑 63%，玉米芯粉 15%，麸皮 20%，蔗糖 1%，石膏 1%，含水量 58% ± 2%。

2）木屑培养基制作。同棉籽壳培养基。

(3) 以麦粒为主料的培养基

1）麦粒培养基配方。小麦 93%，杂木屑 5%，石灰或石膏 2%。

2）麦粒培养基制作。将小麦过筛，除去杂物，再放入石灰水中浸泡，使其吸足水分，捞出后放入锅中用水煮透。趁热摊开，晾至麦粒表面无水膜后加入石膏并拌匀，然后装瓶、灭菌。

【提示】

麦粒培养基制作的要点是“煮透、晾干”。煮透是指掰开小麦粒，内部无白心、用牙咬不粘牙、吸足水分，且熟而不烂，无开花现象（图 2-26）；晾干是指加入石膏前用手抓一把麦粒，翻手小麦粒不粘手、自动下落。

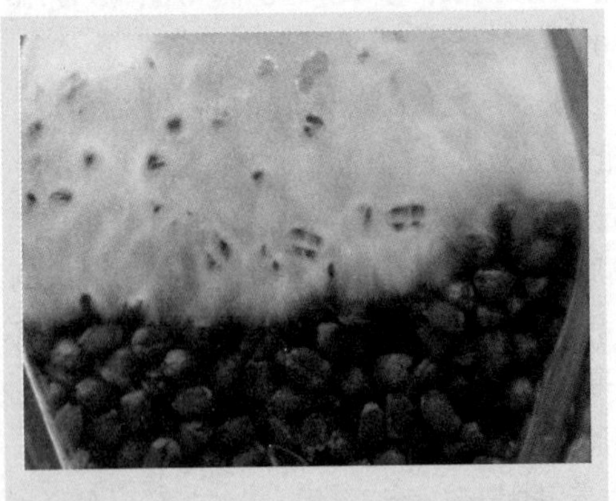

图 2-26 以小麦为主料的菌种

（4）木块木条培养基

1）木块木条培养基配方。

① 木条培养基。木条 85%，木屑培养基 15%。常用于塑料袋制栽培种，故通常称为木条菌种（图 2-27~ 图 2-29）。

图 2-27 木条菌种

图 2-28 木条菌种的应用

图 2-29 木条培养基制作

② 楔形和圆柱形木块培养基。木块 84%，阔叶树木屑 13%，麸皮或米糠 2.8%，蔗糖 0.1%，石膏 0.1%。

③ 枝条培养基。枝条 80%，麸皮或米糠 19.9%，石膏 0.1%。

2）木块木条培养基制作。

① 木条培养基制作。先将木条在0.1%多菌灵液中浸泡0.5小时，捞起稍沥水后即放入木屑培养基中翻拌，使其均匀地粘上一些木屑培养基后即可装瓶（袋）。装瓶（袋）时尖头要朝下，最后在上面铺约1.5厘米厚的木屑培养基即可（图2-29）。

② 楔形和圆柱形木块培养基制作。先将木块浸泡12小时，调配好常规的木屑培养基后，将木块倒入木屑培养基中拌匀、装瓶（袋），最后再在木块面上盖一薄层木屑培养基并按平即可。

③ 枝条培养基制作。选1~2年生、粗8~12毫米的板栗、麻栎和梧桐等适生树种的枝条，先劈成两半，再剪成约35毫米长、一头尖一头平的小段，投入40~50℃的营养液中浸泡1小时，捞出沥去多余水分，与麸皮或米糠混匀，再用滤出的营养液调节含水量后加入石膏拌匀，即可装瓶、灭菌。其中，营养液的配方为蔗糖1%、磷酸二氢钾0.1%、硫酸镁0.1%，混匀后溶于水即可。

2. 培养基灭菌

（1）高压灭菌　木屑培养基和草料培养基在0.12兆帕条件下灭菌1.5小时，或在0.14~0.15兆帕条件下灭菌1小时；谷粒培养基、粪草培养基和种木培养基在0.14~0.15兆帕条件下灭菌2.5小时。当容量较大时，灭菌时间要适当延长（图2-30）。

图2-30　高压灭菌

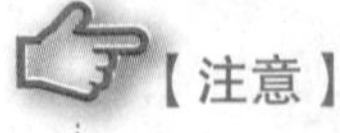

【注意】

灭菌完毕后，应自然降至0兆帕，不应强制降压。

（2）常压灭菌　常压灭菌是采用常压灭菌锅进行蒸汽灭菌的方

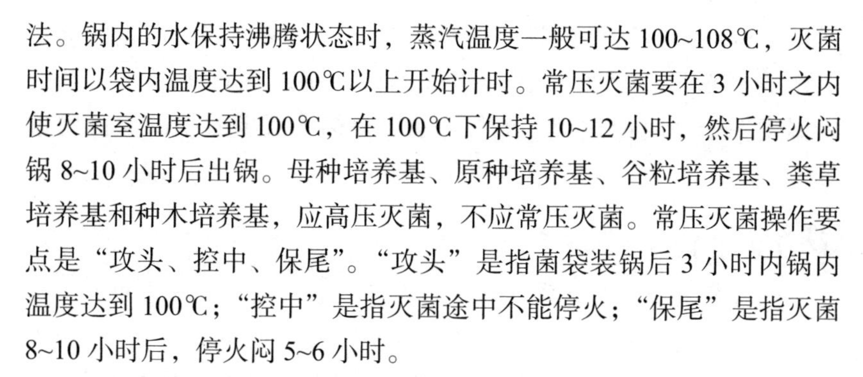

法。锅内的水保持沸腾状态时，蒸汽温度一般可达 100~108℃，灭菌时间以袋内温度达到 100℃以上开始计时。常压灭菌要在 3 小时之内使灭菌室温度达到 100℃，在 100℃下保持 10~12 小时，然后停火闷锅 8~10 小时后出锅。母种培养基、原种培养基、谷粒培养基、粪草培养基和种木培养基，应高压灭菌，不应常压灭菌。常压灭菌操作要点是“攻头、控中、保尾”。“攻头”是指菌袋装锅后 3 小时内锅内温度达到 100℃；“控中”是指灭菌途中不能停火；“保尾”是指灭菌 8~10 小时后，停火闷 5~6 小时。

1）迅速装料，及时进灶。如果不能及时装料和进灶灭菌，料中存在的酵母菌、细菌、真菌等竞争性杂菌遇适宜条件会迅速增殖。尤其是高温季节，如果装料时间过长，酵母菌、细菌等将基质分解，容易引起培养料的酸败，造成灭菌不彻底。

【小窍门】

常压灭菌常会出现第一锅灭菌不彻底的情况，主要原因是装锅时锅体凉、升温慢。针对这种情况，可提前对空锅进行一次灭菌，然后再正常进行菌袋灭菌即可。

2）菌种袋应分层放置。菌种袋堆叠过高，不仅难以透气，并且受热后的塑料袋相互挤压会粘连在一起，形成蒸汽无法穿透的“死角”。为了使锅内蒸汽充分流通，菌种袋常采用顺码式堆放，每放 4 层便放置一层架隔开，或直接放入周转筐中灭菌。

【小窍门】

如果常压灭菌出现成批灭菌不彻底的问题，可在常压灭菌锅四角用不同颜色的绳子系袋，哪种绳子标记的菌袋污染较多，对应的那个方位应该就是灭菌“死角”。灭菌死角可少放菌袋或不放菌袋。

3）加足水量，旺火升温，高温足时。在常压灭菌过程中，如果锅内长时间达不到 100℃，培养基的温度处于耐高温微生物的适温范围内，这些微生物就会在此时间内迅速增殖，严重的会造成培养料酸败。因此，在常压灭菌中，用旺火攻头，使灭菌灶内温度在 3 小时内达到 100℃，是取得彻底灭菌效果的关键因素之一。

【提示】

蒸汽的热量首先被灶顶及四壁吸收，然后逐渐向中、下部传导，被料袋吸收。在一般火势下，要经过 4~6 小时才能透入料袋中心，使袋中温度接近 100℃。所以，在整个灭菌过程中要始终保持旺火加热，最好在 4~6 小时内要上大气。其间注意补水，防止烧干锅，但不可加冷水，一次补水不宜过多，应少量多次，一般每小时加水 1 次，不可停火。

4）灭菌时间达到后，停止加热。利用余热再封闭 8~10 小时，待料温降至 50~60℃时移入冷却室内冷却；趁热进行下一锅菌袋的灭菌。

【注意】

采用棉塞封口的，要趁热在灭菌锅内烘干棉塞，待棉塞干后趁热出锅，不可强行开锅冷却，以免迅速冷却使冷空气进入菌种袋内而造成污染杂菌（彩图 9）。趁热出锅，放置在冷却室或接种室内，冷却至 28℃左右接种。防止空气倒吸引起污染的方法有：灭菌锅温度在 80℃以上时出锅、出锅时避免经过作业场所、确保在洁净的环境下冷却、常压灭菌出锅后要急速冷却（因耐热杂菌的萌发温度在 30℃左右，此温度下尽可能快速降温）。

3. 接种

（1）接种场所

1）接种车间。一般是在食用菌工厂化生产的接种室配备菇房空气净化与消毒机，配合超净工作台进行接种。

【提示】

臭氧消毒具有高效性、可靠性、安全性，正常情况下对杂菌的杀灭率可很容易地达到99%左右，优于紫外照射和化学药剂消毒。若同时使用臭氧消毒和化学药剂消毒，由于臭氧的强氧化性会中和化学药剂的化学性能，造成“两败俱伤”；相反地，由于化学药剂的腐蚀性、破坏性，还会导致臭氧设备被侵蚀而破坏。

2）接种室。一般接种室面积以6米^{2}为宜，长3米、宽2米、高2~3米。室内墙壁及地面要平整、光滑，接种室门通常采用左右移动的推拉门，以减少空气振动。接种室的窗户要采用双层玻璃，窗内设黑色布帘，使门窗关闭后能与外界空气隔绝，便于消毒。有条件的可安装空气过滤器。

【提示】

接种室应设在灭菌室和菌种培养室之间，以便培养基灭菌后可迅速移入接种室，接种后即可移入培养室，避免在长距离搬运过程中造成人力和时间的浪费，并易招致污染。

3）塑料袋接种帐。用木条或铁丝做成框并用铁丝固定，再将薄膜焊成蚊帐状，然后罩在框架上，地面用木条压住薄膜，即可代替接种室使用。接种帐的容量大小，可根据生产需要确定。一般每次可接种500~2000瓶（袋）。

4）接种箱。接种箱见图2-31。

图2-31　接种箱

（2）消毒　把菌种瓶（袋）、灭菌后的培养基及接种工具放入接种场所，然后进行消毒。先用3%的来苏儿或5%的苯酚溶液喷雾消毒或使用气雾消毒剂熏蒸消毒30分钟，使空气中的微生物沉降，然后打开紫外线灯照射30分钟后接种。操作者进入接种室时，要穿工作服、鞋套，戴上帽子和口罩；操作前双手要用75%酒精棉球擦洗消毒，动作要轻缓，尽量减少空气流动。

【注意】

使用硫黄消毒时，在室内放一个陶瓷容器，其上放纸或刨花，再加上硫黄，然后把纸或刨花点燃，进行熏蒸。因为SO_2比空气重，一旦发散成气体，就会下沉，所以燃烧硫黄的容器最好放在室内上部。同时，因为SO_2会腐蚀金属和衣服，所以消毒时必须注意防护。

（3）接种

1）原种接种。

① 接种前准备。先准备好清洁无菌的接种室及待接种的母种菌种、原种培养基和接种工具等，接种人员要穿好工作服。在试管母种接入原种瓶时，瓶装培养基温度要降到28℃以下方可接种。

② 工具灭菌。点燃酒精灯，各种接种工具先经火焰灼烧灭菌。

③ 取菌种。在酒精灯上方10厘米无菌区轻轻拔下棉塞，立即将试管口倾斜，用酒精灯火焰封锁，防止杂菌侵入管内，用消毒过的接种钩伸入菌种试管，在试管壁上稍停留片刻使之冷却，以免烫死菌种，按无菌操作要求将试管斜面菌种横向切割6~8块。

④ 接菌。在酒精灯上方无菌区内，将待接菌种瓶封口打开，用接种钩取分割好的菌块，轻轻放入原种瓶内，立即封好口，一般每支母种可接5~6瓶原种。

2）栽培种接种。

① 接种前检查。检查原种棉塞和瓶口的菌膜上是否染有杂菌，若有则弃之不用。

② 菌种处理。打开原种封口，灼烧瓶口和接种工具，剥去原种

表面的菌皮和老化菌种。

③ 接种方式。如果双人接种，则一人负责拿菌种瓶，用接种钩接种，另一人负责打开栽培种的瓶口或袋口，然后封好口。

④ 菌种形状。接种的菌种不可扒得太碎，最好呈蚕豆粒或核桃粒大小，以利于发菌。

⑤ 封口。接种后迅速封好瓶口。一瓶谷粒种接种不应超过 50 瓶（袋），木屑种、草料种不应超过 35 瓶（袋）。

⑥ 卫生清理。接种结束后应及时将台面、地面收拾干净，并用 5% 的苯酚溶液喷雾消毒，关闭室门。

【注意】

接种时要特别注意以下几点：①加强接种室周边的卫生管理，接种人员一定要换上专用的作业服装。②强化接种室、预备室内的管理，包括彻底除尘、杀菌，室内检查、维修，维持低温、低湿。③强化对作业人员无菌操作的指导和无菌意识。④接种量要合适均匀。

4. 培养

（1）培养室消毒 接种后的菌瓶（袋）在进入培养室前，培养室要进行消毒灭菌。

（2）菌种培养 在原种和栽培种培养初期，要将温度控制在 25~28℃。在培养中后期，将温度调低 2~3℃，因为菌丝生长旺盛时，新陈代谢放出热量，瓶（袋）内温度要比室温高出 2~3℃，如果温度设置得过高会导致菌丝生长纤弱、老化。在菌种培养 25~30 天后，要采取降温措施，减缓菌丝的生长速度，从而使菌丝整齐、健壮。一般 30~40 天菌丝可吃透培养料，然后把温度稍微降低一些，缓冲培养 7~10 天，使菌种进一步成熟。

（3）污染检查 接种后 7~10 天内，每隔 2~3 天要逐瓶检查 1 次，发现杂菌应立即挑出，拿出培养室，妥善处理，以防引起大面积污染。

【提示】

如果在培养料内部出现杂菌菌落，说明灭菌不彻底；而在培养料表面出现杂菌，可能是在接种过程中某一环节没有达到无菌操作要求。

三、固体菌种生产常见的误区

1. 不注重出菇试验

（1）出菇试验的重要性 菌种是一种高繁殖系数、高变异的特殊生产资料，是一种特殊商品，菌种生产需要较高的技术支撑，尤其是母种，作为菌种扩繁的原种，承担着巨大的风险和责任。不少菌种生产单位抱着侥幸心理，在利用组织分离的方法得到母种后直接用于原种、栽培种的生产，省去了出菇试验这一必不可少的关键环节，片面追求眼前经济效益。错种、种性退化、菌种变异等因素导致的生产质量事故几乎每年都有发生，由于缺乏有效补救措施，造成的损失和影响都十分巨大。在责任追溯和认定时，除菇农受损失外，菌种生产单位更是承担了动辄数十万甚至上百万的巨额赔偿。

【注意】

在菌种培育时，要树立“逐代驯化”的意识，选择优良菌种栽培才能更好地增加效益。

（2）出菇试验的主要内容 评价食用菌菌种质量的优劣，主要是考察该品种是否均一且性状稳定，而出菇试验是最具说服力的检测方法之一。菌种在培养料上生长和出菇的过程中，一方面可从形态特征、生理生态特性方面考察菌种质量；另一方面可以从畸形菇率、原基发生期、菌柄长度、菇体色泽、产量等方面考察菌种质量。此方法是鉴定菌种质量最可靠的方法。鉴定的内容、方法和指标主要有：

① 吃料能力。将菌种接入最佳配方的原种培养料中，置于适宜的温湿度条件下培养，一周后观察种菇菌丝的生长情况。如果菌种块能很快萌发，并迅速向四周和培养料中生长伸展，则说明该菌种的吃

料能力强；反之，菌种块萌发后生长缓慢，迟迟不向四周的料层深处伸展，则表明该菌种对培养料的适应能力差。

② 成活率。菌种的菌丝比较容易恢复、定植和蔓延生长，成活率很高。

③ 出菇快慢。一般来说，高温型的出菇快，低温型的出菇慢；从出菇的质量来说，高温型的质量差，低温型的质量好。对于同一温型的不同菌种，接种后，出菇快的为好菌种。

④ 菇潮间隔。相邻两潮菇间隔时间短的菌种为优质菌种。

⑤ 干燥率。鲜菇经干燥后，干燥率高的菌种为优质菌种。

⑥ 生产效率。即生物学效率，指每 100 千克干料可产多少千克鲜菇。相同栽培管理条件下，生物学效率高，说明品种性状或菌种质量优。

【提示】

一般袋（瓶）栽菇类每品种 45 袋（瓶），分 3 组重复，每组 15 袋；床栽菇类每品种 6 米^2，分 3 组重复，每组 2 米^2。

2. 菌种生产品种、数量盲目

由于菌种生产单位不注重市场调研分析，容易错误估计生产形势，有时出现大量的菌种过剩，有时又错失发展良机。菌种的盲目生产使市场上的菌种良莠不齐、优质菌种的供应得不到保障，造成菌种市场混乱，这始终困扰着菌种产业的健康发展。

菌种生产企业应与菇农结成合作社，积极推行订单式以销定产方式，并采取谁生产销售谁跟踪服务的原则，当地农业部门可协调出台菌种销售指导价。

3. 菌种贮存条件不严格

在生产上，一般来说，棉籽壳或木屑培养基菌种应在正常发满菌后 20 天内使用，应在温度不超过 25℃，清洁、通风，相对湿度为 50%~70%，避光的室内存放。谷粒培养基菌种应在正常发满菌后 7 天内使用，如果不能，则应在干燥、低温、黑暗、缺氧、洁净无污染

的场所贮存。但许多菌种生产单位把菌种直接在发菌室内存放，没有任何降温措施，导致菌种老化过快。

【提示】

母种在4~6℃冰箱中贮存（草菇在13~16℃条件下贮存），贮存期不超过90天；原种在0~10℃条件下贮存，贮存期不超过40天；栽培种在1~6℃条件下贮存，贮存期不超过45天。

4. 不注重企业环境卫生

在制作菌种过程中，人们认为在灭菌时彻底杀灭培养基内的杂菌、害虫，在接种、培养时进行无菌操作，菌种就能实现高效生产。其实食用菌菌种制作单位是一个“微型生态系统”，系统中的空气、土壤、废弃料、菌种、工作人员无时无刻不相互影响。如果不能搞好企业内的环境卫生、废弃料的有效处理、员工个人卫生等，制种效益也不能得到有效提高。

【小窍门】

企业“微型生态环境”无菌的四条原则：①不产生杂菌：清理残料、木质、纸类等杂菌可能繁殖的物料；②不聚集杂菌：无菌室表面及墙角要做得平滑、易清扫；③不带入杂菌：专用的着装和工具严格消毒后带入，密封；④清除杂菌：采用高效过滤器、杀菌剂、臭氧等消毒。

5. 自制栽培种的理解误区

虽然，原种与栽培种在其物质结构上没有本质区别，但两者应该在法律关系上有所不同。原种是用于种子繁殖的材料，栽培种是用于生产的种源，原种与栽培种存在着法律属性上的差异。自制栽培种行为应该有一个明确的界定，一是所采用的种源必须是自留的（从上年自己栽培的材料——菌丝体或子实体中获得的），二是仅用于自己的生产（不包括为他人代制）。自制种的法律责任很明确，自己对自己的行为负责。

如果利用原种进行栽培种生产并没有得到管理部门的认可，那么原种不对栽培种的质量承担法律责任。扩繁是指利用原种进行扩大繁殖的过程，从生产角度说就是菌种的生产过程。这个过程应该归属于《食用菌菌种管理办法》中所述的菌种管理的范畴。因此，利用原种生产栽培种是得到管理部门认可的行为，原种对栽培种的质量承担法律责任。

6. 不重视普通员工的培训

我国食用菌菌种生产实行食用菌菌种生产经营许可证审批制度，目前对菌种企业检验人员和生产技术人员的专业知识培训较多，但大多忽视安全生产培训，尤其是针对普通员工的培训较少。培训内容应包括《中华人民共和国安全生产法》及相关法律法规、NY/T 528—2010《食用菌菌种生产技术规程》。《安全生产手册》每个员工手中各持一份，牢记生产操作规程，服从安全生产管理。要加强对高压锅炉、消毒灭菌锅、超声波加湿器、液体菌发酵罐等的检修管护，定期到质监部门进行安全检测，严禁在生产中使用锅体变形、锈蚀、无安全阀、无压力表及无生产厂家的压力灭菌容器；严防锅炉爆炸、机械伤人等恶性事故发生；要严格做好消毒杀菌环节中的安全管理。

加强对应急管理、应急值守、应急演练等安全生产知识的宣传教育，操作人员持证上岗、定期考试，让员工时刻绷紧安全生产这根弦，形成早强调、晚总结的工作意识，做到当天隐患当天排除，安全生产做到居安思危、警钟长鸣。

【提示】

在食用菌产业“高端化、精品化、特色化、集群化、国际化”发展的背景下，食用菌企业生产逐步园区化和工厂化。我们经常说要安全生产，安全要做到“万无一失”，如果没有安全，那就是“失一无万”。

第四节　提高液体菌种效益的关键环节

一、对液体菌种认识的误区

1. 对液体菌种优势认识的误区

液体菌种在生产应用中有其明显的优势，如成本低，制种成本是固体菌种的1/30；时间短，制种时间是固体菌种的1/10；萌发快，接种后6小时萌发，24小时菌丝布满接种面；生长快，栽培养菌时间比固体菌种缩短1/2；纯度高，设备完全密闭运行，菌种纯度高、活力强；污染少，菌种萌发速度快，杂菌几乎没有侵染机会；菌龄短，菌袋上下菌龄一致，出菇齐、产量高；自动化，按键操作，自动化程度高。

但液体菌种也有其不足之处，如培养设备贵重、设备需要有电源、制种工艺严格，偏远农村常停电，设备故障不能自己维修，不适合一家一户小规模生产（1000~2000袋）和季节性生产等。

【提示】

发达国家仅对双孢蘑菇、金针菇等少数几个品种实现了工业化大生产，并把液体菌种做精做细，但我国食用菌商品化栽培有几十个品种，其工艺、设备研究难点多，需多年积累，逐步突破。液体菌种与固体菌种的优缺点对比见表2-1。

表2-1　液体菌种与固体菌种的优缺点对比

项目	液体菌种	固体菌种	项目	液体菌种	固体菌种
制种周期	短	长	生产效率	高	低
制种成本	低	高	劳动强度	小	大
菌种纯度	高	低	运输方便性	差	好
接种活力	强	差	贮存时间	短	长

（续）

项目	液体菌种	固体菌种	项目	液体菌种	固体菌种
发菌速度	快	慢	设备要求	高	低
菌龄一致性	好	差	技术要求	高	低
出菇整齐度	好	差	风险性	大	小
接种速度	快	慢	适用规模	大	小

2. 对液体菌种发酵设备的认识误区

食用菌液体菌种设备不论大小原理都一样，培养容器（瓶、罐）加无菌供气系统，看似简单的设备各生产厂家的设计都有不同，如罐的形状、空气的过滤层次、罐内液体的循环、灭菌温度的均匀性等。

1）液体母种种子。利用摇床就可以培养液体菌种（彩图 10），最好不用固体母种种子，一是种子是否染菌难判断；二是容易堵塞接种枪头。

2）发酵罐体形状。罐体高瘦型的，空气从进入液体到冒出的时间越长溶氧越多；罐体矮胖型的，灭菌时上下温差小，空气易进入罐内。

3）发酵罐体层数。目前市场上典型的有单层、双层（夹层）、三层（夹层外设保温层），使用单层及双层罐在灭菌时能耗较大，三层罐保温性好；单层罐只能自然降温，双层、三层罐可以用流水降温。

4）发酵罐体结构。液体菌种发酵罐罐体夹层应设进、排水（气）阀和压力表，内层应设罐体压力表、接种阀、接种口、罐体进气阀、罐体排气阀等（图 2-32）。

5）发酵罐内液体循环。以进入罐内的无菌压缩空气为动力，让罐内液体很好地循环流动。

6）空气过滤器。小罐因通气量小，有的用棉花或活性炭做过滤材料，棉花纤维间的空隙一般达到十几微米，它的过滤作用仅仅是靠沉降和黏附。几十升以上的大罐多用膜过滤器，如粗过滤器用 0.2 微米的聚乙烯滤膜、精过滤器用 0.01 微米的聚四氟乙烯滤膜。

7）气泵。电磁式气泵的能耗低、气量大，但压力低（仅 0.03~0.05 兆帕），能与大多数罐配用；无油空压机压力中等；活塞式空压机压力大、能耗高。

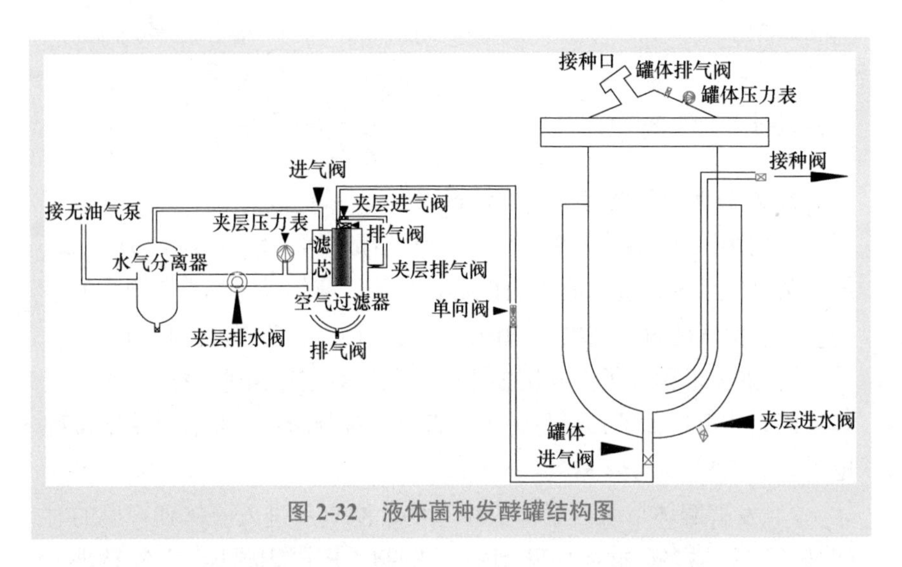

图 2-32　液体菌种发酵罐结构图

3. 对液体菌种本身认识的误区

1）液体菌种易污染。液体菌种生产只要严格操作，再加上空气过滤膜（孔径为 0.01 微米，是最小细菌个体的几十分之一）的过滤，可有效降低其污染率。

2）液体菌种贮藏运输难。液体菌种制种 2~3 天就可制作 1 罐，一般现用、现作，不需要贮藏；如果菌种厂集中制作菌包，接种后出售菌包给菇农进行分散出菇，液体菌种也不需要运输；也可运输液体菌种发酵罐到集中制作菌包区，进行菌种制作、接种，也能避免液体菌种运输难的问题。

3）液体菌种对出菇不利。有人怀疑液体菌种物理搅拌造成菌体单核化、营养液造成菌性变异退化等，目前气体搅拌代替机械搅拌、天然有机物代替化学试剂、液体母种代替传统母种等，其产量和质量都有保障。

【提示】

食用菌的孢子在适宜的条件下可直接萌发长出芽管，芽管不断分支伸长形成菌丝体（初生菌丝、单核），并形成隔膜。亲和的初生菌丝之间可以融合，融合后即形成次生菌丝，次生菌丝的每个细胞中都含有分别来自两个亲本（初生菌丝）的细胞核。次生菌丝粗壮、隔膜处有锁状联合（图2-33），具有结实性，可形成子实体，完成有性生殖。但并不是所有的食用菌二次菌丝分裂都有锁状联合，如双孢蘑菇、草菇、红菇、松乳菇、蜜环菌等没有锁状联合。

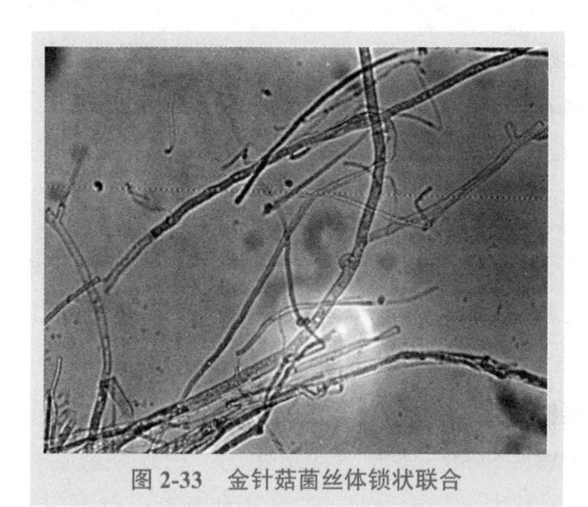

图2-33　金针菇菌丝体锁状联合

二、液体菌种生产的关键环节

1. 液体菌种生产工艺

液体菌种制种工艺流程如下：

清洗和检查→培养基配制→上料装罐→培养基灭菌→降温冷却→接入专用菌种→发酵培养→放罐接种。

2. 液体菌种母种生产

（1）配方　以配制1000毫升培养基计，马铃薯200克（煮汁）、葡萄糖20克、蛋白胨2克、酵母粉2克、磷酸二氢钾1克、硫酸镁0.5克，pH自然。

（2）灭菌　用三角瓶盛装，放置在高压锅内121℃保持30分钟。

（3）接种　待三角瓶的温度降到30℃以下时，在超净工作台或接种箱内进行接种。用经火焰消毒并冷却后的接种针挑取5~6块（3~5）毫米 ×（3~5）毫米的母种块，迅速转接于待接种摇瓶培养基内。

【提示】

试管母种一定是新生产、存放时间短的，即菌龄合适的。

（4）培养　接种结束后封口，放入25℃恒温箱中静置培养1天，然后置于磁力搅拌器或恒温摇床上培养，温度控制在25~28℃，以140~160转 / 分钟的转速培养6~7天。

【提示】

液体菌种检测培养液澄清透明，无杂菌、无异味；镜检无杂菌，菌丝形态正常；菌丝球、菌丝片段密集，占整个培养液的80%~85%，均匀悬浮于液体培养基中不分层。

3. 发酵罐液体菌种生产

（1）煮罐、空消　发酵罐初次使用、出现杂菌、长期放置、更换品种等出现其中一种情况时，应煮罐和空消进行灭菌。煮罐和空消要求蒸汽压力0.15兆帕、温度126℃，灭菌40分钟。

（2）液体菌种配方　发酵罐液体菌种生产参考配方如下：

1）葡萄糖2%，玉米粉2%，磷酸二氢钾0.3%，硫酸镁0.15%，蛋白胨0.2%，维生素$B_1$10毫克 / 升。

2）淀粉3%，葡萄糖2%，酵母膏0.2%，磷酸二氢钾0.2%，硫酸镁0.1%。

3）玉米粉2%，葡萄糖2%，磷酸二氢钾0.15%，硫酸镁0.075%。

4）马铃薯 20%（煮沸取汁），葡萄糖 2%，蛋白胨 0.2%，酵母膏 0.2%，磷酸二氢钾 0.1%，硫酸镁 0.05%。

5）豆饼粉 1.5%，葡萄糖 2%，玉米粉 1%，酵母粉 0.2%，磷酸二氢钾 0.2%，硫酸镁 0.1%。

【提示】

淀粉、玉米粉、豆饼粉的细度需要 100 目（孔径约为 150 微米）以上。所选原料可以因地制宜，如用量小时主料用马铃薯、用量大时多用玉米粉，没有蛋白胨时可用豆饼粉。不同配方的最终培养液 pH 是不一样的，一般高氮配方 pH 高，低氮配方 pH 低。液体培养基的液体黏度与食用菌的菌丝球形成关系密切，黏度小，形成的菌丝球大，数量少；黏度大，形成的菌丝球小，数量多；在生产中常加入琼脂和玉米粉增加黏度。

（3）投料和定容　用水把淀粉、玉米粉等原料搅拌均匀，不能有结块，用吸管或漏斗通过上料口将原料加入罐体，装液量为罐体容量的 70%~80%，加入 0.03% 消泡剂，通入空气搅拌 1~2 分钟，混合均匀，拧紧上料口盖。

（4）液体培养基灭菌　发酵罐加热层通入冷水，水位低于放水口 20 厘米，关闭进、排水阀门加热。待加热层压力达到 0.05 兆帕时，缓慢打开放气阀降压至 0 兆帕，关闭排气阀，再次升压至 0.11 兆帕；待发酵罐培养层压力达到 0.05 兆帕时，缓慢打开排气阀降压至 0 兆帕，关闭排气阀；再次升压至 0.11 兆帕，同时打开空气过滤器灭菌，微开排气阀，维持 40~50 分钟。

（5）冷却　灭菌结束，关闭空气过滤器灭菌阀与排气阀，缓慢打开空气过滤器排水阀降压至 0 兆帕，加热层通入冷水降温；同时缓慢打开发酵罐培养层排气阀降压，待压力接近 0 兆帕时向培养层内通入无菌空气，调整排气阀，维持罐压为 0.04~0.05 兆帕，培养液温度降至 25℃以下时，关闭加热层进水阀。

（6）接种　接入摇瓶菌种，接种量为 1%~2%。将摇瓶接种管和发酵罐接种口用75%酒精消毒，用95%酒精的火焰圈套在接种口上，轻微打开呼吸器阀门，使发酵罐压力为0兆帕。点燃火焰圈，在火焰保护下用镊子去掉接种管上的牛皮纸和棉塞，打开接种口阀门，将接种管插入接种口，将摇瓶菌种注入发酵罐（图2-34）。拔出接种管，关闭接种口阀门，去掉火焰圈，打开空气压缩机。

图2-34　将摇瓶菌种注入发酵罐

【提示】

操作中必须对罐体的接种口进行严格消毒，火焰圈应该完整控制接种口，摇瓶管口与罐体接种口的对接应在火焰中进行，接种完后迅速关闭接种口。

（7）**培养**　通过空气压缩机充气和调整排气阀调节罐体压力为0.02~0.03兆帕，温度控制在24~26℃，通气量为1∶0.8，培养5~6天。

【提示】

如果遇到停电，关闭排气阀来保持罐中处于正压状态。来电后重新启动，并打开排气阀继续培养。

（8）**检测**

1）检测时机和方法。接种后第四天要进行检测，首先用酒精火焰球灼烧取样阀30~40秒后，弃掉最初流出的少量液体菌种，然后用酒精火焰封口直接放入经灭菌的三角瓶中，塞紧瓶塞，取样后用酒精火焰把取样阀烧干，以免杂菌进入造成污染。将样品接到试管斜面或平板培养基上，放在28~30℃条件下恒温培养2~3天，采用显微镜和感官观察菌丝生长状况和有无杂菌污染。若无杂菌菌落生长，则表明该样品无杂菌污染。

【小窍门】

液体菌种可用“观其色、闻其味、查其态”的简便直观方法检测，具体如下：

① 观其色。如果培养液颜色混浊，大多为细菌、放线菌、酵母菌污染，不能作为菌种使用。菌液中加入糖等营养物质，灭菌后溶液呈浅茶红色，随着营养的利用，溶液颜色也越来越浅，绝大多数呈浅黄色或橙黄色（彩图11），如平菇、金针菇。也有些品种比较特殊，如香菇、猴头菇的培养液呈黄棕色；黑木耳的培养液呈青褐色，黏稠，有香甜味；蜜环菌的培养液呈浅棕色。

② 闻其味。菌种培养前期，因菌液中含有大量单糖、多糖类营养物质，因而糖香味很浓，随着营养的利用，菌液的糖香味越来越淡，取而代之的是菌丝特有的芳香气味。而污染杂菌的培养液则散发出酸味、甜味、霉臭味、酒精味等各种异味。

③ 查其态。一般来说，接菌初期，菌体周边长出白色菌丝；接菌中期，菌丝断落到菌液中而产生新的菌球；接菌后期，菌球达到最大的浓度（一般为80%）。优良菌种取样后静置菌液基本不分层，料液的黏度高，菌丝（球）悬浮力好，菌球大小均匀。老化的菌种菌液颜色会逐渐变深，菌球轮廓不清，甚至自溶成为粥状物。

2）优质液体菌种指标。

① 感官指标。液体菌种感官指标见表2-2。

表 2-2 液体菌种感官指标

项目	感官指标
菌液色泽	球状菌丝体呈白色，菌液呈棕色
菌液形态	菌液稍黏稠，有大量片状、球状菌丝体悬浮，固形物体积≥ 80%，菌丝球直径 2~3 毫米、分布均匀、不上浮、不下沉、不迅速分层，菌球间液体不混浊
菌液气味	具有液体培养时特有的香气，无异味，如酸味、臭味等，培养器排气口气味正常，无明显改变

② 理化指标。液体菌种理化指标见表 2-3。

表 2-3 液体菌种理化指标

项目	理化指标
pH	5.5~6.0
菌丝干重率（%）	2~3
菌丝湿重 /(克 / 毫升)	0.1~0.15
显微镜下菌丝形态和杂菌鉴别	可见液体培养的特有菌丝形态，球状和丛状菌丝体大量分布，菌丝粗壮，菌丝内原生质分布均匀、染色剂着色深。无霉菌菌丝、酵母和细菌菌体
留存样品无菌检查	有食用菌菌丝生长，划痕处无霉菌、酵母菌、细菌菌落生长

【提高效益途径】

液体菌种的培养时间因菌种不同而不同，液体菌种应在对数生长期进行接种。对数生长期的判定方法可采用菌丝干重测定法，具体步骤为：在不同的培养时期各取 100 毫升的液体菌种→过滤菌丝→烘干→称重→绘制培养时间、菌丝重量曲线，在曲线最高端开始出现时结束培养，进行接种。

（9）**放罐接种** 对接种环境进行严格的消毒灭菌处理，可用食用菌专业气雾消毒剂熏蒸消毒；也可以用臭氧消毒机，每次消毒 40~60

分钟，共消毒3次。接种环境洁净度应达到万级标准，接种区环境洁净度应达到百级标准。在接种时，前几枪不要接到栽培袋里，应该先喷到量筒里，以检查接种量的大小。在接种区用接种器将液体菌种注入二、三级固体菌种袋（瓶）或栽培袋中，每个接种点接种量为20~30毫升。

【提示】

液体菌种接种方法有以下3种：

1）表面接种法。这是目前采用比较多的方法，采用这种接种方法时多为瓶装或袋装培养料，上端有一定的空间，如生产金针菇、茶树菇、黑木耳、杏鲍菇、香菇、鸡腿菇、平菇等。接种时将液体菌种喷淋到料表面上，这种方法萌发生长快、封面早、杂菌污染的概率很小，甚至以万袋计算可以达到零污染。

2）表面加枪头插入式接种法（图2-35）。表面接种法接种时，菌球易被培养料的过滤作用阻滞在料的上半部分，菌丝生长需要从上往下生长，不能在料内上下同时生长。如果将接种枪枪头做成管状插入料内接种，菌球在料面、料内同时生长，可以将发菌时间缩短一半左右，甚至更多。这种方法一是要注意料内氧气的供应（不扎袋口）；二是要注意接种环境的无菌要求，避免枪头带入杂菌造成污染。

3）袋表面扎孔接种法（图2-36）。长菌棒从两端接种不能缩短养菌时间，从袋表面的一头或两头用枪头扎入3~5厘米深并同时接种（图2-37），扎孔间隔根据需要确定，如平菇菌袋扎3~5个孔。这种方法通过调节接种量和孔间距离，可以达到缩短养菌时间和减少杂菌污染的目的。其缺点是用种量大，每个孔的接种量不少于10毫升，接种后不封口的应达到每孔20毫升以上。

图 2-35　表面加枪头插入式接种法

图 2-36　袋表面扎孔接种法

图 2-37　袋两头扎孔接种

4. 液体菌种接种后菌袋污染的原因

（1）培养基灭菌不彻底　在菌袋灭菌过程中因温度或时间处理不当，造成灭菌不彻底，液体菌种接种后，菌丝长至 1/3 左右时，杂菌由料中间向外生长造成污染。

（2）接种环境不达标　接种环境过于粗放、接种室处理程度不够等原因导致接种环境相对较差，接种过程中杂菌及其他孢子落入菌袋、菌筐的外表面而导致染菌。

（3）接种不熟练　使用液体菌种初期，扎袋（口）、封袋（口）技术不熟练，使培养基在空气中暴露时间过长，或接种枪频频接触菌袋、菌筐的外表面而导致染菌。

（4）**液体菌种中营养物质残留过多** 在正常培养条件下，当液体菌种达到培养终点时残糖浓度一般在 0.5% 以下。若配制培养基时糖浓度太大，或其他原因导致残留营养物质浓度过高，杂菌极易在这样的营养液体上萌发、繁殖，因而易导致染菌。

（5）**菌种老化** 液体菌种老化甚至自溶，再接种萌发能力大大降低或不萌发，而局部湿度过大，因而易造成染菌。

（6）**接种时间** 培养好的液体菌种应该马上用于生产，此时菌种活力强、萌发好。液体菌种保藏后使用，易造成菌种酶活性下降或菌体自溶，降低活力。

（7）**接种量** 液体菌种接种量以菌种接入瓶或袋内均匀覆盖表面为宜，通常 850 毫升的塑料瓶接种 15~18 毫升。接种量少，菌种局部萌发、封面，易造成污染。

（8）**培养料质量** 液体菌种较固体菌种对培养料质量要求高。培养料杀菌不彻底、发酸变质、含水量不适宜等，均会导致液体菌种萌发效果不好。在生产上，往往将液体菌种萌发效果不好归结于菌种质量而忽视了培养料的质量。

【提示】

液体菌种污染排查途径：

① 菌种带菌排查。可采用镜检的方式排查母种是否感染细菌，采用培养皿划线培养的方式检查是否感染真菌。

② 培养基灭菌不彻底排查。在接种后、放罐接种前，可采用 3 个摇瓶将接种后的培养基进行同步培养，如果摇瓶培养污染；可再考虑用 3 个摇瓶进行接种前液体培养基空培养，如果培养基污染，证明培养基灭菌不彻底。

③ 发酵设备破漏的排查。发酵罐接种后取样，采用 3 个摇瓶同步培养，如果发现污染，在排除培养基污染的情况下，要考虑发酵设备是否破漏。

④ 发酵设备过滤器过滤不净排查。空气经过滤器过滤后通入空白培养基，进行摇瓶培养，如果培养基污染，则表明过滤器过滤不干净。

第五节　防止菌种异常现象　向管理要效益

一、母种制作和使用中的异常情况及原因分析

1. 母种培养基凝固不良

母种制作过程中培养基灭菌后凝固不良，甚至不凝固。可以按照以下步骤分析原因：

1）先检查培养基组分中琼脂的用量和质量。

2）如果琼脂没有问题，再用 pH 试纸检测培养基的酸碱度，看培养基是否过酸，一般 pH 低于 4.8 时凝固不良；当需要较酸的培养基时，可以适当增加琼脂的用量。

3）灭菌时间过长，一般在 0.15 兆帕超过 1 小时后易凝固不良。

【提示】

如果以上都正常，我们还要考虑称量工具是否准确，有些小市场出售的称量工具不是很准确，建议要到正规厂家或专业商店购买称量工具。

2. 母种不萌发

母种接种后，接种物一直不萌发，其原因有以下几种：

1）菌种在 0℃甚至 0℃以下保藏，菌丝已冻死或失去活力。

【提示】

检测菌种活力的方法：如果原来的母种试管内还留有菌丝，再转接几支试管并培养观察，最好使用和上次不同时间制作的

培养基。如果还是不萌发，表明母种已经丧失活力。如果第二次接种成活了，表明第一次培养基有问题。

2）菌龄过老，生活力衰弱。

3）接种操作时，母种块被接种铲、酒精灯火焰烫死。

4）母种块没有贴紧原种培养基，菌丝萌发后缺乏营养死亡。

5）接种块太薄、太小，干燥而死。

6）母种培养基过干，菌丝无法活化、无法吃料生长。

3. 发菌不良

母种发菌不良的表现多种多样，常见的有生长缓慢、生长过快，但菌丝稀疏、生长不均匀、菌丝不饱满、色泽灰暗等。

母种发菌不良的主要原因有：培养基不适、菌种过老、品种退化、培养温度过高或过低、棉塞过紧透气不良、接种箱中或培养环境中残留甲醛过多都会造成菌种生长缓慢、菌丝稀疏纤弱等发菌不良现象的发生。

4. 杂菌污染

大量杂菌污染原因如下：

（1）培养基灭菌不彻底　灭菌不彻底的原因除灭菌的各个环节不规范外，还包括高压灭菌锅、常压灭菌锅不合格。

（2）接种时感染杂菌　其原因有接种箱或超净工作台灭菌不彻底（含气雾消毒剂不合格、紫外线灯老化）、接种时操作不规范等。

（3）菌种自身带有杂菌　启用保藏的一级种，应认真检查是否有污染现象。如果斜面上呈现明显的黑色、绿色、黄色等菌落，则说明已遭霉菌污染；将斜面放在向光处，从培养基背面观察，如果在气生菌丝下面有黄褐色圆点或不规则斑块，说明已遭细菌污染（彩图12），被污染的菌种绝不能用于扩大生产。

5. 母种制作及使用过程中应注意的事项

（1）培养基的使用　制成的母种培养基，在使用前应做无菌检查，一般将其放置在24℃左右的恒温箱内培养48小时，证明无菌后方可使用。制备好的培养基，应及时用完，不宜久存，以免降低其营养价值或其成分发生变化。

（2）**出菇鉴定** 投入生产的母种，不论是自己分离的菌种或由外地引入的菌种，均应做出菇鉴定，全面考核其生产性状、遗传性状和经济性状后，方能用于生产。母种选择不慎，将会对生产造成不可估量的损失。

（3）**母种保藏** 已经选定的优良母种，在保藏过程中要避免过多转管。转管时所造成的机械损伤，以及培养条件变化所造成的不良影响，均会削弱菌丝生活力，甚至导致遗传性状的变化，使出菇率降低，甚至造成菌丝的“不孕性”而丧失形成子实体的能力。

【提示】

引进或育成的菌种在第一次转管时，可较多数量扩转，并以不同方法保藏，用时从中取一管大量繁殖作为生产母种用。一般认为保藏的母种经3~4次代传，就必须用分离方法进行复壮。

（4）**建立菌种档案** 母种制备过程中，一定要严格遵守无菌操作规程，并标好标签，注明菌种名称（或编号）、接种日期和转管次数，尤其在同一时间接种不同的菌种时，要严防混杂。母种保藏应指定专人负责，并建立“菌种档案”，详细记载菌种名称、菌株代号、菌种来源、转管时间和次数，以及在生产上的使用情况。

（5）**防止误用菌种** 从冰箱取出保藏的母种，要认真检查贴在试管上的标签或标记，切勿使用没有标记或判断不准的菌种，以防误用菌种而造成更大的损失。

（6）**母种选择** 保藏的母种菌龄不一致，要选菌龄较小的母种接种；切勿使用培养基已经干缩或开始干缩的母种，否则会影响菌种成活或导致生产性状的退化。

（7）**菌种扩大** 保藏时间较长的菌种，菌龄较老的菌种或对其存活有怀疑时，可以先接若干管，在新斜面上长满后，用经过活化的斜面再进行扩大培养。

（8）防止污染　保藏母种在接种前，应认真地检查是否有污染现象。斜面上有明显绿色、黄色、黑色菌落，说明已遭受霉菌污染；管口内的棉塞，由于吸潮生霉，只要有轻微振动，分生孢子很容易溅落到已经长好的斜面上，在低温保藏条件下受到抑制，很难发现；将斜面放在向光处，从培养基背面观察，在气生菌丝下面有黄褐色圆形或不定形斑块，是混有细菌的表现。已经污染的母种不能用于扩大培养。

（9）活化培养　在冰箱中长期保藏的菌种，自冰箱取出后，应放在恒温箱中活化培养，并逐步提高培养温度，活化培养时间一般为2~3天。如果在冰箱中保存时间超过3个月，最好转管培养一次再用，以提高接种成功率和萌发速度。

【注意】

保藏的菌种，不论在任何情况下都不可全部用完，以免菌种失传。

（10）菌种贮藏　认真安排好菌种生产计划，菌丝在斜面上长满后立即用于原种生产，能加快菌种定植速度。如果不能及时使用，应在斜面长满后，及时用玻璃纸或硫酸纸包好，置于低温避光处保存。

【提示】

保藏和贮藏的概念不同，保藏的主要目的是保持菌种的种性，防止变异。贮藏的目的是保持菌种活力和纯度。

二、原种、栽培种制作和使用中的异常情况及原因分析

1. 接种物萌发不正常

原种、栽培种接种物萌发不正常，主要表现为两种情况：一是不萌发或萌发缓慢；二是萌发出的菌丝纤细无力，扩展缓慢。其发生原因的分析思路为：培养温度→培养基含水量→培养基原料质量→灭

菌过程及效果→母种。对于接种物不萌发，或萌发缓慢，或扩展缓慢来说，以下几个方面的因素必有其一，甚至可能是多因素共同影响。

（1）培养温度过高　培养温度过高会造成接种物不萌发、萌发迟缓、生长迟缓。

（2）含水量过低　尽管拌料时加水量充足，但由于拌料不均匀，就会造成培养基含水量的差异，含水量过低的菌种瓶（袋）内接种物常干枯而死。

（3）培养基原料霉变　正处于霉变期的原料中含有大量有害物质，这些物质耐热性极强，在高温下不易分解变性，甚至在高压高温灭菌后仍保留毒性，造成接种后菌种不萌发。具体确定方法是将培养基和接种块取出，分别置于 PDA 培养基斜面上，于适宜温度下培养，若不见任何杂菌长出，而接种块萌发、生长，即可确定为这一因素。

（4）灭菌不彻底　多数情况下无肉眼可见的菌落，有时在含水量过大的瓶（袋）壁上或在培养基的颗粒间可见到灰白色的菌膜。多数食用菌在有细菌存在的基质中不能萌发和正常生长。具体检查方法是，在无菌条件下取出菌种和培养料，接种于 PDA 培养基斜面上，于适温条件下培养，24~28 小时后检查，若灭菌不彻底会在菌种和培养料周围都有细菌菌落长出。

（5）母种菌龄过长　菌种生产者应使用菌龄适当的母种，多种食用菌母种使用最佳菌龄都在长满斜面后 1~5 天，栽培种生产使用原种的最佳菌龄是在长满瓶（袋）14 天之内。在计划周密的情况下，母种和原种生产、原种和栽培种的生产紧密衔接是完全可行的。若母种长满斜面后 1 周内不能使用，要及早置于 4~6℃下保存。

2. 发菌不良

原种、栽培种的发菌不良表现为生长缓慢，或生长过快但菌丝纤细稀疏、生长不均匀、不饱满、色泽灰暗等。造成发菌不良的原因主要有：

（1）培养基酸碱度不适　用于制作原种、栽培种的培养料 pH 过高或过低。我们可将发菌不良的菌种瓶（袋）的培养基挖出，用 pH

试纸测试。

【提示】

在制种过程中，培养料的酸化问题较为突出，培养料酸化以后会造成酸败，培养料有害菌数量增加，易导致灭菌不彻底（在相同的灭菌条件下，有害菌基数增多）；培养基 pH 降低，影响菌丝萌发生长。杂菌有害代谢产物导致菌丝生长不良（杂菌可杀灭，但代谢物还残留在培养基内）、养分被分解，引起产量降低。

可以采用培养料充分干拌从而缩短湿料的搅拌时间（搅拌时的加水方法也很重要）、严格遵守“及时灭菌”原则、剩余培养料第二天禁止使用、作业结束后机器一定要清洁消毒等途径防止培养料酸化。

（2）**原料中混有有害物质** 多数食用菌原种、栽培种培养基原料主料是阔叶木屑、棉籽壳、玉米粉、豆秸粉等，但若混有如松树、杉树、柏树、樟树、桉树等树种的木屑或原料有过霉变，都会影响菌种的发菌。

【提示】

松树、杉树、柏树、樟树、桉树等树种含有油性或芳香性物质，或家具厂的木屑中含有防腐剂，会造成菌种吃料萎缩，菌丝无法正常生长和蔓延。

（3）**灭菌不彻底** 培养基中有肉眼看不见的细菌，会严重影响食用菌菌种菌丝的生长。有的食用菌虽然培养料中残存有细菌，但仍能生长。例如，平菇菌种外观异常，表现为菌丝纤细稀疏、干瘪不饱满、色泽灰暗，长满基质后菌丝逐渐变得浓密，如果不慎将后期菌丝变浓密的菌种用来扩大栽培种，将导致批量的污染发生。

（4）**水分含量不当** 培养料水分含量过多或过少都会导致发菌

不良，特别是含水量过大时，培养料氧气含量显著减少，将严重影响菌种的生长。在这种情况下，往往长至瓶（袋）中下部后，菌丝生长变缓，甚至不再生长。

（5）培养室环境不适　在培养室温度、空气相对湿度过高、培养密度大的情况下，环境的空气流通交换不够，影响菌种氧气的供给，导致菌丝缺氧，生长受阻。这种情况下，菌种外观色泽灰暗、干瘪无力。

（6）虫害　菌种表现为有的区域菌丝稀疏或者没有（彩图 13）。

3. 杂菌污染

在正常情况下，原种、栽培种或栽培袋的污染率在 5% 以下，各个环节操作规范时，常只有 1%~2%。如果超出这一范围，应该认真查找原因并采取相应措施予以控制。

（1）灭菌不彻底　灭菌不彻底导致污染，其特点是污染率高、发生早，污染出现的部位不规则，培养物的上、中、下各部位均出现杂菌。这种污染常在培养 3~5 天后即可出现。影响灭菌效果的因素主要有以下几个：

1）培养基的原料性质。常用的培养基灭菌时间关系是木屑 < 草料 < 木塞 < 粪草 < 谷粒。从培养基原料的营养成分上说，糖、脂肪和蛋白质含量越高，传热性越差，对微生物有一定的保护作用，灭菌时间需相对要长。因此，添加麸皮、米糠较多的培养基所需灭菌时间长；从培养基的自然微生物基数上看，微生物基数越高，灭菌需时越长，因此培养基加水配备均匀后，要及时灭菌，以免其中的微生物大量繁殖影响灭菌效果。

2）培养基的含水量和均匀度。水的热传导性能较木屑、粪草、谷粒等固体培养基要强得多，如果培养基配制时预湿均匀、吸透水、含水量适宜，灭菌过程中达到灭菌温度的需时就短，灭菌就容易彻底。相反，若培养基中夹杂有未浸入水分的“干料”，俗称“夹生”，蒸汽不易穿透干燥处，就达不到彻底灭菌的效果。

【提示】

在培养基配制过程中，要使水浸透料，木塞谷粒、粪草应充分预湿、浸透或捣碎，以免“夹生”。

3）容器。玻璃瓶较塑料袋热传导慢，在使用相同培养基、相同灭菌方法时，瓶装培养基灭菌时间要较塑料袋装培养基稍长。

4）灭菌方法。相比较而言，高压灭菌可用于各种培养基的灭菌，关键是把冷空气排净；常压灭菌砌灶锅小、水少、蒸汽不足、火力不足、一次灭菌过多，是常压灭菌不彻底的主要原因，并且对于灭菌难度较大的粪草种和谷粒种达不到完全灭菌的效果。

5）灭菌容量。以蒸汽锅炉送入蒸汽的高压灭菌锅，要注意锅炉汽化量与锅体容积相匹配，自带蒸汽发生器的高压灭菌锅，以每次容量200~500瓶（750毫升）为宜。常压灭菌灶以每次容量不超过1000瓶（750毫升）为宜，这样可使培养基升温快而均匀，培养基中自然微生物繁殖时间短，灭菌效果更好。灭菌时间应随容量的增大而延长。

6）堆放方式。锅内被灭菌物品的堆放形式对灭菌效果影响显著，如以塑料袋为容器时，受热后变软，如果装料不紧、叠压堆放，就极易把升温前留有的间隙充满，不利于蒸汽的流通和升温，影响灭菌效果。塑料袋摆放时，应以叠放3~4层为度，不可无限叠压；锅大时要使用搁板或铁筐。

（2）封盖不严 主要出现在用罐头瓶作为容器的菌种中，在用塑料袋作为容器的折角处也有发生。聚丙烯塑料经高温灭菌后比较脆，搬运过程中遇到摩擦，紧贴瓶口处或有折角处极易磨破，形成肉眼不易看到的沙眼，造成局部污染。

（3）接种物带杂 如果接种物本身就已被污染，扩大到新的培养基上必然会出现成批量的污染，如1支污染过的母种会造成扩接的4~6瓶原种全部污染，一瓶污染过的原种会造成扩大的30~50瓶栽培种全部污染。这种污染的特点是杂菌从菌种块上长出，污染的杂菌种类比较一致，且出现早，接种 3~5 天内就肉眼鉴别。

【提示】

这类污染只有通过种源的质量保证才能控制，因此要在生长过程中跟踪检查作为种源使用的母种和原种，及时剔除污染个体，在其下一级菌种生产使用前再次检查，严把质量关。

（4）设备设施过于简陋引起灭菌后无菌状态的改变 经灭菌的种瓶、种袋已经达到了无菌状态，但由于灭菌后的冷却和接种环境达不到高度洁净无菌，特别是简易菌种场和自制菌种的菇农，既达不到流水线作业、专场专用，又往往忽略场地的环境卫生、忽视冷却场地的洁净度，使本已无菌的种瓶、种袋在冷却过程中被污染。

【提示】

在冷却过程中，随着温度的降低，瓶内、袋内气压也降低，如果冷却室灰尘过多，那么杂菌孢子基数就会过大，杂菌孢子就自然地落到了种瓶或种袋的表面，而且随其内外气压的动态平衡向瓶内、袋内移动，当棉塞受潮后就更容易先在棉塞上定植，接种操作时碰触、沉落进入瓶内或袋内。瓶、袋外附有较多的灰尘和杂菌孢子，成为接种操作的污染源。因此，冷却时要保持冷却室清洁，灭菌后马上搬入冷却室，在无菌室内急速冷却（常压灭菌法尤为重要）至合适的接种温度。

（5）接种操作污染 接种操作造成污染的特点是分散出现在接种口处，比接种物带菌和灭菌不彻底造成的污染发生稍晚，一般接种后 7 天左右出现。要避免或减少接种操作的污染需格外注意以下技术环节：

1）不使棉塞打湿。灭菌摆放时，切勿使棉塞贴触锅壁。当棉塞向上摆放时，要用牛皮纸包扎。灭菌结束时，要自然冷却，不可强制冷却。当冷却至一定程度后再小开锅门，使锅内的余热将棉塞上的水汽蒸发掉。不可一次打开锅门，否则棉塞极易潮湿。

2）洁净冷却。在规范化的菌种场中，冷却室是高度无菌的，空气中不能有可见的尘土，灭菌后的种瓶、种袋不能直接放在有尘土的地面上冷却。最好在冷却场所地面上铺一层灭过菌的麻袋、布垫或用高锰酸钾、石灰水浸泡过的塑料薄膜。冷却室使用前，可用紫外线灯和喷雾相结合进行空气消毒。

3）接种室和接种箱使用前必须严格消毒。接种室墙壁要光滑、地面要洁净、封闭要严密，接种前一天将被接种物、菌种、工具等经处理后放入，先用来苏儿喷雾，再进行气雾消毒；接种箱要达到密闭条件，处理干净后，将被接种物、菌种、工具等经处理后放入，接种前 30~50 分钟用气雾消毒、臭氧发生器消毒等方法进行消毒。

4）操作人员需在缓冲间穿戴专用衣帽。接种人员的专用衣帽要定期洗涤，不可置于接种室之外，要保持高度清洁。接种人员进入接种室前要认真洗手，操作前用消毒剂对双手进行消毒。

5）接种过程要严格无菌操作。尽量少走动、少搬动、不说话，尽量小动作、快动作，以减少空气振动和流动，减少污染。

6）在火焰上方接种。实际上，无菌室内绝对无菌的区域只有酒精灯火焰周围很小的范围内。因此，接种操作，包括开盖、取种、接种、盖盖，都应在这个绝对无菌的小区域完成，不可偏离。接种人员要密切配合。

7）拔出棉塞使缓劲。拔棉塞时，不可用力直线上拔，而应旋转式缓劲拔出，以避免造成瓶内负压，外界空气突然进入而带入杂菌。

8）湿塞换干塞。灭菌前，可将一些备用棉塞用塑料袋包好，放入灭菌锅内同菌袋（瓶）一同灭菌，当接种发现菌种瓶棉塞被蒸汽打湿时，换上这些新棉塞。

9）接种前做好一切准备工作。接种一旦开始，就要批量批次完成，中途不间断，一气呵成。

10）少量多次。每次接种室消毒处理后接种量不宜过大，接种室以一次 200 瓶以内、接种箱以一次 100 瓶以内效果为佳。

11）未经灭菌的物品切勿进入无菌的瓶内或袋内。接种操作时，接种钩、镊子等工具一旦触碰了非无菌物品，如试管外壁、种瓶外壁、操作台面等，就不可再直接用来取种、接种，需重新进行火焰灼烧灭菌。掉在地上的棉塞、瓶盖切忌使用。

（6）**培养环境不洁及高湿**　培养环境不洁及高湿引起污染的特点为接种后污染率很低，随着培养时间的延长，污染率逐渐增高。这种污染较大量发生在接种10天以后，甚至培养基表面都已长满菌丝后贴瓶壁处陆续出现污染菌落。这种污染多发生在湿度高、灰尘多、洁净度不高的培养室。

4. 原种、栽培种制作的注意事项

（1）**培养基含水量**　食用菌菌丝体的生长发育与培养基含水量有关，只有含水量适宜，菌丝生长才旺盛健壮。通常要求培养基含水量为60%~65%，即手紧握培养料，以手指缝中有水外渗1~2滴为宜，没有水渗为过干，有水滴连续淌下为过湿，过干或过湿均对菌丝生长不利。

（2）**培养基的pH**　一般食用菌正常生长发育需要一定范围的pH，木腐菌要求偏酸性，即pH为4~6；粪草菌要求中性或偏碱性，即pH为7.0~7.2。由于灭菌常使培养基的pH下降0.2~0.4，因此灭菌前的pH应比指定的略高一些。如果培养料的酸碱度不合要求，可用1%的过磷酸钙澄清液或1%的石灰水上清液进行调节。

（3）**装瓶（袋）的要求**　若培养料装得过松，虽然菌丝蔓延快，但多细长无力、稀疏、长势衰弱；若装得过紧，培养基通气不良，菌丝发育困难。一般来说，原种的培养料要紧一些、浅一些，略占瓶深的3/4即可；栽培种的培养料要松一些、深一些，可装至瓶颈以下。

【提示】

装瓶后，插入捣木（或接种棒），直达瓶底或培养料的4/5处。打孔具有增加瓶内氧气、利于菌丝沿着洞穴向下蔓延和便于固定菌种块等作用。

（4）装好的培养基应及时灭菌　培养基装完瓶（袋）后应立即灭菌，特别是在高温季节。严禁培养基放置过夜，以免由于微生物的作用而导致培养基酸败，危害菌丝生长。

（5）严格检查所使用菌种的纯度和生活力　检查菌种内或棉塞上有无霉菌及杂菌侵入所形成的拮抗线（彩图 14）、湿斑（彩图 15），有明显杂菌侵染或有怀疑的菌种、培养基开始干缩或在瓶壁上有大量黄褐色分泌物的菌种、培养基内菌丝生长稀疏的菌种、没有标签的可疑菌种，均不能用于菌种生产。

（6）菌种长满菌瓶后，应及时使用　一般来说，二级种满瓶后 7~8 天，最适于扩转三级种，三级种满瓶（袋）7~15 天时最适于接种。如果不及时使用，应将其放在凉爽、干燥、清洁的室内避光保藏。在 10℃以下低温保藏时，二级种不能超过 3 个月，三级种不能超过 2 个月。在室温下要缩短保藏时间。

【提示】

木屑菌种的污染部分、未生长部分或者接种孔里的部分取样后，放到液体培养基中（肉汁培养基），以其是否混浊来判断（彩图 16）。

5. 菌种杂菌污染的综合控制

1）选择有信誉的科研、专业机构。引进优良、可靠的母种，做到种源清楚、性状明确、种质优良，最好先做出菇试验，做到使用一代、试验一代、贮存一代。

2）按照菌种生产各环节的要求进行。合理、科学地规划和设计厂区布局，配置专业设施、设备，提高专业化、标准化、规范化生产水平。

3）严格遵循菌种生产技术规程。按照菌种生产技术规程进行选料、配料、分装、灭菌、冷却、接种、培养和质量检测。

4）严格挑选用于扩大生产的菌种。任何疑点都不可姑息，确保接种物的纯度。

5）提高从业人员专业素质。规范操作；生产场地要定期清洁、消毒，保持大环境清洁。

6）建立技术管理规章制度。专业菌种厂要建立严格的技术管理规章制度，确保技术准确到位，保证顺利生产。

第三章
提高代料香菇栽培效益

第一节 确立科学种菇理念 向科学要效益

香菇［*Lentinus edodes*（Berk.）Sing］属担子菌纲伞菌目口蘑科香菇属，是一种大型的食用菌，原产于亚洲，在世界菇类产量中居第二位，仅次于双孢蘑菇。我国是世界上公认的栽培香菇最早、产量最高、优质花菇种类最多、栽培形式多样、生产成本较低的国家，已有1000多年的历史。目前，香菇的产量在我国所有食用菌种类中位居第一。

香菇味道鲜美，香气沁人，营养丰富，具有营养和保健双重功效，经常食用能增强人体免疫力，素有“植物皇后”的美誉。香菇栽培是投资少、周期短、见效快、技术易懂、操作方便灵活、市场风险相对较小的农业项目。近年来，我国香菇的年产量、年产值均保持较高增长，品种竞争优势比较明显。究其原因，一是作为传统的食用菌消费品种，从百姓餐桌到饭店酒楼，香菇的市场需求比较旺盛；二是近几年工厂化金针菇、杏鲍菇等品种由于出现了局部地区的产能过剩，市场价格波动较大，有一部分种植户、工厂化企业选择利用现有设备设施转向香菇的菌包工厂化和反季节生产；三是近几年国家乡村振兴工作推进力度加大，很多地区把香菇栽培确定为乡村振兴的主导项目，助推了香菇产业的快速发展。同时香菇在日本、韩国、美国及欧盟地区消费增长较快，具有潜在的国际市场空间，未来我国香菇产业将持续保持蓬勃发展的势头。

一、香菇传统生产存在的误区

1. 迷信“新技术”

经过多年发展，我国香菇生产栽培技术已经成熟，其主要栽培品种的地位也已基本确立。从我国香菇产业整体情况看，生产模式仍以“公司＋基地＋农户”的种植模式为主，生产主体仍是广大农户，有许多生产者痴迷于民间所谓的“新技术”，盲听盲信坊间谣言，如蜡封香菇、三十烷醇喷雾促进香菇生长等。这些所谓的“高科技”使真正的生产技术无法得到有效宣传和实施，给大量的菇农和企业造成了损害，而生产者对真正以科学的方法和先进的理念为基础的香菇栽培新技术却视而不见。

【提示】

如果没有坚实的基础，盲目采用“新技术”，结果可能只是徒劳无功，根本不可能实现所期望的结果。

2. 不注重原料选择

很多栽培者误认为用于栽培香菇的木屑与金针菇、杏鲍菇等其他木腐菌一样，只要是阔叶树木屑都可。其实，能够获得优质、高产香菇的栽培树种，主要为壳斗科、桦木科、杜英科、金缕梅科（枫香树属、蕈树属）等的阔叶树，这些树种具有共同的特点：叶缘呈锯齿状，柔荑花序，坚果，乔木为主，成材需要 20 年以上。这类树种在砍伐的树桩刀口上，会出现蓝色的斧头砍痕，木材中都含有一定量的单宁，这也是香菇生产高产、优质的关键。

我国香菇主产区大多处于山区、半山区，交通较闭塞，经济发展较为落后，这些地区的居民为了生存而进行季节性种菇，损害了当地的生态环境，加剧水土流失。日本食用菌栽培所使用的木屑来自进口，我国每年有 2000 个香菇菌棒货柜出口到韩国、日本、美国、加拿大等地，适合种植香菇的树种资源日益紧缺。

【提示】

解决香菇生产原料紧缺的主要途径是使香菇产业与林业产业经济深度融合，通过选择性地计划密植育林、有计划性地间伐，最后自然形成生态林，既实现了生态育林，又做到了可持续利用。不但原料成本低，而且这种育林的效益会大大高于传统育林模式，林农就会认可这样的循环利用方式，香菇产业才不会因原料受阻或受限而影响发展。

3. 木屑颗粒粗细搭配不合理

国内很多栽培者对木屑颗粒的粗细搭配极为随意，通常使用切片机将枝杈木材切成小木片，再使用小型粉碎机粉碎成木屑。香菇属于好氧性菌类，栽培料既要保证颗粒间有足够的氧气量，又要保证栽培袋不被刺破，因此不能只使用粗木屑，应该粗、中、细配搭，适宜比例为 5∶3∶2。香菇栽培周期长，使用粗木屑可延长菌丝降解时间，均衡营养供应，均衡出菇，避免爆发式出菇。

4. 盲目扩大种植规模

菇农一般选择增大种植规模，以增加收入。例如，户均 5000 袋慢慢增加到现在的户均 10000 袋，有的菇农甚至达到 20000 袋。但种菇设施并未同比增加，20 米^2 的养菌室，养棒不应超过 2000 袋，现在竟达到了 3000 甚至 4000 袋以上，菌棒层数从要求的 10 层增加到 15~20 层，导致养菌密度大大超过了技术要求，翻堆次数减少，通风不良、刺孔不够、菌棒烧伤也就在所难免。

种菇规模过大，灭菌工作也显得十分劳累，菇农通常采用增加一次灭菌量的办法来减轻劳动强度，每灶装袋灭菌量达 5000 袋以上，这样则来不及当天拌料。有的菇农前一天即开始拌料，第二天再装袋灭菌，这样大部分培养料会发酸变质，导致接种成品率、菌丝抗病力和后期的产量大大降低。

【提示】

栽培量增加的同时导致菇棚面积扩大，传统0.5亩（1亩≈666.7米^2）的菇棚，现在都变成了1亩以上的大棚，而且棚顶为“人”字形，不漏水，通风效果相当差，鲜菇品质大大下降。

机械化已经走进香菇种植行业，并逐渐成熟起来，很多辅助机械设备，可以与发达国家的水平比拟。但所有的机械设备大都是围绕制棒环节，出菇期依旧保持原有的手动模式，这就产生了极大的矛盾。制棒环节菇农可以管理几万个菌棒，但是出菇环节又管理不到位。由于制棒环节的提速，现在很多菇农种植的数量都有所提升，但出菇期管理不善（不得不雇工，造成收益下降）。如果出菇环节可以实现加速，那么工价也会自然下降，这些矛盾也都自然解决。

5. 只关注产品出口

随着近几年国内香菇菌棒对外出口量增加，很多香菇生产者很重视出口，认为只有产品出口才能获得较高的效益。其实，国外对进口香菇产品的标准已经大幅提升，导致出口量一再下滑。在当前国际经济不景气的形势下，我国的出口导向政策势必会受到较大冲击。

【提示】

国内市场长期以来没有得到足够的重视，单就人口总量，我国人口总数接近欧美国家总和，在充分挖掘国内市场潜力的基础上再平衡出口，必将促进香菇产业可持续发展。

6. 片面强调集约化、标准化生产

香菇产业的标准化生产已经提出多年，主要包括基础设施标准化、菌袋生产工艺标准化、菌种生产标准化、病虫害控制措施标准化、产品采收与加工分级标准化及产品标准化等，集约化生产相比于以往零散的生产方式进步很大，但也存在较大的风险。标准化是相对固定的，在现实中，不管是哪种生产方式，都有相应的优缺点，并不是完美的，只有将集约化、标准化的缺点最小化、优点最大化才能够实现生产效益的提升。

【提示】

生产集中度高，不一定有利于香菇产业的发展。如果实行大规模标准化生产，一方面产品的同质化倾向明显，竞争增强，导致对顾客吸引力降低；另一方面标准化也会导致单一产品的适应性差。

为有效利用菇农劳动时间、合理搭配生产季节，建议引导鼓励菇农发展秀珍菇、杏鲍菇、鸡腿菇等稀有品种，充分利用香菇种植后的废菌糠、木材加工厂的废料（松树、杉树木屑经半年以上的自然堆积处理）、经济林修剪枝、农作物秸秆等，发展对杂木要求不高的菌菇品种，充分合理利用地方资源。

多菌类栽培，不仅可以充分利用地方资源，合理安排劳动力，而且能够强有力地占有市场，因为市场的需求是多样化的，单一的品种本就难以长期稳固地占领市场，特别是大城市商超，要求食用菌各类品种一应俱全，而且最好能做到四季均衡供应。多菌类搭配，可以进一步巩固已有香菇市场的占有力，拓展其成为食用菌品牌的主战场。

7. 不注重废菌糠的清理、利用

在香菇产地，香菇生产过后的废菌糠一直未得到妥善的处理，虽然各地都曾努力地采用各种办法解决，如引进基质肥料厂和秸秆汽化炉、养猪、还田、还林等措施，但都未能彻底解决问题。随着栽培年限的延长，感染棒、废菌糠的随意乱倒乱扔，杂菌基数不断积累，菇区种菇环境逐年变差，也容易引发杂菌污染。

二、盲目追求香菇工厂化

由于工厂化生产具有节约土地资源、实现鲜菇周年化供应、出

菇环境可控、劳动强度低等优势，有的生产者尝试香菇的工厂化生产，忽略了香菇生产的实际情况。实现真正的香菇工厂化生产存在如下困难。

1. 栽培周期长，需要较大面积的培养房

香菇栽培周期约为 180 天，其中菌丝培养阶段（包括转色期）为 90~100 天（培养时间少于 90 天，头潮菇畸形率高），出菇阶段为 80 天（采收 3 潮菇），是目前工厂化栽培菌类中栽培周期最长的，全年复种指数较低，资金周转缓慢。香菇菌包在一次菌丝蔓延结束后，经过散射光照射，才能较好地转色和形成正常分化的芽点，这就需要菌包个体间有一定的透光空隙，因此香菇工厂化生产需要较大面积的培养房，这大大增加了成本投入。

2. 菌棒转色难以同步实现

转色是香菇代料栽培极其重要的环节，是菌棒表层菌丝内多酚氧化酶氧化"褐变"的结果，在菌棒的表面形成具有一定韧性的褐色菌膜，代替椴木树皮，起保湿作用；否则，出菇困难。香菇转色需要充足的氧气和散射光，自然季节性栽培，菇棚需要"三分阳七分阴""花花细雨淋得入"，才能制造出褐色的"人造树皮"。在室内进行工厂化周年栽培，难以满足转色条件，转色的稳定性、同步性相当差，这也是香菇工厂化栽培的难点之一。

3. 不定点出菇

香菇原基发生位置不确定，菌棒四周都会长菇。香菇不定点、分批次出菇，第一潮菇产量仅占总产量的 25%~33%，明显不同于金针菇、杏鲍菇等仅一次采收就达到总产量的 80%，无法一次性结束采收。采收同等重量香菇所耗工时是金针菇的 12 倍、杏鲍菇的 8 倍，采收成本高。采用全脱袋栽培模式有时会爆发出菇，出菇数量虽然增加，但菌棒营养供应分散，菌盖偏薄、偏小。为了保证鲜菇的品质，使鲜菇直径达到 3.5 厘米以上，只能分批次采收。

4. 菌棒补水困难

香菇菌棒培养阶段失水率约为 1.5%，出菇阶段因不同菌棒的表面积不同，失水率也不同。香菇好氧，出菇阶段二氧化碳含量须控制在 0.12% 以下，所需通风量大，必然增加菌棒失水量。国内曾采用涂蜡、保水膜等措施保水，但由于物质残留，食品安全不允许，因此依然需要采取注水方式补水。日本、韩国工厂化栽培采用浸泡工艺，但费时费工。

5. 优质难以优价

工厂化栽培要依靠电力和设备，我国电费在生产成本中占 40% 以上，成本过高，所获得的利润低。目前国内香菇鲜菇价格低迷，每千克批发价仅在 7~15 元之间波动，平均价格为每千克 10 元，国内香菇鲜菇市场比较饱和，价格主要由生产成本及供求关系决定，低价才是硬道理。但优质香菇与统菇的价位难以拉开，也降低了香菇工厂化生产的前景。

6. 综合生产成本难测

香菇生产属于劳动密集型，大规模的香菇工厂化生产需要大量资本的密集投入，出菇房面积成倍增加，导致在高温季节的辐射热也成倍增加；香菇原基分化需要温差刺激，造成更多的能耗；香菇生长需要二氧化碳含量较低的环境，需增加换气量。香菇工厂化生产的高效率难以抵充资本投入的高成本，投资大、效率低。企业设备重复利用指数过低，目前技术尚无法做到周年重复流水线生产，投资回收期长，投入产出比偏低，使得企业难以为继。

【提示】

香菇工厂化栽培工艺还不够成熟，还需不断改进，目前只能进行适度规模尝试。现有已知的所谓香菇工厂化生产，多是商业噱头，或仅是菌棒（包）制作中心，集中制作菌棒（包）分散给农户栽培而已，离真正的香菇工厂化栽培有相当大的差距。在菇类工厂化生产较发达的日本，香菇菌包以工厂化、规模化生产为主，但香菇栽培（出菇）仍然以家庭式生产和中小农场设施化栽培为主。

三、我国香菇产业的发展前景及趋势

1. 液体菌种应用更加广泛化

香菇液体菌种相较于固体菌种有生产周期短、制种成本低、菌种纯度高、菌种活力强、发菌速度快、出菇整齐度好、劳动强度小等多方面的优势，比较适合在香菇标准化、规模化生产中应用。随着国家对农业生产标准化要求的提升，在进一步解决运输方便性差、贮存时间短等技术难题后，液体菌种的应用将更加广泛。

2. 生产基质更加多元化

随着国家林业限伐政策的进一步实施，香菇生产中木屑等原材料缺乏现象呈逐年严重的趋势。现实的难题摆在从业者面前，强化了业界科技人员对香菇生产新型基质的研发力度。农作物秸秆部分代替木屑用于香菇生产已取得成功，但在生产稳定性、产品安全性等方面也应达到要求。另外，杏鲍菇菌渣用于香菇栽培基质，在很多产区和企业也取得突破性进展。未来，香菇生产基质将会更加多元化，以满足日益增长的香菇生产规模要求。

【提示】

可采用梨树和桑树修剪枝、制宣纸的檀皮树枝、山核桃蒲壳等经济林副产品部分代替枥、栎、槠、枫香等硬杂木的使用，一般可占总杂木用量的20%，既可充分发挥本地资源特色，又可降低生产成本，增强市场竞争力，提高效益。

3. 生产分工更加专业化

我国未来的香菇生产模式将是多元化的，以机械化、设施化生产为主，段木栽培与四季代料栽培、传统栽培与“企业＋农户”生产并举。我国香菇生产在经历了“一家一户”“房前屋后”的传统作坊模式和“公司＋基地＋农户”的合作模式后，从装袋接种到出菇管理，再到采收加工，从业者的专业化分工将会成为常态，菌包生产、技术服务、劳务输出等专业化组织在未来产业中担当重要角色。设备生产企业也会开发适合家庭式生产的小型机械设备，以减少劳动强度和投入。

【提示】

香菇企业（包括合作社在内）的盈利空间和方式，越来越趋向于产业服务（菌种供应、原辅料和药品供应、菇品回收、加工销售）环节，一方面可解决菇农后顾之忧，另一方面可赚取菇农难以实施的服务项目利润。

4. 管理更加精细化

为达到管理的精细化，首先，要改善香菇出菇环境。每年夏季和秋季，我国大部分地区白天气温较高，在菇棚内安装微喷设施，利用泉水、库水或地下水，在菇床上喷雾；另外，在棚顶安装喷灌设施，中午前后大水淋棚顶降温，以提高高温季节鲜菇的产量和质量。

其次，户均栽香菇可减少到5000个菌棒，在降低菇农劳动强度的同时，也可降低菇房养菌密度，增加通风、翻堆、刺孔次数（4次以上），防止菌棒缺氧和烧堆，培养壮菇、大菇、厚菇，人工剔除弱小和过密的菇，提高标准菇的比例，增强市场竞争力；菌棒减少可缩小菇棚占用面积，有利于棚内通风，特别是菇棚中间的空气质量得到改善，有利于提高香菇品质。

【提示】

剔除小菇并不会影响总产量，在转化率一定的前提下，优质菇比例自然提高，即便每个菌棒产0.5千克优质菇、售价10元/千克也比产0.75千克劣质菇、售价6元/千克的收入要高，而且市场竞争力更强。

5. 产品供应更加周年化

目前，香菇品种的驯化培育已经取得巨大成功，已经培育并大量栽培的有高温型、中温型、低温型品种，不同品种能在不同温度下出菇，加上不同地域、不同海拔的错季栽培，基本形成了鲜菇周年化供应。另外，香菇生产设施设备的研发应用取得突破性创新，设施化的出菇模式，以及更为科学的产品保鲜措施，都将极大程度保障香菇鲜品的周年化市场供应。运用互联网思维整合香菇上下游产业链资源，打通线上线下交易方式，将香菇传统经销模式与电商平台相融合，提升香菇产业的效益。

6. 加工产品更加精深化

在我国，香菇仍以鲜销、干销为主，受贮藏、运输、上市期等条件影响，产品附加值低。随着居民消费水平的提高，居民对于香菇精深加工产品的需求也将日益旺盛。除了初级的香菇干品、盐渍品、罐头产品外，以香菇为原料的调味品、休闲食品，以及香菇多糖等精深加工产品将成为人们新的消费需求。未来，随着香菇产业规模的进一步扩大，也会催生更多的企业投入到产品精深加工行业中，在满足人们消费需求的同时，延长产业链条，增加产业附加值（图 3-1）。

图 3-1　香菇状馒头

7. 消费市场更加全球化

香菇在过去相当长一段时间内只在东亚地区（中国、日本、韩国）生产和消费。近年来，随着亚洲经济的崛起和香菇栽培技术的不断创新，大量亚裔移民和留学人员涌向西方国家，将香菇生产技术及其消费文化传播到世界各地。现在，北美洲（美国、加拿大）、南美洲（巴西）、欧洲（法国、荷兰、德国、俄罗斯等）、澳大利亚和南亚

（印度、尼泊尔等）的许多国家和地区都有一定规模的香菇生产，香菇消费正逐渐在全球市场兴起。

【提示】

要提升我国香菇在西方国家的知名度和美誉度，完全可以让其与西方的西餐相结合，可以重点优先推介给西方的素食主义者。

第二节 做好品种和生产原料选择 向环境和营养要效益

一、香菇栽培的主要误区

1. 不注重对香菇特性的理解

同其他食用菌相比，香菇栽培较为复杂，在保证正常发菌的同时，还要经过转色阶段才能实现香菇质量和产量的提升，达到理想的栽培效益；香菇菌棒营养生长阶段需要4个月，出菇需要6个月，养菌和出菇时间长，所以对固体菌种接种和栽培原料（木屑）质量等的要求较高。

香菇菌株在不同温度下出菇，决定了香菇选择栽培季节的重要性。适应市场需求的高品质和高产量的优质菌种成为提高经济效益的关键。香菇出菇载体最佳的是圆柱体菌棒，适宜裸棒出菇。香菇生产需要对温、湿、光、气四大因子的灵活调控，尤其是充足的太阳光照，才能保证紫外线消毒抑菌和刺激现蕾出菇。

2. 盲目迷信自己的经验

在栽培香菇过程中，有些人经过几次成功，往往会出现思想上的麻痹大意，认为懂得了栽培技术，甚至会尝试改变香菇栽培中的一些操作。殊不知，突然改变香菇栽培的操作，有可能会造成栽培的失利，甚至是严重的经济损失。老菇农容易犯以下错误，在实际栽培过程中应尽量避免。

（1）**盲目增加培养基养料** 有的栽培者简单地认为增加培养料营养可达到香菇高产的目的，便大大提高了培养料中麸皮、玉米粉等基质的含量。然而，这样做会造成菌丝徒长，香菇菌丝旺盛却难成菇蕾，反而造成产量下降。

（2）**不重视接种时的无菌条件** 在制作香菇菌袋时，有菇农认为已对菌袋进行了彻底灭菌，可放松在接种时的无菌要求。却不知，在一些杂菌较多的场所，菌袋两端或破损处很容易感染外界杂菌，造成香菇菌袋成品率降低，进而减产。

（3）**接种后疏于管理** 有些菇农在完成香菇接种后便认为已经大功告成，可让菌丝自行生长而不用再进行过多的管理了，却不知这种想法是大错特错。接种初期室内温度较低，若疏于管理除容易滋生杂菌外，还会造成菌料酸化；另外，若培养室中温度过高或未及时进行翻袋，可能造成烧菌的后果，导致前功尽弃。

3. 养菌及出菇管理粗放

管理粗放是很多菇农的一种通病，总是认为去年或者前几年栽培成功，今年还是这样种，这是一种很不善于创新和对自己不负责的表现。因为一是香菇易受气候条件影响，如何合理利用天气减少栽培麻烦，是值得菇农认真思考的问题，所以二十四节气和天气预报是菇农必须要关心的；二是养菌期间原有的增氧翻堆次数减少了，一天 3 次检查温度和加强通风的做法减少了，有的在养菌期间只打 1 次孔增氧就直接进入出菇管理，菌丝没有分解透木屑纤维素，易引起菌丝衰退，所以有一部分菌袋出现不出菇或出畸形菇的现象；三是催菇时间长，进棚催蕾时棚内高温缺氧使菌棒内的菌丝窒息死亡；四是养菌期间不治虫、不消毒，所以环境不好的场地就会出现前期发菌好、中后期烂袋的现象。

4. 出菇缺乏精品意识

只求产量不求质量的栽培观念在菇农中占有一定的比例。部分菇农认为只要产量增加了效益就提高了，这是一个错误的想法。因为一个菌棒的营养所出的干菇的产量是一定的，提高优质菇的产量，要比生产普通菇的效益高出 30% 以上。所以，菇农要有精品意识，顺应市场需求，生产出高品质的香菇产品；珍惜付出的劳动和时间，要着眼于创造出更高的效益。

二、高度重视香菇的生物学特性

1. 形态特征

（1）**菌丝体**　菌丝洁白、舒展、均匀，生长边缘整齐，不易产生菌被（彩图 17）。在高温条件下，培养基表面易出现分泌物，这些分泌物常由无色透明逐渐变为黄色至褐色，其色泽的深浅与品种有关。

【提示】

香菇菌种在有光和低温刺激下，常在表面或贴壁处生出菌丝聚集的头状物，这是早熟品种和易出菇的标志。

（2）**子实体**　香菇子实体单生、丛生或群生，子实体体形中等至稍大（图 3-2）。菌盖直径 5~12 厘米，有时可达 20 厘米，幼时为半球形，后体形扁平至稍扁平，表面为浅褐色、深褐色至深肉桂色，中部往往有深色鳞片，而边缘常有污白色毛状或絮状鳞片。

图 3-2　香菇子实体

【提示】

引进不同地区的香菇品种，必须先进行少量的生产试验，确定出菇效果后，才可以批量投入生产。因为不同地区选育的袋栽香菇菌龄与积温差别很大，菌龄可相差3~6个月。所以，有的因为盲目引进品种，没有经过小批量试验，急于求成而盲目大规模投资，轻则错过正常出菇季节出菇而收不回成本，重则跨年度不见出菇血本无归。

2. 生长发育条件

（1）营养条件

1）碳源。香菇菌丝能利用广泛的碳源，包括阔叶树木屑、棉籽壳、甘蔗渣、棉秆、玉米芯、野草（芦苇、芒萁、斑茅、五节芒等）等。

2）氮源。香菇菌丝能利用有机氮和铵态氮，不能利用硝态氮和亚硝态氮。在香菇菌丝营养生长阶段，碳源和氮源的比例以（25~40）：1为好，高氮会抑制香菇原基分化；在生殖生长阶段，要求较高的碳，最适合的碳氮比是73：1。

【提示】

在配制培养料时碳氮比达到（25~40）：1，到出菇时一般可以达到适宜出菇的碳氮比，不需要刻意控制。

3）矿质元素。除了镁、硫、磷、钾之外，铁、锌、锰同时存在能促进香菇菌丝的生长，并有相辅相成的效果；钙和硼则会抑制香菇菌丝生长。

4）维生素类。香菇菌丝生长必须吸收维生素B_1，其他维生素则不需要。适合香菇生长的维生素B_1含量大约是每升培养基100微克。

（2）环境条件

1）温度。香菇菌丝发育温度为5~32℃，最适温度为24~27℃，在10℃以下或32℃以上均生长不良，35℃停止生长，38℃以上死亡。

香菇原基在 8~21℃之间均可分化，但在 10~12℃之间分化最好；子实体在 5~24℃范围内均可发育，但从原基发育到长成子实体的温度以 8~18℃最为适宜。

香菇子实体分化需要一定的有效积温（从接种之日算起，经发菌、转色过程积累的有效温度），如果有效积温不足，第一批香菇很容易产生大量的畸形菇。随着菌龄的增长，子实体畸形率下降，不需要用药剂防治。有效积温 =（发菌、转色期菌袋日平均温度 −5℃）×（发菌、转色天数），日平均气温与有效积温间的关系，见表 3-1。

表 3-1　日平均气温与有效积温间的关系　　（单位：℃）

日平均气温	日均有效积温	日平均气温	日均有效积温
≤ 5	0	26	15
7.5	2.5	27	10
8	3	28.5	2.5
20	15	29	0
25	20	32	0

早熟型品种（菌龄为 60~70 天），有效积温为 800~1300℃；中熟型品种（菌龄为 80~120 天），有效积温为 1400~2000℃；晚熟型品种（菌龄为 120~150 天），有效积温为 2000~2500℃。

菌龄为 90 天以下的速生类菌株，可以在菌丝培养过程中遇到适宜温度条件而自由出菇；菌龄为 150 天以上的晚熟类菌株，到秋季和冬季出现 10℃以上温差会自然出菇；菌龄为 120~150 天的中熟类菌株，多在春末夏初和秋末冬初 20℃左右的气温自由出菇，此类菌株容易出现“假菇”现象，为了避免“假菇”产生，需要在发满菌后，对菌棒进行 25~28℃养菌 30 天左右，促使菌丝转色后的深度“后熟”，达到正常出菇条件。

香菇菌种温型和菌龄不同，有着非常强的地域特性，在其他地方表现好的菌种，在本地未必表现就好，所以只能买在当地经过验证的菌种。外地来的新品种，只能少量试种，不能一次性全面铺开。

【误区】

不同的品种对环境的要求不同，目前香菇生产技术薄弱环节较多，缺乏对产品类型与生产品种的准确认知，单凭品种的温型便认可适宜生产，导致不是产量低就是不出菇，甚至出畸形菇。

2）水分和相对湿度。在木屑培养基中，菌丝的最适含水量为60%~65%（因木屑结构不同而异）；子实体生长阶段的木屑含水量需要在50%~80%之间。菌丝生长阶段，空气相对湿度一般为60%左右，而子实体生长阶段空气相对湿度为85%~90%。

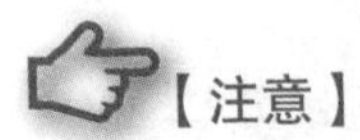
【注意】

水分是鲜菇的重要组成部分，它不仅决定着出菇的产量，而且还直接影响到采收后产品的质量。目前我国的香菇栽培在水分选择使用中存在的主要问题：一是受传统技术约束和客观条件的限制，一般是有什么水用什么水，选择余地小；二是忽视了水质、水量对发菌、出菇和加工品质的影响，以致产量和产品烘干质量波动较大。

3）空气。香菇是好氧性菌类，在菇场、菇房及塑料大棚栽培香菇时，应保证空气顺畅流通。

4）光照。香菇在菌丝生长阶段完全不需要光照，菌丝在明亮的光照下会形成茶褐色的菌膜和瘤状突起，随着光照的增加，菌丝生长速度下降；相反，在黑暗的条件下，菌丝生长最快。香菇菌棒在生殖生长阶段需要光照刺激，在完全黑暗条件下，香菇培养基表面不转色；子实体发育的最适光照强度为300~800勒。花菇在1000~1300勒的光照强度下发育良好，1500勒以上白色纹理增深，花菇生长的后期光照强度可增加到2000勒，干燥条件下裂纹更深、更白。

5）酸碱度。适于香菇菌丝生长的培养基质的pH为5~6。pH为3.5~4.5适于香菇原基的形成和子实体的发育。

三、栽培原料的选择

1. 主料

（1）木屑类　以硬质阔叶木为主，可利用木材厂产生的锯末，也可利用经过粉碎的树木枝条。收集的木屑中常夹杂有松树、杉树、樟树等的木屑，应经过堆积发酵后再使用才能获得高产。粉碎木屑和收集的木屑均应用孔径为4毫米的筛网过筛，其中粗细程度以0.8毫米以下颗粒占20%、0.8~1.69毫米颗粒占60%、1.70毫米以上颗粒占20%为宜（图3-3和图3-4）。

图3-3　细木屑

图3-4　粗木屑

【提示】

各地应因地制宜，可选择利用当地丰富的资源进行木屑加工，如桃木屑、苹果木屑、梨木屑、沙棘木屑、金银花木屑等，进而打造具有本地特色的香菇品牌。

（2）秸秆类

1）棉秆。经晒干粉碎后备用。

2）甘蔗渣。要求新鲜，干燥后呈白色或黄白色，有糖的芳香味。没有充分晒干、结块、发黑、有霉味的甘蔗渣均不能用。带皮的粗渣要粉碎过筛后才能用。

【提示】

由于甘蔗渣中的木质素含量较低，以甘蔗渣为主料时，需加入30%的木屑。

3）玉米芯。使用前将玉米芯晒干，粉碎成大米粒大小的颗粒（图3-5），不必粉碎成粉状，以免影响通气造成发菌不良。

图3-5　粉碎的玉米芯

2. 辅料

（1）麸皮　麸皮中含粗蛋白质11.4%、粗脂肪4.8%、粗纤维8.8%、钙0.15%、磷0.62%，每千克含维生素B_1 17.9毫克。麸皮用量占培养基的20%左右。麸皮要求新鲜时（加工后不超过3个月）使用，使用无霉变的麸皮作为栽培原料，香菇产量高。

（2）米糠　米糠中含有粗蛋白质11.8%、粗脂肪14.5%、粗纤维7.2%、钙0.39%、磷0.03%，从营养成分来看，粗蛋白质、脂肪含量均高于麸皮，在培养基中使用时可代替麸皮，要求新鲜、无霉、不含砻糠（砻糠营养成分低）。当设计配方用麸皮20%时，可减去1/3的麸皮，用1/3的米糠代替，对香菇后期的增产效果非常明显。

（3）石膏　即硫酸钙，在培养基中石膏用量为1%~2%，可调节pH，具有不使碱性偏高的作用，还可以给香菇提供钙、硫等元素，选用石膏时要求过100目筛。

3. 其他材料

（1）栽培袋　目前，栽培香菇采用聚丙烯塑料袋、低压聚乙烯（HDPE）塑料袋为主要容器。

（2）栽培袋的规格及质量

1）聚丙烯塑料袋。其常用规格为筒径平扁，双层宽度为 12 厘米、15 厘米、17 厘米、25 厘米，厚度为 0.04 毫米、0.05 毫米，主要在气温达 15℃以上时使用，用于原种、栽培种和小袋栽培。

2）低压聚乙烯塑料袋。其常用规格为筒径平扁，双层宽度为 15 厘米、17 厘米、25 厘米，厚度为 0.04 毫米、0.05 毫米、0.06 毫米，装袋灭菌，1.2 千克 / 厘米 ^{2} 保持 4 小时不熔化变形。

【提示】

以上两种塑料袋均要求厚薄均匀，筒径平扁，宽度一致，料面密度适宜，观察无针孔，无凹凸不平，装填培养料时不变形，耐拉强度高，在额定温度下灭菌不变形。

第三节　精心管理　向栽培过程要效益

一、选择适宜的栽培场所

香菇可在林下、温室、塑料大棚等场所栽培，也可进行半地下栽培。

【误区】

有的菇农只关注搭建连片的菇棚，追求棚内阴凉、潮湿、阴暗，以为只要满足菌棒发菌条件就行，但阴暗的菇棚通气性不够，光照不足也会抑制香菇菌棒正常转色，且在潮湿、阴暗的环境下病虫基数增大，造成菌棒抗性弱。这样的环境即使出菇也会出现出菇量多、菇形小的现象，往往头潮菇后就开始烂棒。

二、选择合理的配方

1）阔叶树木屑 79%，麸皮 20%，石膏 1%。

2）阔叶树木屑 64%，麸皮 15%，棉籽壳 20%，石膏 1%。

3）阔叶树木屑 78%，麸皮 14%，米糠 7%，石膏 1%。

4）阔叶树木屑 60%，甘蔗渣 19%，麸皮 20%，石膏 1%。

【注意】

氮的比例过高时，一般会出现转色困难、出菇时间推迟的情况，即使长出子实体，其表面颜色浅；氮源不足时，菌丝生长弱，菌丝培养时间短，总产量降低。

三、精心配制培养料

（1）过筛 先将原料过筛，剔除针棒和有棱角的硬物，以防刺破塑料袋。

（2）混合 手工拌料时，应事先清理好拌料场，将 1/3 的木屑先堆成山形，再堆一层木屑、一层麸皮、一层石膏，共分 5 次上堆，并翻拌 3 遍，使培养料混合均匀。

（3）搅拌 将山形干料堆从顶部向四周摊开，加入清水，用铁锹翻动，用扫帚将湿团打碎，使培养料充分吸收水分，并湿拌 3 遍。

（4）拌料后再堆成山形 30 分钟后检查含水量，用手握法比较方便，用手用力握，手上有麸皮但无木屑、水印，指缝间有水迹，18 厘米 ×60 厘米的成品袋装料重 2.9~3.1 千克，则含水量在 55% 左右。

【提示】

防止培养料在高温下酸败，是秋季提高香菇成品率的关键。整个拌料装袋过程要突出一个“快”字，拌料最好趁凌晨 4:00~5:00 温度较低时进行，而且拌料要快，争取在 2~3 小时内拌匀，随后迅速用机械装袋，要求 6 小时内装袋完毕。

（5）pH 测定 香菇培养基的 pH 以 5.5~6 为宜，测定时，取精密

pH 试纸条一小段插入培养料堆中，1 分钟后取出，对照色板，从而查出相应的 pH，如果太酸可用石灰调节。

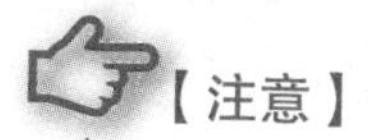

【注意】

1）拌料和装袋场地最好用水泥地，并有 1% 的坡度，以便洗刷水自然流掉。每天作业后，用清水冲洗，并将剩余的培养料清扫干净不再使用，以免余料中的微生物进入新拌的培养料中，加快培养料酸败，增加污染机会。

2）培养料要边拌料、边装袋、边灭菌，建议采用搅拌机拌料，做到流水作业，计算好配方，随拌随用，即时灭菌，从拌料到灭菌不得超过 4 小时，在装锅灭菌时要猛火提温，使培养料尽早进入无菌状态，确保接种成品率和鲜菇产量。

3）当培养料偏干、颗粒偏细、酸性强时，水分可调节得偏多一些；培养料含水量较多、颗粒粗硬、吸水性差，水分应调得少一些。

4）晴天，如果装袋时间长，可以调水偏多一些或是中间再调 1 次；阴天时，空气相对湿度大，水分不易蒸发，调水可偏少一些。

5）甘蔗渣、玉米芯、棉籽壳等原料颗粒松、颗粒大、易吸水，应适当增加调水量。

6）拌料要求各种原料要先干拌，再湿拌，做到“三匀”，即主料和辅料拌均匀，水和培养料拌均匀，pH 拌均匀。

7）温度偏高时，拌料装袋时间不能太长，要求组织人力争分夺秒地抢时间完成，以防培养料酸败、营养减少。

8）培养料配制时，为避免污染，在选用好原料的基础上，拌料应选择在晴天上午，装袋争取在气温较低的上午完成并进入无菌工序，减少杂菌污染的机会。

四、提高香菇代料栽培技术

1. 合理选择栽培季节

香菇袋式栽培的季节安排应根据菌种的特性和当地的气候因素

进行，我国南方一年四季均可栽培，北方一般选择在秋季、冬季和越夏栽培。秋季栽培一般在8月即可制袋，10月下旬~第二年4月出菇；越夏栽培一般在2月制袋，5~10月出菇。

2. 栽培袋的选择

秋季栽培一般采用大袋，大袋规格为17厘米 ×65厘米，可装干料1.75千克；越夏栽培可采用小袋，小袋规格为17厘米 ×33厘米，可装干料0.5千克。

【提示】

不同地区采用的栽培模式不同，栽培袋的规格也有所不同。例如，福建采用15厘米 ×（55~57）厘米的栽培袋，适宜环境空气相对湿度为55%~85%甚至以上的区域（如长江以南的沿海地带）和覆土出菇模式；河南泌阳采用22厘米 ×58厘米或者24厘米 ×58厘米的栽培袋生产的“秋栽大袋小棚模式”，以冬季培养花菇为主，适宜气温偏低的长江以北地区；河南西峡采用17厘米 ×55厘米的栽培袋，于越夏、秋季和冬季层架栽培；河南反季节林下自然出菇采用18厘米 ×60厘米的栽培袋。

3. 装袋

用人工或拌料机把原辅材料、料水拌匀后即可装袋（图3-6）。装袋要做到上部紧，下部松；料面平整，无散料；袋面光滑，无褶皱。

图3-6　装袋

【提示】

1）不宜装得过松或过紧。过紧易产生破裂；若过松，培养基与薄膜之间有空隙，易造成断袋感染杂菌。

2）装袋后马上进行扎口。扎口时将料袋口朝上，用线绳在紧贴培养料处扎紧，反折后再扎1次，也可用扎口机扎口。

4. 灭菌

栽培袋可放入专用筐内，以免灭菌时栽培袋相互堆积，造成灭菌不彻底。灭菌要及时，不能放置过夜，灭菌可采用高压蒸汽灭菌或常压蒸汽灭菌。装袋后马上将料袋入灶灭菌，可在常压灭菌池底层四角放置温度计，温度全部达到100℃时，开始计时。

要求当天拌料、当天装袋、当天灭菌，以免培养料酸败变质。灭菌后的料袋当袋温降到70℃时，要抢温出锅，送入消毒处理过的接种室或大棚内冷却降温，“井”字形摆放，当袋内料温冷却至30℃时接种。

【误区】

香菇装袋灭菌，大家普遍关注的是灭菌时间和有无死角的问题，这些是基本的问题，关键是装锅或上堆不要太紧实，最好用活动跑车或专用灭菌柜架，这样热循环好，能够保证料袋快速升温，防止升温时间过长导致料袋在灭菌过程中酸败，导致接种后香菇菌丝不能正常生长或生长不旺盛，后期产量也会受到严重影响。

5. 接种与培养

（1）接种　接种室要求洁净、密闭性好，接种前每立方米用17毫升36%的甲醛、14克高锰酸钾熏蒸10小时，熏蒸前将接种需要的菌种、接种工具、鞋、料袋等放入接种室内（图3-7）一起消毒，或用烟雾剂对空间消毒（图3-8）和对接种箱消毒（图3-9）。

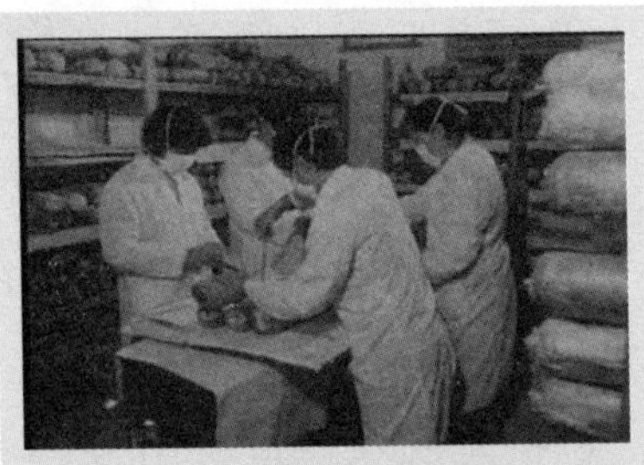
图 3-7　接种室

图 3-8　用烟雾剂对空间消毒

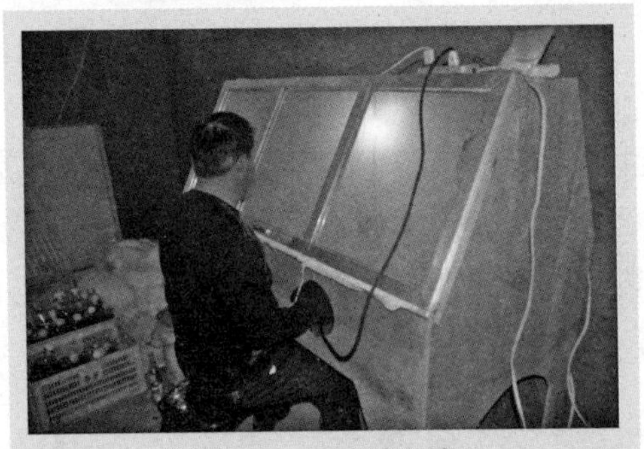
图 3-9　接种箱消毒

【提示】

接种口产生污染，主要是接种室内产生了大量的灰尘而使得细菌滋生。因此，一定要对接种室进行定期除尘，一是要清除接种台面产生的碎屑，用浸湿的抹布将接种台面擦拭干净；二是定期对地面进行冲洗，保证接种室的废气及时排出。通气 2 小时后可以关闭接种室门窗，可于当天夜间使用消毒气体对设备消毒。第二天早上消毒气体的气味散去之后可以清水喷洒降尘。

接种应在料袋降温到 28℃后马上进行，并选择在低温时间内快速完成，动作要快，1000 袋力求在 3~4 小时内完成。接种时 3 个人一组，一人负责搬料筒并排放到操作台上；另一人负责消毒扎口（将料袋接种处擦上 75% 酒精），用锥形棒打穴，每筒在同一面上打 3 个穴（图 3-10），每穴深度为 2~3 厘米；第三人负责接种，即将菌种掰成长锥形，将其快速填入穴中，菌种要填满高出料筒（图 3-11 和图 3-12），达到密接不悬空，并下压穴周边薄膜。然后，迅速套袋（图 3-13）。

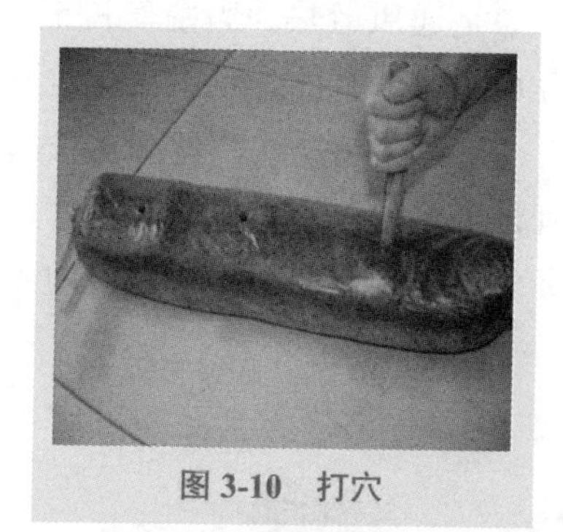

图 3-10　打穴

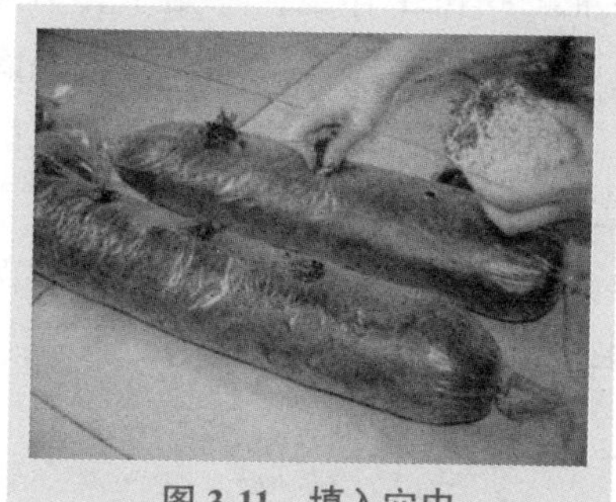

图 3-11　填入穴中

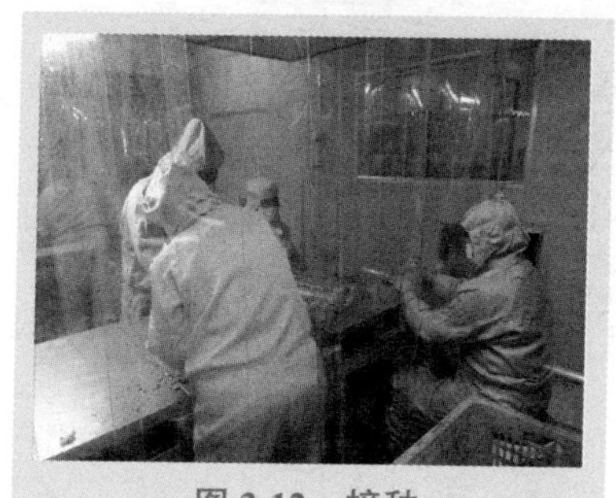

图 3-12　接种

图 3-13　套袋

【提示】

接种时应注意，菌种瓶和工具、用具要用 75% 酒精消毒，以减少污染。菌袋要轻拿轻放，以减少破损。

（2）**培养**　在菌袋进入培养室前，要对培养室进行消毒灭菌，可提前 3 天采用气雾熏蒸和药剂喷洒，分 3 次进行。接种后菌袋以

“井”字形排列摆放（图 3-14），每层 4 袋，叠放 8~10 层高。每堆间留一条工作道，摆放结束后应通风 3~4 小时排湿，并调控温度处于 22~25℃之间，10 天内每天通风调控温度，不要搬动菌筒，促使菌丝定植并快速生长。当接种口菌丝长到 2 厘米左右时，便可进行第一次翻堆，以每层 3 筒、高 8 层为宜；播种口朝向侧边不要受压，各堆之间留工作道，一是工作方便，二是通风散热。当菌丝长至 4 厘米时进行第二次翻堆，将堆高降为 6 层，每层排 3 筒，堆堆连成行，行行有通道，更有利于通风散热。第三次翻堆在菌丝基本长满 1/2 筒时进行，主要是检查杂菌，若有污染要及时清除。第四次翻堆是在菌丝全部长满菌筒时，每层两筒，高 3~4 层，并给予一定的光照刺激，以利于转色。

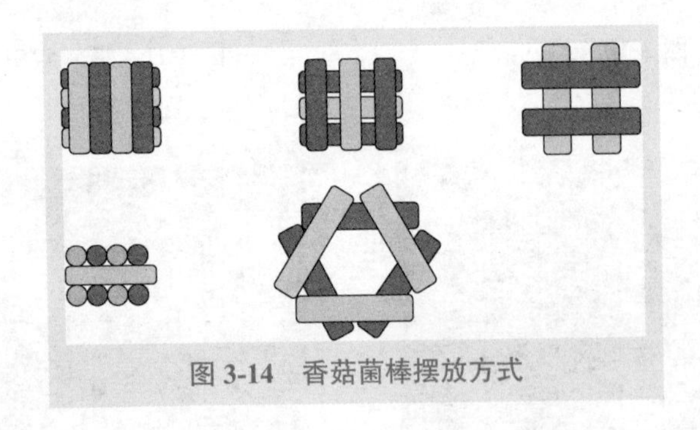

图 3-14　香菇菌棒摆放方式

【提示】

一般安排在阴凉天气或者早晚低温时翻堆，要注意轻拿轻放，避免用力振动菌棒，翻堆时如果发现有接种口菌丝稀薄、发黄和菌料发黑的菌棒应移到通风、干燥、阴凉、散热的位置，让其恢复活力后及时刺孔通气。

菌棒培养场所可以是车间内摆放（图 3-15）、筐式集中发菌（图 3-16）、架式集中发菌（图 3-17）、菇棚内发菌（图 3-18）。

图 3-15　车间内摆放

图 3-16　筐式集中发菌

图 3-17　架式集中发菌

图 3-18　菇棚内发菌

【提示】

为了使菌棒的发菌温度一致，可通过增加倒垛次数，即上下、内外、南北倒的方法，整个养菌期间的翻垛次数不低于 6~8 次；也可使用吊扇进行棚室内空气内循环，通过吊扇吹风把上层热气吹到底层，达到垛温上下一致的目的，使菌棒的积温和成熟度一致。翻堆次数要根据不同的气候和菌丝体生长情况确定，并非越多越好。一般来说，接种初期气温偏低，菌丝体处于复苏阶段，不必翻堆，以免影响料温，不利于菌丝体定植。

（3）**刺孔增氧**　接种穴菌丝直径长至 6~10 厘米时，要进行刺孔增氧。第一次刺孔与第二次翻堆同时进行，先将菌筒上的胶布揭去，然后在距菌丝尖端 2 厘米处每穴用直径为 3 毫米的铁钉（木棒）各刺 3~4 个孔（图 3-19），孔深比菌丝稍浅一点，不要刺到未发菌的培养料上，以防感染杂菌。刺孔后一是增加了氧气，二是激活了局部的菌丝，加快了菌丝的生长速度。第二次刺孔在菌丝长满袋后 10 天进行，每袋各刺 20~40 个孔，孔深以菌筒的半径为宜，刺孔后 48 小时，菌丝呼吸明显加强，菌筒内渐渐排出热量，堆温逐渐升高 3~5℃，所以刺孔后培养室要通风降温，防止温度超过 30℃（彩图 18），同时增加光照促进转色。

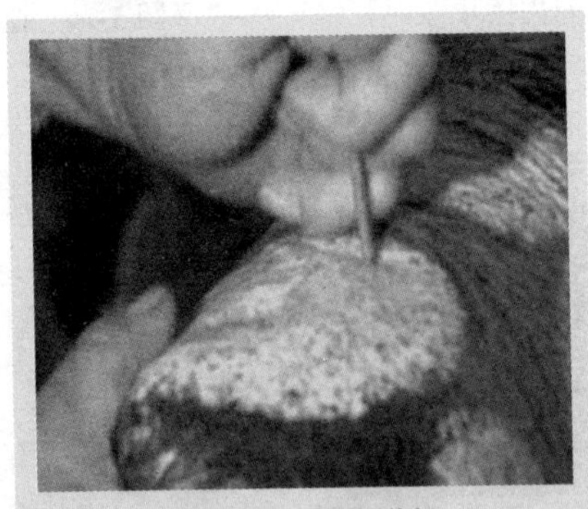

图 3-19　刺孔增氧

【注意】

刺孔的原则是先做好工具消毒，刺孔时先少后多、先浅后深、先细后粗，在料面结合紧密处刺孔（有脱壁的位置不能刺孔），不能带起薄膜，不能触及生料（引起杂菌污染）。不能在瘤状物上刺孔，不能在杂菌感染处刺孔，气温在 30℃以上时不刺孔，料袋过松不能刺小孔，待菌丝长满袋再刺孔，大袋、湿袋适当多刺孔。当菌丝刚布满整个菌棒时，就马上刺孔放大气，做到分批次、分时段、分区域进行，放气后要加强通风散热管理，不要轻易翻动菌棒，让其静止状态越夏。

由于刺孔后 2~3 天菌袋温度会有所上升，菌袋温度高于 30℃时，不可进行刺孔增氧，否则会烧伤菌丝。避免香菇菌棒在高温、高湿季节因刺孔放气转色导致黄水发生引起的烂棒、闷棒，影响后期管理及出菇质量、产量等。若遇连续高温、湿热天气，应停止菌棒刺孔排气或翻动菌棒，以防菌棒受到振动，菌丝呼吸作用加剧而使堆温上升。

【误区】

随着生产规模的扩大，不少人不刺小孔或者少刺小孔，也不翻堆，表面虽看不出明显区别，但后期对出菇产量有明显的影响，所以不要因图省事、怕麻烦、省开支而不刺小孔。

在实际生产中，也可增加接种穴，改常规的 2 行 8 穴为 3 行 12 穴（22 厘米 ×62 厘米的菌袋），可满足发菌、转色、促熟对透气量的要求，可不再做刺孔处理，以避免刺孔不当造成高温烧菌，既省工，又提高了制棒发菌、促熟的成品率。

【提示】

香菇菌袋成品率低的原因：

① 基质酸败。常因原料没有选择好，如木屑、麸皮结团、霉烂、变质、质量差、营养成分低；有的因配料含水量过高，拌料、装袋时间过长，引起发酵酸败。

② 料袋破漏。常因木屑加工过程中混杂粗条而未过筛，拌料、装料场地含沙砾等，导致装袋时刺破料袋；袋头扎口不牢而漏气；灭菌卸袋检查不严，袋头纱线松脱没扎，气压膨胀破袋没贴封，引起杂菌侵染。

③ 灭菌不彻底。目前，农村地区普遍采用大型常压灭菌灶，一次灭菌 3000~4000 袋，数量较多，体积较大，料袋排列紧密，互相挤压，缝隙不通，蒸汽无法上下循环运行，导致料袋受热不均匀和形成“死角”。有的灭菌灶结构不合理，从点火到 100℃时间超过 6 小时，由于适温引起代料加快发酵，养分破坏；有的中途停火，然后加冷水，导致突然降温；有的灭菌时间没达标就卸袋等，都造成灭菌不彻底。

④ 菌种不纯。常因菌种老化、抗逆力弱、萌发率低、吃料困难，而造成接种口容易感染；有的菌种本身带有杂菌，接种到袋内，杂菌迅速萌发为害。

⑤ 接种把关不严。常因接种箱（室）密封性不好，加之药物掺假或失效；有的接种人员手没消毒，将杂菌带进无菌室内；有的菇农不用接种器，而是用手抓菌种接种；有的接种后没有清场，又没做到开窗通换空气，造成病从“口”入。

⑥ 菌室环境不良。培养室不卫生，有的排袋场所简陋，空气不对流，室内二氧化碳含量高；有的培养场地潮湿或雨水漏淋；有的翻堆捡杂捡出污染袋，没严格处理，到处乱扔。

⑦ 菌袋管理失控。菌袋排放过高，袋温升高，致使菌丝受到挫伤，变黄、变红，严重的可致死；可用水帘降温（图 3-20）。有的因光照太强，袋内水分蒸发，基质含水量下降。

⑧ 检杂处理不认真。翻袋检查工作马虎，虽发现斑点感染或怀疑被虫鼠咬破，不做处理，以至蔓延；检杂应认真，发现污染菌袋，应将其装入密封的塑料袋中，带出菌棚妥善销毁，以防止杂菌扩散。

图 3-20　水帘对菌袋降温

6. 排场

当菌袋在培养室内发菌 40~50 天时，营养生长已趋向高峰，菌丝内积累了丰富的养分，即可进入生殖生长阶段。这时每天给予 30 勒以上的光照，再培养 10~20 天，总培养时间达到 60~100 天，培养基与塑料袋交界间就开始形成间隙并逐渐形成菌膜，接着隆起有波皱柔软的瘤状物并开始分泌由黄色到褐色的色素，这时菌丝已基本成熟，隆起的瘤状物达到 50% 时就可以脱去塑料袋进行排场（彩图 19）。

【提高效益途径】

出菇场所控制链孢霉传播的方法：采用高压喷雾机（果树喷雾器），配制 0.3% 克霉灵或 84 消毒液或 pH 为 10 的石灰水，对生产场地和外围区域进行严密雾化降尘处理，每天早、晚各 1 次，连续处理 3~6 天，以后每 6~10 天处理 1 次，如果发现污染现象，继续采取 3~6 天的环境空气消毒方法再次处理。链孢霉的处理过程要把防止孢子飞扬、抑制粉包扩散作为控制的关键（将柴油缓慢滴入粉包周边，粉包缓慢吸收、变色之后予以封闭，或者用消毒药品浸湿的卫生纸、餐巾纸覆盖菌包），处理效果必须安全可靠，对于产生菌丝体的代料采取焚烧、蒸汽杀菌是比较安全有效的措施。

脱袋后的香菇菌丝体也称菌筒，菌筒不能平放在畦床上，而是采用竖立的斜堆法。因此，必须在菇床上搭好排筒的架子（图 3-21）。架子的搭法是：先沿菇床的两边每隔 2.5 米处打一根木桩，桩的直径为 5~7 厘米，长为 50 厘米，打入土中 20 厘米；然后用木条或竹竿，顺着菇床架在木桩上形成两根平行杆；在杆上每隔 20 厘米处，钉一支铁钉，钉头露出木杆 2 厘米；最后在靠钉头处，排放直径 2~3 厘米、长度比菇床宽 10 厘米的木条或竹竿作为横枕，供排放菇筒用。

搭架后，再在菇床两旁每隔 1.5 米处插上横跨床面的弓形竹片或木条（图 3-22），作为拱膜架，供罩盖塑料薄膜用。

图 3-21　搭架

图 3-22　插弓形竹片

【提示】

近年来，一些菇农图省事，冬季低温时采用直接在菇畦上覆盖塑料薄膜的方法来增加温度、保持湿度，这种方法要结合揭膜通风管理，以免畸形菇过多。

菌筒脱去塑料袋时，应选择阴天（不下雨）、无干热风的天气进行，用小刀将塑料袋割破，菌筒的两头各留一点薄膜作为“帽子”，以免排场时触地感染杂菌，排场时菌棒间距为 5 厘米，与地面呈 70~80 度的倾斜角。要求一边排场，一边用塑料薄膜盖严畦床，排场后 3~5 天，不要掀起薄膜，以便形成畦床内高湿的小气候，促进菌丝生长并形成一层薄菌膜。

【注意】

香菇只有菌丝达到生理成熟，经转色后才能出菇。生理成熟的菌棒具备如下特征时，即可进入转色期管理：①菌丝长满整个菌袋，培养基与菌袋交界处出现空隙；②菌袋四周菌丝体膨胀、皱褶、瘤状物占整个袋面的2/3，手握菌袋有弹性松软感，而不是很硬的感觉；③袋内可见黄水，且水滴的颜色日益加深；④个别菌棒开始出现褐色斑点或斑块。香菇菌棒生理成熟标准与影响因素，见表 3-2。

表 3-2　香菇菌棒生理成熟标准与影响因素

生理成熟标准	影响因素
不同类型菌株有不同菌龄（80 天早熟型、100 天中熟型、120 天晚熟型）	培养条件、配方、作业方式等不同造成菌龄有所差异，晚熟型的畸形菇率较低
2400℃有效积温，指接种后达到生理成熟需要的有效温度总和	只反映了温度和时间两个参数，无法反映通气、配方、作业等因素对生理成熟的影响
重量减轻 15% 以上，各测试点水分均匀一致	受培养环境和周期的影响
菌棒弹性感强，质地由软变硬	因个人感受不同，存在差异
菌袋四周菌丝体膨胀、皱褶、瘤状物占整个袋面的 2/3 以上	瘤状物的多少与生理成熟并无对应关系
能正常现蕾，且出菇正常	按正常出菇管理进行试验验证
pH 降至 3.9~4.1，各测试点均匀一致	培养基制作时 pH 过高，与水质也相关

7. 转色管理

（1）转色的作用　香菇菌丝袋满后，有部分菌袋形成瘤状突起（图 3-23），表明菌丝将要进入转色期。转色的目的是在菌棒表面形成一层褐色菌皮，起到类似树皮的作用，能保护内部菌丝、防止断筒，提高香菇对不良环境和病虫害的抵抗力。

图 3-23　转色前期（左为叠放，右为层架放置）

【提示】

菌袋转色和菌丝生理成熟是两种不同的生理现象，菌丝达不到生理成熟，即使转好色也不能正常出菇。不转色或未转好色的菌袋，菌丝达到生理成熟后遇到适宜条件，照样可以出菇。早熟型和中熟型品种会在转色前达到菌丝生理成熟，管理中应尽量缩小温差，以防白袋和花脸袋出菇。

（2）转色管理　香菇菌棒排场后，由于光照增强、氧气充足、温差和干湿差增大，4~7天内菌棒表面会逐渐长出白色绒毛状菌丝，并接着倒伏形成菌膜，同时开始转色。转色适宜温度为18~28℃，菌丝生理成熟适宜温度为15~25℃，空气相对湿度保持在85%，适当通风换气，给予散射光照，完成转色需15~20天。

【提示】

温度控制在18~25℃之间，既有利于转色，又有利于菌丝生理成熟。若发满菌袋，室温偏低，可结合菌袋刺孔，促使菌袋升温，或去除部分遮阳物，引光增温。转色过程会伴随菌瘤发生，菌瘤产生过多、过大，会影响转色，可通过翻堆增加氧气，加以控制。转色期间注意通风换气，保持空气新鲜；空气相对湿度控制在85%左右，适当给予散射光。

① 温度调控。完全发满菌的菌袋，即可进行转色管理。自然温度最高在12℃以下时，按“井”字形排列，码高6~8层，每垛4~6排，上覆塑料薄膜但底边敞开，以利于通风，夜间加覆盖物保温，可按间隔1天掀开覆盖物1天的办法，加强对菌袋的刺激，迫使其表面的气生菌丝倒伏，加速转色；气温在13~20℃时，如果按“井”字形排列，可码高6层，每垛3~4排（图3-24）；气温在21~25℃时，则应采取三角形排列法，码高4~6层，每垛2~4排；气温在26℃以上

时，地面浇透水后，菌袋应斜立式、单层排列，上面架起一层覆盖物适当遮阴（图 3-25）。

图 3-24　气温低时转色

图 3-25　气温高时转色

【注意】

转色期掌握“宁可低温延长转色时间，也不可高温烧菌”的原则。

② 湿度调控。自然气温在 20℃以下时，基本不必管理，可任其自然生长；但当温度较高时，则应进行湿度调控，以防菌袋失水过多，可向地面洒水或者往覆盖物上喷水。

【小窍门】

湿度管理的标准以转色后菌袋的失水比例为判定依据：转色完成后，一般菌袋的失水比例为 20% 左右（其中也包括发菌期间的失水），或者说转色后的菌袋重量以只有接种时的 80% 左右为宜。

③ 通风管理。通风一是可以排出二氧化碳，使菌丝吸收新鲜氧气，增强活力；二是持续的通风可调控垛内温度使之均匀，并防止发生烧菌；三是适当的通风可迫使菌袋表面的白色菌丝集体倒伏，向转色方向发展；四是通风可以调控垛内水分及湿度，尤其在连续 20℃以上高温时，通风更有其必要性。

【小窍门】

通过调整覆盖物来保持垛内的通风量；当转色进入 1 周左右时，可进行 1~2 次倒垛和菌袋换位排放，这时最好采取大通风措施，再配合较强的光照刺激，效果较好。

④ 光照管理。对于转色过程而言，光照的作用同样重要，如果没有相应的光照，菌袋转色就无法正常进行。光照管理比较简单：揭开覆盖物进行倒垛、菌袋换位；大风天气时将菌袋直接裸露任其风吹日晒等。即使日常的观察也有光照进入，所以该项管理相对比较简单。

（3）转色的检验 完成正常转色的菌袋色泽为棕褐色，具有较强的弹性，但原料的颗粒仍较清晰，只是色泽变化，手拍有类似空心木的响声，基质基本脱离塑料袋，割开塑料薄膜，菌柱表面手感粗糙、硬实、干燥、硬度明显增加，即为转色合格。但棕褐色与白色相间或基本是白色，塑料袋与基料仍紧紧接触等表现的菌袋，为未转色或转色不成功，应根据情况予以继续转色处理；转色不成功最好不进入出菇阶段，否则后期会影响产量和品质。

【注意】

①菌袋发满菌丝后，室内气温低时，增加刺孔数量，使料温升高到 18~23℃。②转色期内若有棕色水珠产生，要及时刺孔排除。③加强通风，勤翻堆，促进转色均匀一致。

（4）转色不正常的原因及防治措施

① 表现。转色不正常或一直不转色，菌袋表层为黄褐色或灰白色，夹杂白点（彩图 20）。

② 原因。脱袋过早，菌丝未达到生理成熟，没有按照脱袋的标准综合掌握；菇棚或转色场所保湿条件差，偏干，再生菌丝长不出来；脱袋后连续数天高温，没有及时喷水或未形成 12℃以下

低温。

③ 影响。多数出菇少，质量差，后期易染杂菌，易散团。

④ 防治措施。喷水保湿，连续2~3天，结合通风1次/天；罩严薄膜，并向空中和地面洒水、喷雾，提高空气相对湿度至85%；可将菌袋卧倒于地面，利用地温、地湿促使一面转色后，再翻另一面；因低温造成的，可引光增温，利用中午高温时通风，也可人工加温；因高温造成的，在保证温度的前提下，可加强通风或喷冷水降温；气温低时采用不脱袋转色。

8. 催菇

香菇菌棒转色后，给予一定的干湿差、温差和光照的刺激，迫使菌丝从营养生长转入生殖生长。将温度调控到15~17℃之间时，菌丝开始相互交织扭结，形成原基并长出第一批菇蕾（图3-26）即秋菇发生。

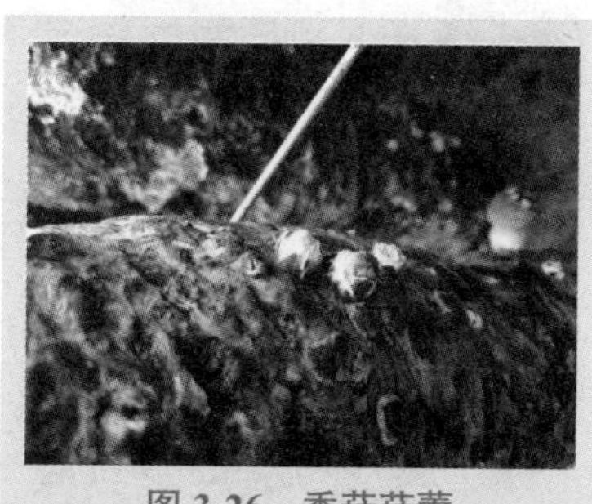

图3-26　香菇菇蕾

【提示】

菌袋能否催菇的唯一依据是菌丝生理成熟的程度，只有充分成熟的菌袋，才能出菇整齐，出好菇。催菇期间要给予10℃以上的温差，棚内湿度为80%~85%，并要求通风良好。在低温季节，可采取蒸汽催菇法，每天通蒸汽1次，当棚温达到28℃时，停止送汽，使温度下降，造成温差。如此连续3~4天，再保持棚温为15~20℃，袋温为15℃左右，即可顺利出菇。

9. 出菇管理

香菇的出菇方式有斜枕出菇（图3-27）、层架平摆出菇（图3-28）、吊袋出菇（图3-29）等方式。

（1）秋菇管理　秋季空气干燥气温逐渐下降，故管理以保湿、保温为主。菇畦内要求有50勒以上的光照，白天紧盖薄膜增温，早上 5 : 00~6 : 00 之间掀开薄膜换气，并喷冷水降温形成温差和干湿差，有利于提高菌棒菌丝的活力和子实体的质量。当第一批菇长至 7~8 成熟时应及时采收（图 3-30）。

图 3-27　斜枕出菇

图 3-28　层架平摆出菇

图 3-29　吊袋出菇

图 3-30　适时采收期

采收后加强通风并降低湿度，养菌 5~7 天。养菌期间必须保持菌棒表面湿润，不能太干，避免出现铁皮棒，也避免菌棒内部菌丝严重缺水；其次就是通风换气，给菌棒提供一个充足的氧气环境，避免菌丝缺氧。7 天后采菇部位发白，说明菌丝内又积累了一定的养分，再在干湿交替的环境中培养 3~5 天，白天提高温度、湿度盖严薄膜，夜间揭开薄膜，创造较大的干湿差和温度差，促使第二批菇蕾形成。

【提示】

有的第一批香菇会出现畸形较多的现象，主要原因是香菇菌丝的积温不够，随着时间的推移，畸形菇比例会下降。有的第一批香菇会出现子实体过多（图 3-31）但后期产量降低的现象，主要原因是脱袋、转色、排袋时受到的振动过大，因此操作时动作要轻。另外，要及时采收，香菇爆发式出菇的主要影响因素及应对措施见表 3-3。

表 3-3 香菇爆发式出菇的主要影响因素及应对措施

内部因素	外部因素	应对措施
菌丝成熟度（后熟期时间长短）	温度（温差）	降低温差刺激
原基发生部位（转色程度）	湿度（干湿差）	增大菌棒含水量、降低环境湿度
培养基营养成分	物理刺激（振动）	减少振动
基质含水量	光照	疏蕾（早疏、小疏）
pH	二氧化碳含量	加强通风

养菌棒要合理，如果出菇后的菌棒含水量大，这时可以减少喷水或不喷水；如果采菇后菌棒严重缺水，这时要喷水保湿。养菌棒期间，可以掰开菌棒检查一下菌丝的恢复情况，如果菌丝浓白，就可以进行出菇管理了。

（2）冬菇管理　经过秋季出菇后，菌棒养分、水分消耗很大，入冬后温度下降也很快，因此要做好保温喷水工作。一般不要揭膜通风，使畦内温度提高到 12~15 ℃（图 3-32），并且保持空气相对湿度为 80%~95%，促使形

图 3-31 香菇子实体过多

成冬菇（图 3-33）。由于冬菇生长在低温条件下，为了保温，每天换气应在中午进行，换气后再盖严薄膜保湿，畦床干燥时可喷轻水。菇体成熟后要及时采收，采收后可轻喷水 1 次再盖好薄膜，休养菌丝 20 天左右，当菌丝恢复后可再催蕾出菇。

图 3-32　香菇棚保温（左为双膜方式，右为覆盖棉被）

图 3-33　冬菇生长

【误区】

在很多冬菇产区，一些菇农在每潮菇采收结束后马上补水，并不进行养菌棒。其目的就是让每潮菇都不会出现爆出现象。其实这种方式的确降低了爆出的概率，但产量并达不到“最佳”，因为不养菌棒直接出菇的方式很容易出现菇质下降或开伞现象。建议还是采用养菌棒的方式，可在爆出时以疏蕾的方式缓解此现象。

（3）春菇管理

① 补水。经过秋季和冬季 2~3 批采收，菌棒含水量会随着出菇数量增加、管理期拉长、营养消耗而逐渐减少。至开春时，菌棒含水量仅为 30%~35%，菌丝呈半休眠状态，所以必须进行补水，才能满足原基形成时对水分的需求。春季气温稳定在 10℃以上就可以进行补水。

② 出菇。春季气压较低，为满足香菇发育对氧的需求，可将菇畦上方竹片弯拱提高 0.3 米，阴雨天甚至可将膜罩全部打开，以加强通风。盖膜时，注意两旁或两头通风，不可盖严，天晴后马上打开。香菇每采收一批结束后，要让菌丝恢复 7~10 天，再按照上述方法补水、催蕾、出菇，周而复始。

【提示】

光照强度在 500 勒以下（采用草帘遮阴或两层遮阳网遮阴），棚内光照相对较暗，造成菌盖偏黑、菌柄粗长现象，品质不高且价格低；光照强度应在 600 勒左右，即将草帘间隔性撤掉或在棚体上方 80 厘米左右撑起一层四针遮阳网即可。

（4）夏菇管理

夏季由于温度高，香菇子实体生长时间很短，一般在注水后 3~4 天即可出菇，5~7 天采收，第 10 天基本结束。在很短的时期内，香菇菌棒内菌丝积累的养分和水分被大量、快速消耗；同时，菌棒内干物质减少，物理结构发生变化，变得疏散、软。菌棒对外界不良环境条件的抗逆性降低，此期是保护菌棒的最敏感时期，可采用间歇养菌的方法，具体步骤为：

① 内干外干，均衡菌棒水分。当夏季采完菇后，停水 3~4 天，进行避光、通风、控温、降湿管理。剔除菇脚、残菇，清理菇棚内杂物。保持整体菌棒的含水量一致。

② 内干外潮，保持菌棒表皮潮湿。在这一阶段，进行避光、通风、控温、增湿管理，每天微喷 2~4 次，每次连续喷水 10~20 分钟，

使菌皮柔软，并加大棚内的通风量，配合粘虫板和杀虫剂进行杀虫防病，一般需 10~12 天。管理的目的是防止菌棒表层菌丝干死，又能让菌棒内部氧气充足。

③ 内干外湿，加大喷水量，软化菌皮，激活菌棒表皮的活性，为下一潮菇做准备。这期间应当避光、通风，控制温度，加大空间湿度，每天喷水 4~6 次，每次连续喷水 10~30 分钟，使菌棒温度降至水的温度，人为造成温度差，刺激菌丝，促使菌丝扭结，形成原基，一般需 3~4 天。

【提示】

夏季栽培香菇，有条件的可在“人”字形棚顶外 1 米高处加建外遮阳棚，搭建时可将外遮阳棚设为 2 层，层间距为 50 厘米，将菇棚四周下垂的遮阳网固定在第二层，顶层到第二层之间可在四周采用裙式垂挂约 50 厘米的遮阳网，以可摆动的为好，以利于通风、散热，如果在“人”字形棚顶外再进行喷水降温（上午 10:00 前、下午 4:00 后），效果更好；在大棚内四周及棚内人行道两边挖掘出相通的地沟，引入“跑马水”降温，对于没有采用沟灌流水降温的，尽量往层架底层排放。

（5）香菇菌棒补水

① 补水测定标准。当菌棒含水量比原来减少 1/3 时即说明失水，应补水。发菌后的菌棒一般为 1.9~2.0 千克，而当其重量只有 1.3~1.4 千克时，即菌棒含水量减少 30% 左右，此时就可补水。

【注意】

通过补水达到原重的 95% 即可，补水量“宁少勿多”。补水时的水温不能高于袋温。

② 补水时期。补水早了易长畸形菇；补水过量会引起菌丝自溶或衰老，严重的会发生菌棒解体，导致减产。

【提示】

气温低时宜选择晴天 9 : 00~16 : 00 时补水，有条件的最好用晾晒的水。气温高时宜选择早晚补水，用新抽上来的井水。因井水温度低，注入菌棒内，形成温差和干湿差刺激，可诱发大量菇蕾形成，每潮菇都依此管理。

③ 补水补营养相结合。菌棒出过 3 潮菇以后，基内养分逐步分解消耗，出菇量相应减少，菇质变差。为此，最后两次补水时，可在桶内加入尿素、过磷酸钙、生长素等营养物质。用量为 100 升水中加尿素 0.2%、过磷酸钙 0.3%、柠檬酸 20 毫克 / 千克，补充养分和调节酸碱度，这样可提前出菇 3~5 天，且出菇整齐，质量也好，可提高产量 20%~30%。

④ 补水方法。香菇菌棒补水的方法很多，有直接浸泡法、捏棒喷水法、注射法、分流滴灌法等。近年来，大规模生产多采用补水器注水，该法简单、易行、效率高，不易烂棒。

A. 注水器补水法。菇畦中的菌棒就地不动，用直径为 2 厘米的塑料管沿着畦向安装，菇畦中间设总水管，总水管上有小水管作为分支，小水管长度在 50 厘米左右，上面安装 12 号针头来控制水流（图 3-34）。由总水管提供水源，另一端密封。装水容器高于菌棒 2 米左右，使水流有落差产生的压力。在注水时，菌棒中心用直径为 6 毫米的铁棒插 1 个孔，孔深约为菌棒高度的 3/4，不能插到底，以免注水流失，由于流量受到针头的控制，因此滴下的水既能被菌棒吸收又不至于溢出（图 3-35）。

【注意】

① 补水不可过多，否则造成菌棒含水量过高、菌丝缺氧，生活力下降而衰老自溶，从而过早腐烂散棒，造成减产；补水过多还会使菇蕾分化过多而产生小薄菇和畸形菇。②补水不可过勤，有的菇农在注水出菇后急于再次注水出菇，不注意养菌，也不管菌棒缺不缺水；实际上，注 1 次水一般至少可以出 2 潮菇。③水压不可过大，以免伤害菌丝。

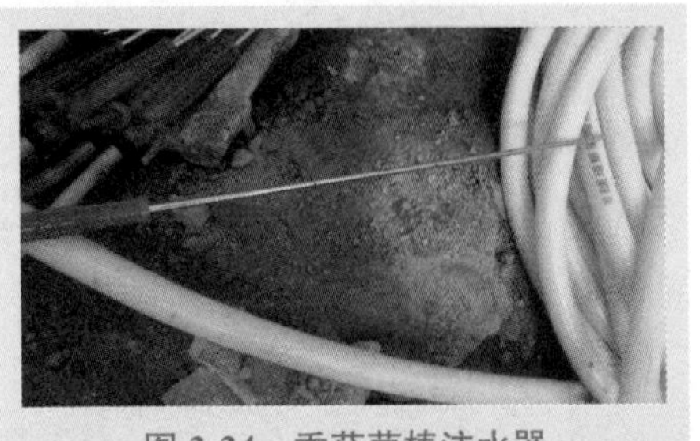

图 3-34　香菇菌棒注水器

图 3-35　香菇菌棒补水

补水后盖上薄膜，温度控制为 20~22℃，每天换气 1~2 次，每次 1 小时。注水给菌棒提供了充足的水分，同时增加了干湿差和温差。6 天后开始出现菇蕾而且菇潮明显，子实体分布均匀。当温度升到 23℃以上时，原基形成受到抑制，要在早上低温时喷冷水降温，刺激菌棒形成原基再出一批菇。由于温度的升高再加上菌棒养分也所剩无几，菌丝衰弱，这时菌棒栽培结束。

【提高效益途径】

每潮菇采完后，可通过自动补水机械设备，在不搬动菌棒的条件下，适时间歇性地通过输水管道，向空心轴注水。水经过空心轴的喷水孔，流入菌棒上部，增加菌棒含水量，代替手工注射补水或浸泡补水。

B. 浸水法。将菌棒用铁钉扎若干个孔，码入水池（沟）中浸泡，至含水量达到要求后捞出。此为传统方法，浸水均匀透心，吸水快，出菇集中，但劳动强度大，菌棒易断裂或解体。

【小窍门】

颠倒菌棒增产：

规模生产菌棒多采用斜立在地上的地栽式出菇方式。补水后，水分会沿菌棒自然向下渗透，再加上菌棒直接接触地面，地面湿度大，所以菌棒下半部的含水量相对偏高，上半部的偏低。在补水后3~5天菇蕾刚出现时将菌棒倒过来，上面挨地、下面朝上，这样水分会慢慢向下渗透，使菌棒周身水分均匀。颠倒时，如果发现出菇少或不出菇，可用手轻轻拍打两下或两袋相互撞击两下，通过人为振动来诱发原基形成。如果整个生产周期不颠倒菌棒，下半部总是挨地、湿度大，长达数月就会滋生杂菌和病虫害。如果颠倒2~3次，可使菌棒周身出菇，利于养分充分释放出来。

10. 袋栽香菇烂菇的防治

袋栽香菇在子实体分化、现蕾时，常发生烂菇现象。其原因主要有：出菇期间连续降雨，特别是在高温高湿的环境下，菇房湿度过大，杂菌易侵入，从而造成烂菇；有的属病毒性病害，菌丝退化，子实体腐烂；有的因管理不善，秋季喷水过多，湿度高达95%以上，加上菇床薄膜封盖通风不良，二氧化碳积累过多，导致菇蕾无法正常发育而霉烂。防止烂菇的主要措施有：

（1）**调节好出菇阶段所需温度** 出菇期菇床温度最好不超过23℃，子实体大量生长时控制在10~18℃。若温度过高，可揭膜通风或覆盖遮阳网（图3-36），也可向菇棚空间喷水以降低温度。每批菇蕾形成期间，若天气晴暖，就在夜间打开薄膜，白天再覆盖，以扩大昼夜温差，既可以防止烂菇发生，又能刺激菇蕾产生。

图3-36 覆盖遮阳网

（2）**控制好湿度** 出菇阶段，菇床湿度宜在90%左右，菌棒含水量在60%左右，此时不必喷水；若超过这个标准，应及时通风，降低湿度，并且经常翻动覆盖在菌棒上的薄膜，使空气通畅，抑制杂菌滋生，避免烂菇现象发生。

（3）经常检查出菇状况　一旦发现烂菇，应及时清除，并局部涂抹石灰水、克霉王或0.1%的新洁尔灭等。

五、培育优质花菇，提高经济效益

花菇（图3-37）是商品香菇中的极品，其特点是香菇盖面裂成菊花状白色斑纹，外形美观，菇肉肥厚，柄细而短，香味浓郁，营养丰富，商品价值高。但花菇生产技术要求相对严格，产量少，在国内外市场上供不应求，以日本、新加坡等为最。冬季气温低，空气相对湿度小，是培育花菇的好季节，应抓住时机，创造条件，多产花菇，以提高经济效益。

图3-37　花菇

1. 花菇的成因

花菇的白色裂纹，并非是某一独特的品种，也不具有性状的遗传性，而是香菇子实体在生长发育期间为适应不良环境而在外观上发生的异常现象。在自然界中，花菇形成的大体过程是：子实体生长发育到一定程度，突然遇到低温、干燥、刮风等不适宜其正常生长发育的恶劣环境，菌盖表层细胞因失水、低温而生长变缓或停止生长，但因菌肉和菌褶等组织有菌盖表皮的保护，湿度高于表皮，仍能不断地得到基质输送的营养和水分，细胞仍继续增殖、发育、膨大，进而胀破子实体表面皮层，形成龟裂纹或菊花状花纹。

2. 花菇形成的环境条件

（1）低湿　湿度是决定花菇形成的主要因子。在外界环境干燥（空气相对湿度小于70%）和培养基含水量偏少的情况下，菌肉细胞与菌盖表层细胞的生长不能同步，菌盖表层被胀裂而露出洁白的菌

肉。随着时间的推移，裂痕逐渐加深，就会形成花菇。

（2）低温　低温是花菇形成的重要因素。气温低（5~15℃），香菇生长缓慢，菇肉厚，为花菇的形成奠定基础。花菇肉质肥厚、营养沉积多，主要原因就是低温。在低温条件下，从菇蕾形成到长成花菇需20~30天。

（3）温差　花菇形成需要较大的温差。其生长适温为18~22℃，最低为5℃，在此范围内，可人工进行调控，拉大昼夜温差，促使大量菇蕾产生。由于气温低、湿度小，加上较大的温差刺激，菌盖表层细胞逐渐干缩，菇肉细胞继续增多，最后菌盖表面龟裂，形成花纹。大温差条件越持久，裂纹越深，花纹越明显。

（4）光照　光照对花菇形成有一定影响。花菇一般生长在光照较充足的环境，因为光照直接影响花菇花纹颜色的深浅：光照充足，花纹雪白，质量上乘；光照不足，花纹则为乳白色、黄白色、茶褐色等。

（5）品种　一般大型香菇品种形成的花菇朵形仍然较大，且菌盖的裂纹少而深；菌盖小的品种形成花菇后，朵形仍然较小，表面花纹多而浅。中、低温型的菌株在温度、湿度、光照等条件都具备的情况下，花菇形成率高；而偏高温型的菌株，在相同条件下，花菇形成率低。

3. 花菇大袋栽培技术要点

花菇大袋栽培，即采用25厘米 ×55厘米的塑料袋，采用常压灭菌，接入枝条菌种培养，菌袋转色后，移入不遮阴的菇棚中栽培出菇。其栽培工艺与香菇栽培相近，但花菇产量可达到60%以上，而且管理容易、质量好。

（1）栽培季节　在7月上旬~8月上旬对栽培袋进行接种，9月上中旬菌丝长满袋、转色，11月上旬开始出菇，至第二年5月结束。11月的第一批菇生长较好，温度为15℃左右，优质花菇产量大；春节前在菇棚内适当增温，可收第二批菇；春节后在菇棚内分别再收1次花菇、1次厚菇、1次薄菇，即可完成栽培周期。

（2）**菌棒制作** 菌袋一端用线绳扎紧，再用烛火熔封，保证不漏气。将培养料装入袋内，装袋时用手工分层装入，不要过紧或过松，以手托袋中间没有松软感、料袋两端不下垂、手抓时不出现凹陷为度。装填后用线绳扎口，先直扎 1 次，弯折后再扎 1 次并扎紧，每袋干料重 2 千克，要求装袋在 3~4 小时内完成，以免培养料酸败，导致 pH 下降。

（3）**灭菌、接种、培养** 同香菇的栽培管理要点。

（4）**转色管理** 一般培养 60 天左右，菌袋表面有瘤状物突起，即为转色的征兆。此期黄色积水增多，如果有积水应及时排出，以防积水浸泡菌皮使其增厚，进而影响子实体的发生。栽培袋转色是在培养室内进行。

【提示】

转色一致的措施：

① 调控温度，以 15~23℃为宜，温度高于 25℃或低于 15℃时转色较慢。

② 室内通风换气要及时，并且不要把温差拉得太大，通风要勤，时间要短。

③ 转色期的时间适当延长，控制在 15 天内完成。在适温条件下转色后再培养 20 天以上，可提高优质花菇的产量。

（5）**菇棚建造及排袋** 花菇棚（图 3-38）应选择向阳、地势高燥的场所，一般每吨料建一个小棚，便于管理。棚长 6 米、宽 2.8 米、顶高 2.6 米，菇棚两端用砖砌成，棚顶呈弧形，两端山墙各留 1 个高 1.8 米、宽 0.8 米的门。门两侧各设 1 排栽培架，每排分 6 层，层间距为 33 厘米，栽培架之间设宽 0.8 米的工作道，工作道地面的一侧设地下火道。墙外安装炉灶，以便提高温度和调节湿度。

图 3-38 花菇棚

菇棚顶和栽培架周围用塑料薄膜覆盖，直抵地面并用土封严，薄膜上披草帘，以保温、遮阴。栽培架的每层菌床排列 4 根竹竿（或木条），每层菌床排放 2 排栽培袋，袋间距为 5 厘米，每层菌床排 42 袋，每棚共摆放 500 个栽培袋。

（6）**催蕾** 香菇是低温结实的菇类，菌丝体由营养生长转向生殖生长时，在低温的条件下，菌丝生长减慢，养分积贮和聚集以准备出菇。转色后，遇到低温、干湿条件差、光照刺激和振动，即可形成原基。原基形成后，给予光照、新鲜空气和较高的空气相对湿度（95%左右），原基就可顺利分化为菇蕾。

（7）**选蕾割袋** 大袋栽培花菇，为了保持袋内水分不蒸发，并有利于花菇发育，选用了割袋这一项烦琐而细致的工艺。与一般的香菇培育不同，当菌袋上的菇蕾长到 1.5 厘米左右时，需用刀片把菇蕾处 3/4 的袋面割破，让菇蕾从割口伸出袋外（图 3-39）；当菇蕾长到 2 厘米以上时，进行花菇的管理。

（8）**花菇的管理**

① 去劣留优。每个袋内的营养是一定的，当幼菇长得密时，要适当将畸形菇和小菇摘除，每袋留 10 个菇形好、距离均匀、大小分布基本一致的菇（图 3-40），这样有利于产出高质量的花菇。

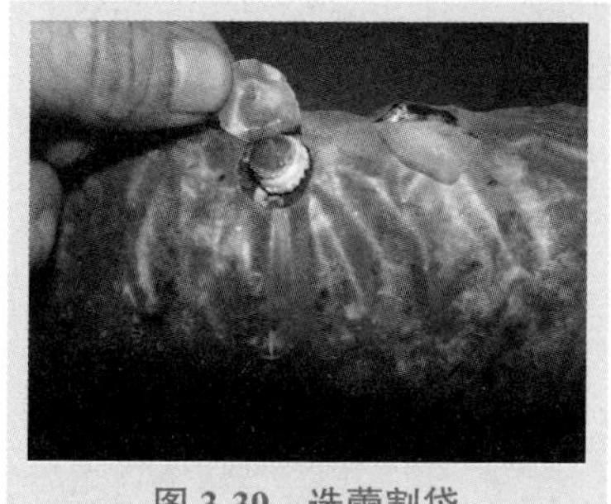

图 3-39 选蕾割袋

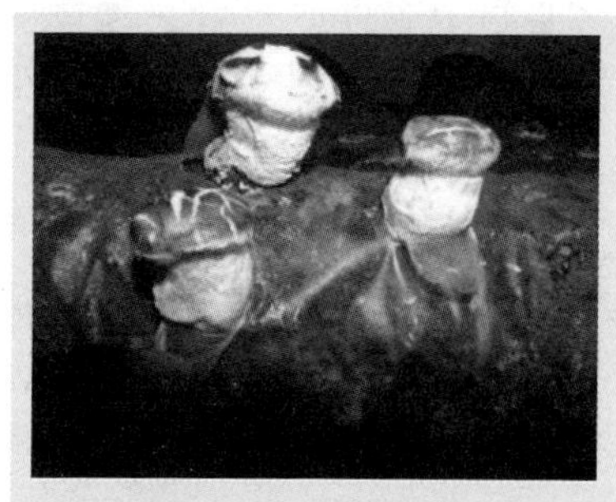

图 3-40 去劣留优

【提示】

当菌盖直径为2~3厘米，表面有光泽，手捏略有弹性时应进行蹲菇。蹲菇温度控制在6~10℃，湿度控制在80%~85%，光照略强，通风良好，蹲菇时间为5~7天。

② 催花管理。花菇的培育要求空气相对湿度由高到低，光照由暗到强，通风由小到大，温度要始终保持在8~20℃。在低温环境中，要求菇棚周围及菇棚地面干燥，阴天下雨时盖严薄膜，防止潮湿的空气侵入菇棚，使形成的花菇花纹越深、越宽、越白越好（图3-41）。

图3-41　花菇花纹形成

③ 保花管理。花菇形成后，应严防返潮，湿度保持在50%~65%，以防明花变为暗花。保花期间，棚温保持在8~15℃，促进菇体稳健生长。

【提示】

形成花菇的基本条件有3个：一是菇体自身成熟度，应正值幼嫩旺长期；二是棚内湿度降至65%以下；三是白天揭膜降温、夜间盖膜，促菇生长。如此管理2~3天，花菇即可大量形成。

【注意】

花菇形成后一定要注意天气变化，严防阴雨和空气湿度过大，导致明花变为暗花，质量降低。

（9）采收　花菇在7~8成熟时，即菌盖像铜锣边一样稍内卷，就及时采收（图3-42），以免遇高温开伞、变色而影响质量。采收方法为一手按住菌柄基部料面，一手扭动菌柄采下。采收时只能手捏菌柄，不得触及菌褶。

（10）间歇养菌 每潮菇采收后，先养菌，然后补水、拉大温差出菇。栽培袋在菇架上保持不动，养菌温度为20~25℃，增加空气相对湿度至85%左右，遮阴使光照很暗，适当通风，时间为15天左右，以菌脚穴位发出的菌丝略见倒伏时为宜。在适宜的栽培管理条件下，年前出菇2潮，年后出菇2潮。

六、林菌间作，提高香菇效益

可以充分利用林地空闲地，进行香菇的越夏栽培（反季节栽培，图3-43）。香菇越夏地栽于11月下旬~第二年3月制袋，第二年5~10月出菇。

图3-42 花菇采收适期

图3-43 林菌间作

1. 林地选择

在遮阴良好的林地或室外搭建菇棚，出菇场地要求地势平坦、水源充足、光照少、气温低、排灌方便、交通便利。地势较高的应做低畦，地势低洼的应做平畦或高畦。

2. 栽培袋规格

香菇越夏地栽可选择高密度聚乙烯塑料袋，其规格为（15~17）厘米 ×（40~45）厘米。

3. 制袋

按选定的配方将培养料混拌均匀，含水量为50%~55%。采用装袋机装料通常由 2~3 人轮换操作、一人装料、一人装袋。操作时，一人将筒袋套入出料口，进料时一手托住袋底，另一只手用力抓住料口处的菌袋，慢慢地将其往后推，直至一个菌袋装满，然后用细绳扎紧袋口。

4. 灭菌

一般采用常压灭菌，温度达到 100℃保持 12 小时以上，停火，再闷 6 小时，然后移入接菌室。

5. 接种

当料温降至 30℃以下时，一般用烟雾消毒剂对接种场所消毒，消好毒后进行无菌接种。

6. 菌丝培养

香菇菌丝生长的温度为 4~35℃，最适宜的温度是 22~25℃；菌丝长至料袋的 1/3 时，逐渐加大通风量，每隔 2 天通 1 次风，每次 1 小时。在适宜的温度下，50~60 天菌袋可发好菌。

7. 建棚

对出菇场所进行除草、松土等工作后，用竹竿沿树行建宽 2.5 米、长 20 米左右的菇棚，用塑料布覆盖，在棚上方覆盖遮阳网予以遮光、降温（图 3-44）。每棚平整 2 个菇畦，每畦宽 0.8 米，中间为宽 60 厘米的走道（图 3-45）。

图 3-44　建棚

图 3-45　出菇畦

【提示】

棚内外水沟需及时疏通，保持水沟顺畅干净，连片菇棚一定要留出散热、通风区域。有条件的可在菇棚内挖沟，引入“跑马水”，也可帮助降温、增加棚内氧气。

气温高时，有条件的菇农可在菇棚顶上铺设微喷水管，接引深井水或者山沟凉水喷水降温。喷水时间根据气温高低确定，每天应在太阳照射到棚前开始喷水，至太阳落山降温时结束。喷水降温用的回流水一定要借助铺设的棚缘水槽收集后引出棚外。喷水可使棚内温度降低2~5℃，同时要加强棚内通风、排湿。

8. 转色脱袋覆土

菌丝满袋后，需加强通风、增加光照使其尽快转色，一般需30~40天。当菌袋的2/3有瘤状物突起、颜色变为红褐色时，即可脱袋排场覆土。脱袋最好选择在阴天或气温相对较低的时候进行，排袋前浇1次水，然后撒上石灰粉消毒，再喷杀虫药剂杀虫；边脱袋边排，菌袋间隔3厘米。最后覆土，覆土厚度以盖住菌袋为宜（图3-46）。浇1次重水，拱起竹竿，再盖上遮阳网或塑料薄膜。

图3-46 脱袋排袋

9. 出菇管理

香菇越夏地栽管理的关键是降温、通风、喷水保湿这3项工作。

（1）催菇 为保护菌袋促进多产优质菇，这时应在畦面干裂处填充土壤（弥土缝，见图3-47），否则会出劣质菇或底部出菇而破坏畦面（图3-48）。菌袋排袋后，采用干湿交替和拉大温差的方法催蕾，或在菌筒面上浇水2~3次，即可产生大量的菇蕾，浇水后立即用土壤填实畦面上的缝隙。

图 3-47　弥土缝

图 3-48　菌棒底面出菇

【提示】

我国南北方土壤理化性质不同，北方土壤干涸后更易开裂。

（2）**前期管理**　地栽香菇的第一批菇一般在 5 月 ~6 月上旬，此时气温由低变高，夜间气温较低，昼夜温差大，对子实体分化有利。由于气温逐渐升高，应加强通风，把薄膜挂高，不让雨水淋到菌袋。

当第一批香菇采收结束之后，应及时清除残留的菌柄、死菇、烂菇，用土填实畦面上所有的缝隙并停止浇水，降低菇床湿度，让菌丝恢复生长，积累养分，待采菇穴处的菌丝已恢复浓白后，即可拉大昼夜温差、加强浇水，刺激下一批子实体的迅速形成（图 3-49）。

图 3-49　转茬香菇

（3）**中期管理** 这一时期为6月下旬~8月中旬，为全年气温最高的季节，出菇较少。中期管理以降低菇床的温度为主，以促进子实体的发生。一般会加大水的使用量，并加强通风，防止高温烧菌。

（4）**后期管理** 这一时期为8月下旬~10月底，气温有所下降，菌袋经前期、中期出菇的营养消耗，菌丝不如前期生长得那么旺盛，因此这阶段的菌袋管理主要是注意防止烂筒和烂菇。

10. 采收

气温高时，香菇子实体生长很快，要及时采收，不要待菌盖边缘完全展开，以免影响商品价值。采收时，不要带起培养料，应捏住菌柄轻轻扭转采下，保护好小菇蕾，并将残留的菌柄清理干净。

【香菇栽培经济效益分析】近几年，香菇价格波动不大，市场较为稳定，因此香菇成为我国农民增收致富的主要栽培食用菌之一。菌棒栽培是我国香菇栽培的主要模式，按规格为15厘米×55厘米的菌棒进行效益分析，农户栽培的菌棒成本为3.0元/棒，大棚建设和管理成本约为1.5元/棒，因此总成本约为4.5元/棒；按每棒产0.8千克鲜菇和鲜菇市场价为7~8元/千克计算，1个菌棒生产的香菇收入为5.6~6.4元，扣除成本后利润为1.1~1.9元/棒；每个出菇大棚按10000个菌棒计算，每个大棚可获利1万元以上。

【注意】

好香菇不一定卖好价钱：

在香菇行业中，一直流传这样一句话“好香菇才能卖出好价钱”。其实这句话也并不完全正确，虽然优质的香菇价格高，但也分时期，很多时期全国整体菇价偏低，好香菇的价格也并不算高。例如，三伏天全国香菇缺货，次品菇的价格都非常高，甚至比平时优质菇的价格还要高。因此香菇要想卖出好价钱，并不一定要全靠菇质，还需要天时、地利、人和。

老菇友都有感触，自家出菇旺季的时候，正赶上价格高的行情，这一茬菇的售价，几乎是平时的2倍。如果一年之中能赶上2次这样的行情，那么这一年种菇的效益也一定会非常不错。所以，在种菇过程中，追求菇质没有错，但也不能一味追求菇质，而忽略了“出菇的时机”。

其实要想有个好收益，在提高菇质的前提下，还要有效地掌握出菇时机，虽然我们无法精准地判断出未来的香菇行情，但是只要认真分析，就会有个大致的预判。因此只要在一年之中判断正确2次，那么就是成功的。

香菇的行情走势其实也有一定的规律，主要的根据是天气、年节和菇量3个方面。天气不好、阴雨天颇多，那么菇价一定不会高；而年节前夕，只要没有特殊的恶劣天气，菇价一定是走高的。除此之外，菇量也很重要。因此，我们应该多多掌握这些信息，了解得越多，对香菇行情的走势判断也就越准确。获得香菇高效益的几个关键如下：

（1）**早上市**　一般情况下，在香菇换季阶段，全国香菇将进入一个短缺期，特别是对优质菇的需求出现短缺。由于上一季香菇进入尾声，菇质已经明显下滑，因此全国都没有好香菇，唯一的优质菇来源就是刚上市的新菇。虽然这时的新菇质量也不是最佳，但是在对比之下，新菇还是最佳选择，菇价也非常高。因此，如果有条件就争取香菇早上市，其价格一般不会太差。

（2）**缺货期**　在一年之中，最缺货的两个时间段其实不是换季，而是三伏和大寒。因为这两个阶段的气候环境最恶劣，香菇失去了适宜的生存环境，产量大幅度下降，因此这段时间的香菇价格也是最高的。所以，在这之前菇农就应该做好充分的准备，将菌棒菌丝养壮实，然后对大棚采取一些降温和增温措施，增大出菇的概率。如果出菇多，这一茬菇就能卖出普通时期两三茬菇的价钱。

（3）**避高峰** 在栽培香菇的过程中，注水很有讲究。如果周围人都在注水，那么一定不是一件好事。这样势必引起本地香菇集中上市，即使菇质好，价格也不会太高。所以，避开注水高峰期，赶上高价的机会也就更大一些。

（4）**查天气** 种香菇，必须每天查看天气预报。随着科技水平的提升，天气预报也越来越精准，甚至可以预测出很长一段时间的天气情况。虽然不能百分之百的准确，但是已经足够菇农参考。如果遇到长时间的阴雨天气，最好选择在这段时间养菌棒，等到阴雨天气即将结束的时候再进行注水催蕾。这样可以降低损失。

虽然这些方式不能保证百分之百的奏效，但是总比盲目的“碰”高价要强得多，只要菇农能够认真分析周围现状和掌握更多天气、产量信息，高价销售香菇的机会就会更大。不求每茬菇都能成功，一年中只需要“中”2次，种菇的效益就一定会有所提高。

第四章
提高平菇栽培效益

第一节 确立科学种菇理念 向科学要效益

平菇属伞菌目（Agaricales）、口蘑科（Tricholomataceae）、侧耳属（*Pleurotus*），是我国品种最多、温度适应范围最广、栽培面积最大、栽培方式最多的食用菌种类，号称“中国的平菇、世界的平菇”。

平菇营养丰富，肉质肥嫩，味道鲜美（含大量谷氨酸），其干菇含蛋白质 30.5%、粗脂肪 3.7%、纤维素 5.2%，还含有酸性多糖。长期食用对癌细胞有明显的抑制作用，并具有降血压、降胆固醇的功能。平菇还含有预防脑血管障碍的微量牛磺酸，有促进消化作用的菌糖、甘露糖和多种酶类，对预防糖尿病、肥胖症、心血管疾病有明显效果。

一、平菇栽培存在的误区

1. 忽视栽培环境的重要性

老菇农认为平菇适应性强，可以在任何地方出菇，便在菇房、菇场堆放杂物，消毒处理也不彻底，栽培场所随便乱扔污染料（袋），导致菇房、菇场杂菌滋生肆虐，栽培效益下降。平菇的栽培环境要安全，防止出现冬季因电或取暖引发火灾（图 4-1）、因大雪引发菇棚塌陷（下雪天应随时除雪）、因水灾造成绝产（雨季不要在低洼、排水区附近栽培）等情况。

菇棚建造时要留有足够的通风口，通风口的多少以菌垛数量为标准，即每个走廊的尽头都是通风口，以便使每个菇面都能接触到足够的氧气，尤其是霜降时节和立春之后更要注意通风。出菇阶段一旦缺氧，则不能形成子实体或形成畸形菇。如果放风不当，遭受干冷风、干热风又会出现大量死菇，因此放风要轻、要稳。

图 4-1　平菇菇棚发生火灾

【误区】

不注重环境还表现在栽培场所的选择上。有的菇农在防空洞（图 4-2）、山洞、土洞、地下室等场所栽培平菇，这些场所在发菌期容易出现因为通风散气不良，造成菌袋发菌温度过高而烧菌的现象，也不能满足平菇原基分化期所需要的温差和出菇期所需要的散射光，从而导致平菇栽培效益显著下降。

图 4-2　在防空洞栽培平菇

2. 忽视配料的灵活性

平菇培养料的配制因地区不同而多种多样，栽培中主料大都是棉籽壳、玉米芯，由于平菇适宜的碳氮比范围很广，所以在主料选择方面一般不会出什么问题。问题主要出在辅料的添加和 pH 上。对于生料栽培，尽量不加麸皮和玉米面，因为麸皮和玉米面营养丰富，易生杂菌，即使是冬季，添加量也不要超过 5%；发酵料栽培的添加量一般为 8%~10%；熟料栽培的添加量为 10%~15%。石灰的添加量，在生料和熟料栽培中都为 1%~1.5%，而发酵料栽培以 5% 为宜，这样会使污染降到最低。

【提示】

为了增加透气性，在棉籽壳中添加 20% 的玉米芯具有很好的增产作用；在培养基中添加 10% 的木屑，对增强平菇的抗病性及韧性有很好的效果。为了增产和增加菇体韧性，有人添加 1% 的食盐，但通过许多菇农的栽培试验，添加食盐的优势并不明显。

3. 忽视菌种的选用

对于种植规模较小和个体制种的农户，不可能引进十几个或几十个菌株进行栽培试验，那么他们在引种时就会盲目选择新品种，这也是一个误区。在产量上，新品种和老品种悬殊并不大，新品种只是在菌种厂做过试验，并没有进行过大规模种植，而老品种，特别是推广 5~10 年及以上的品种，都是经过验证的。种植规模较小的菇农还是种植老品种比较稳妥。

4. 盲目增加湿度

湿度分培养料的湿度和空气相对湿度两种。培养料配制时，一定要掌握好湿度，尤其是新手，不要盲目增加培养料的含水量，为追求高产随意加大含水量而造成失败的案例比比皆是。培养料含水量的大小还需要考虑料的粗细度、棉籽壳含绒量多少等因素。平菇生料栽培，棉籽壳料水比以 1∶1.3，玉米芯料水比以 1∶1.5 为好；发酵料栽培，棉籽壳料水比以 1∶1.5，玉米芯料水比以 1∶1.8 为好。空气相对湿度也是如此，不要取最高值。

【提示】

菇棚内空气相对湿度白天以 80%~85% 为宜，傍晚可在地面洒水，通过夜晚的水汽蒸腾，使空气相对湿度自然达到 95%。白天与夜晚形成 10% 的湿度差，对预防黄菇病有较好的效果。低温高湿对平菇生长十分不利，将老菇棚的空气相对湿度降至 80% 也是可取的，但产量可能稍低一点。

5. 发酵误区

采用发酵料栽培平菇，配料时应将水分加足，料温上升后，就不要再补水，否则易造成发酵失败。菇农配料时，没有专用的设备测量水分，而是靠经验，往往将生料和发酵料含水量混为一谈。测生料的含水量，是将料用手紧握，以指缝间有水珠溢出而不下滴为宜，但对于发酵料，这样测就偏低了，应该将料用手紧握，以能滴下 6~8 滴水为好。待料堆温度升至 60℃后保持 24 小时，然后进行翻堆，一般翻堆 3 次；通常所说的夏季发酵 5 天，秋季发酵 7 天，这只是参考时间，应根据当地的气候条件和料的发酵程度灵活掌握。发酵好的培养料降温后长时间放置也易污染，所以料一旦发酵好后就应组织人力尽快装袋。

【误区】

有菇农怕发酵不彻底，盲目延长发酵时间，结果不仅是料养分的流失，更易造成杂菌污染。

6. 管理不够细致，尤其对灾害天气的预防不够

冬季寒流往往伴随着大风、雨雪、连阴天，给平菇带来自然灾害的同时，也带给平菇机遇。因为在这种天气条件下，大棚蔬菜受害很严重，难以正常生长，而冻害对平菇的影响相对较小，在管理得当的情况下，还能趁蔬菜短缺及时填补供应市场，菇农可获得客观的经济效益。菇农要重视以下几个方面：

（1）**加强菇棚保温管理** 棚外加盖薄膜、草帘、毛毡等覆盖物进行保温。为了能在关键时刻把温度升上去，最好每年都更换新的薄膜，检查草帘、毛毡等覆盖物，及时修复破损处。如果是用麦秸做的覆盖物，一定要更换新的，这样既利于保温，又利于清除原来麦秸残留的杂菌和病虫，并且要再留一定量的麦秸，以备寒流到来时用。堵通风口的编织袋要充实，以便更好地堵住通风口，防止冷空气侵入，必要时可堵两层，尽量减少缝隙散热；整理好菇房门帘，减少进出菇棚的次数，这样可使菇棚内比外界的温度高3~5℃，从而起到更好的保温效果，做到升温和保温自如。

检查并加固棚架，防止大雪压塌。在菇棚四周开挖排水沟，保持排水顺畅，避免雨水、雪水对菇料的侵袭。准备好压膜绳，以备大风来袭。

（2）**针对平菇长势，做好针对性预案** 如果棚内平菇菇蕾刚形成或者成菇较小，冰雪寒流到来之前，要注意保温、保湿，尽量增加棚内温度和湿度，想尽办法促进平菇生长，灾害天气过后，蔬菜生长遭到破坏，新鲜蔬菜供应不足，正好利用平菇产品补充市场；一般灾害过后2~3天平菇开始涨价，每千克能涨1~2元，这时要尽量多收、多卖平菇。如果平菇即将成熟，在冰雪寒流到来之前，要注意降温、降湿，尽量降低棚内温度和湿度，想尽办法抑制平菇生长，做到恰到好处，并且尽量赶在灾害天气过后采收，以获得更好的效益。

（3）**做好抗灾工作**

1）停止喷水，尽量保持料面干爽。低温时，平菇菌丝体如果喷水容易死亡，湿度过高子实体也易滋生病虫害。

2）及时清除菇棚顶部及周围蓄积的冰雪，防止菇棚倒塌。根据灾害发展态势，必要时，采取移除覆盖物等措施，以减少菇棚承压，防止冻雨引起菇棚倒塌造成损失。

3）灾害过后做好栽培场所的通风工作。保持空气新鲜，降低湿度，减少病害，如果发生病害，应及时隔离管理或进行无害化处理。

4）待气温回升稳定，及时清理菇床，清除死菇，注意棚内升温，促进平菇生长。

5）极端天气，为更好地促进出菇，及时供应市场，可以增加暖气等辅助设施以促进升温，但一定不要在棚内燃煤或其他燃料，以防止燃气产生的有害气体危害和失火。

7. 将高产和高效画等号

高产往往是众多栽培户所期待的结果，然而高产就能高效吗？当然不是。除了高产的因素外，许多因素相互配合才能取得较高的效益。首先，选择菌种时要清楚该菌种的性状是否是当地市场所期待的优良性状，而当地消费者喜欢的性状就是优良的性状。其次，通风、湿度、温度、光照的协调也是培养优质菇所必需的。秋季冷空气到来和冬季暖湿气流到来都会有大量产品上市，形成一个高峰期，要想躲开这个高峰期，就需要取暖或打冷气，这也就增加了生产成本。

最后，在春节前人们往往习惯备些年货，年后几天内不再购菜，可以通过控制平菇生长，适时供应市场，以提高平菇栽培效益。

【提高效益途径】

建造一部分保温性能好的菇棚，特别是前后墙和棚面保温要好，这样可以和简易棚出菇时间有一个时间差。投料时间也要把握好，以免造成“烂市”。

8. 生产模式比较落后

目前，整个平菇行业仍然以菇农作坊模式占据主导位置。一家一户的生产形式基本上是手工操作，技术上也不专业，甚至有靠运气论输赢的现象。也有一些菇农只知道依赖自己钻研出来的技术，一年又一年、一点又一点地攻克技术障碍，不懂得借力思维，不懂得拜师求经，也舍不得花钱学习技术（也包括没有资金实力的），这样一来，菇农根本挣不到钱，甚至会赔钱。这种行业现象也给了规模化基地或农场一个发展壮大的好机会。

【提示】

菇农千万不要自己搞“科研”，因为菇农首要的目的是盈利，要懂得嫁接成功人士的先进技术，要按照有关要求办理营业执照，履行合法手续，争取政策支持，这是从业者要把握的大方向。

二、向平菇生物学特性要效益

1. 营养条件

平菇属木腐菌类，可利用的营养很多，木质类的植物残体和纤维质的植物残体都能利用。人工栽培时，依次以废棉、棉籽壳、玉米芯、棉秆、大豆秸产量较高，其他农林废弃物也可利用，如阔叶杂木屑（苹果枝、桑树枝、杨树枝等）、木糖醇渣、甘蔗渣等。一般以棉籽壳、玉米芯、木屑为主。

2. 环境条件

（1）温度　平菇属变温出菇型食用菌，按照平菇子实体出菇时对温度的要求，可划分为低温型、中温型、高温型（彩图 21）及广温型品种。

① 菌丝体对温度的要求。平菇菌丝体生长的温度范围为 5~37℃，当温度偏低时，菌丝生长缓慢，但粗壮有力，吃料整齐，菌丝洁白；当温度达到 38℃以上时，菌丝停止生长，若时间延长，菌丝就会死亡。所以在平菇培养中，发菌阶段极为重要，室温一般不能超过 30℃，以 20~25℃为宜。平菇菌丝体在生长过程中，分解有机质，吸收营养，同时又释放能量，所以一般生料栽培时，袋内温度要比外界温度高 3~5℃，低温发菌成功率高，产量稳定。当温度在 30℃以上时，发菌不易成功。

② 子实体对温度的要求。平菇品种较多，不同品种的平菇子实体可在 3~35℃温度范围内生长，栽培者可根据实际出菇季节选择不同温型的品种。

【注意】

各种类型的平菇品种在子实体分化时都需要较大的昼夜温差，创造8~10℃的昼夜温差对出菇非常有利，这在防空洞、山洞、土洞、地下菇房栽培时尤为重要，防止恒温或温差过小而导致不出菇现象的发生。除东北三省适宜栽培耐低温品种外，其他地方一般栽培广温型品种，一是春季回暖后，很快就达到耐低温品种的温度上限，料内养分不能充分利用，便停止出菇；二是生料和发酵料栽培发菌时，料内一旦发热，广温型品种可以承受36℃的高温而正常生长，耐低温品种就有烧菌的可能。

（2）水分和湿度　平菇培养料含水量一般为60%~65%。含水量少，对产量的影响较大；含水量过多，培养料通气性差，易引起杂菌和虫害的发生。

菌丝体生长阶段要求空气相对湿度在70%以下，而子实体发育阶段则要求空气相对湿度不低于85%，以90%最好。在子实体发育过程中，随着菇体增大，对空气相对湿度的要求越来越高。当空气相对湿度小时，菌丝体失水停止生长，严重时表皮菌丝干缩。空气相对湿度的大小直接决定着平菇子实体的产量和品质，湿度大，肉质嫩而细，光泽好；湿度小，肉质纤维化，发硬。

【注意】

空气相对湿度要连续保持，严防干干湿湿及干热风。在一定温度下，保湿是获得高产、高效的重要条件之一。

（3）空气　平菇是好氧性真菌，菌丝体生长阶段比较能忍耐二氧化碳。当子实体形成后，呼吸作用旺盛，需氧量增加，此时通气不好，子实体只长菌柄，不长菌盖，形成菊花瓣状的畸形菇。

（4）光照　平菇菌丝体阶段不需要光照，子实体发育阶段需要一定的散射光，尤其在菌丝扭结现蕾时，以利于刺激出菇。在暗光照条件下，易出现菜花状畸形菇、大脚菇。出菇场所的散射光的光照强度以能看清报纸为宜。

【提示】

几乎所有的食用菌在菌丝生长阶段均不需要光照，发菌阶段应处于完全黑暗的环境下。冬季如果利用太阳能增温来加快发菌速度，必须在菌袋上方加盖不透明覆盖物或遮阳网。

（5）**酸碱度** 平菇菌丝生长喜偏酸性环境，菌丝在pH为5~9的环境中都能生长繁殖，最适pH为5.5~6.5。由于生长过程中菌丝的代谢作用，培养料的pH会逐渐下降，同时为了预防杂菌污染，在用生料栽培平菇时，pH要调到8~9；采用发酵料栽培时，pH调到8.5~9.5，发酵后pH为6.5~7。

【注意】

采用生料栽培时，在发菌过程中，培养料pH的变化受室温、气温及料内温度的影响较大。所以，夏季高温时，料要偏碱性，而低温时以中性为佳，一般防酸、不防碱。

三、向适宜品种要效益

根据色泽的不同，平菇可以分为黑平菇（彩图22）、灰平菇（彩图23）、白平菇（彩图24）、黄平菇（彩图25）、红平菇（彩图26）。

【提示】

平菇子实体颜色有白色、灰色、棕色、红色（观赏性强、较耐干燥，但适口性较差）和黑色等，其颜色深浅与发育程度、光照强弱（光照强、颜色深，光照弱、颜色浅）及气温高低（温度高、颜色浅，温度低、颜色深）相关。平菇品种的选择要从栽培季节、设施条件、市场需求等方面综合考虑，不宜盲目追求新、稀品种。

有的菇农根据经验把平菇分为软柄菇与硬柄菇。软柄菇由于菌柄较软、易吸水，喷水不宜过多，否则易得黄菇病，这就是有些菇农所说的软柄菇不抗病的原因；硬柄菇可以使用大水喷雾，甚至可以淋水。软柄菇和硬柄菇在温度上差异不大，建议秋季出菇选用黑色软柄菇（冬季易起瘤），冬季出菇选用灰色硬柄菇（秋季商品性较差）。

第二节　栽培管理精细化　向平菇栽培全过程要效益

一、合理选择栽培季节

平菇有不同的温型，适宜一年四季栽培。根据平菇的市场需求，一般以夏季、秋季、冬季生产为主；春季一般生产较少，因为随着气温的逐步升高和其他蔬菜的大量上市，价格会较低。

平菇的制种和播种时间，因各地气候、品种适宜生长温度不同而有差异。一般低温型品种在 7 月下旬 ~8 月中旬制原种，8 月中下旬 ~9 月中旬制栽培种；中温型品种在 11~12 月制原种，第二年 1~2 月制栽培种；高温型品种在 3~4 月制原种，4~5 月制栽培种。

平菇秋播的最适播种期在 8 月下旬 ~9 月下旬，此时日平均气温已降至 20℃，对杂菌生长不利，一般经 35~40 天即可出菇，大批量商品菇生产最好在这段时间内播种。冬播的播种期在 10 月下旬 ~11 月下旬，10 月下旬播种的，经 2 个月可出菇，春节前后进入盛产期；11 月下旬播种的，需 80~90 天方可出菇。春播的播种期在 2 月，虽然此时气温较低，发菌慢，但是很少有杂菌污染，4 月中下旬可出菇。3 月以后则不宜播种。

【提高效益途径】

充分利用具有一定保温性能的设施如废旧大棚进行反季节平菇生产，可提高种植效益。秋栽平菇的早期市场存在一定的风险，但也孕育着极大商机，首先，头茬菇可赶在中秋节、国庆节期间，只此一茬菇即可收回大部分投资，如果行情好还能

略有盈利；其次，二、三茬菇正好赶在夏菇结束而秋、冬菇未上市时，价位一般为 3~4 元 / 千克。因此，秋栽平菇不但可以鼓起菇农的钱袋子，还能丰富人们的菜篮子。

二、合理选择栽培原料

用于平菇栽培的原料比较广泛，传统的栽培主料有棉籽壳、玉米芯、木屑、废棉（图 4-3）等，辅料有麸皮、米糠、石灰粉等。原料选择应注意以下问题：

1. 棉籽壳

图 4-3　废棉

削绒次数越多，棉籽残留棉绒就越少，这种棉籽称为“光籽”；反之，残留棉绒多的称为“毛籽”。光籽产的棉壳大都是小（少）绒壳或“铁壳”，铁壳、棉仁粉少的棉壳纤维素含量少，适用于栽培木腐菌（平菇、香菇等）；绒多、棉仁粉多的棉壳纤维素含量多，适用于栽培草腐菌（双孢蘑菇、草菇等）。

2. 玉米芯

玉米芯要粉碎成花生粒大小，并采用发酵料栽培、先发酵后熟料的栽培方式。

3. 木屑

要选用阔叶树的木屑，而松树、柏树、杉树的木屑由于含松脂、精油、醇、醚等杀菌剂，一般不能直接用于平菇的栽培。家具厂的木屑含有甲醛，而含有甲醛的木屑会抑制菌丝生长。

4. 废棉

废棉的主要成分是棉短绒纤维，吸水力强，料水比可提高到 1:(1.5~1.6)，春季和秋季气温高，料水比可低一些；冬季栽培可适当提高料水比例，但应灵活掌握、切勿过高，这是废棉种菇成败的关键。

5. 木糖醇渣、酒糟、中药渣

可利用木糖醇渣、酒糟、中药渣等原料进行平菇栽培，但需特别注意的是原料的 pH 应用石灰调节至 8.5~9，并且采用熟料栽培方式。

三、因地制宜选择栽培设施

本着经济、方便、有效的原则，平菇栽培可采用阳畦、塑料棚（图 4-4）、半地下式温室、浅沟式冬暖式日光温室及简易日光温室栽培。

生产中较常见的为简易半地下菇棚（图 4-5）。建棚时应注意以下 3 个方面：一是棚场地的土质必须是黏土或壤土，以黏土为最好，沙壤土不适于建造半地下菇棚；二是菇棚四周必须挖排水沟，以防夏季积水灌入棚内；三是菇棚宽度不可过大，以免造成坍塌。

图 4-4　塑料棚

夏季高温栽培平菇时，可在林间建设简易菇棚（图 4-6）。

图 4-5　简易半地下菇棚骨架

图 4-6　林下菇棚

四、优化栽培配方

1）棉籽壳 45%，玉米芯 45%，过磷酸钙 1%，米糠 7%，石膏 2%。

2）玉米芯 70%，棉籽壳 25%，过磷酸钙 3%，石膏 2%。

3）阔叶树木屑 40%，玉米芯 30%，麸皮 27%，过磷酸钙 1%，石膏 1%，蔗糖 1%。

4）废棉 74%，玉米芯 20%，过磷酸钙 2%，石灰 2%，石膏 2%。

5）甘蔗渣 86%，麸皮 10%，石灰 2%，石膏 2%。

平菇栽培料的配方，各地可因地制宜，尽可能选取本地丰富、特色的原料，以降低生产成本，也可打造当地平菇品牌。

【注意】

在高温期，平菇栽培要适当减少配方中麸皮、玉米粉、米糠等的用量；石灰的用量要适当增加，以提高培养料的 pH，防止培养料酸化；同时，培养料的含水量一般要偏少些。

五、重视拌料过程

将麸皮、石膏、石灰依次撒在棉籽壳堆上混拌均匀（棉籽壳、玉米芯需提前预湿），接着加入所需的水，使含水量达到 60% 左右。检测含水量的简易方法为：手掌用力握料，指缝间有水但不滴下，掌中料能成团，为合适的含水量；若水珠成串滴下，表明太湿。一般应掌握宁干勿湿的原则，含水量太大不仅会导致发菌慢，而且易污染杂菌。

【提示】

拌料力求“三均匀”，即主料与辅料混合均匀、水分均匀、酸碱度均匀。要达到“三均匀”的标准，就要重视拌料的方法。各种原料应先干拌 2~3 次，然后再湿拌 2~3 次，这种拌料方式在高温季节尤其重要，可防止培养料加水后拌料时间过长，引起培养料的酸化。另外，拌料器具的容积越大，拌料越均匀（图 4-7）。

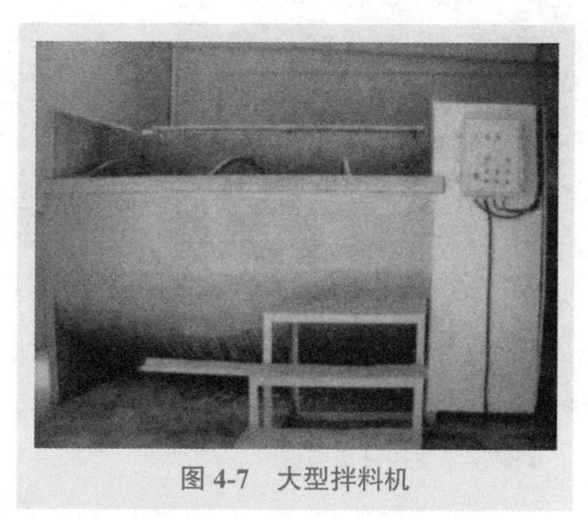

图 4-7　大型拌料机

六、选择合适的培养料处理方式

平菇抗性较强，根据培养料处理方式的不同可以分为生料栽培、发酵料栽培、熟料栽培 3 种，具体栽培过程见图 4-8。

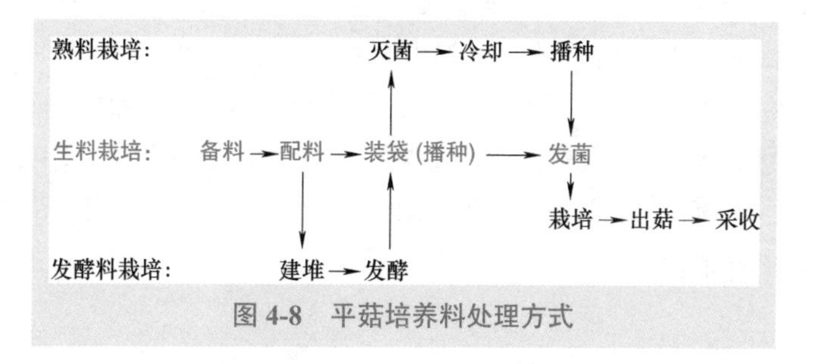

图 4-8　平菇培养料处理方式

1. 生料栽培

将培养料拌均匀后直接装袋、接种，秋冬季可采用（25~30）厘米 ×（45~50）厘米的聚乙烯塑料菌袋（图 4-9），夏季采用（18~20）厘米 ×（40~45）厘米的聚乙烯塑料菌袋（图 4-10）。其优点是原料不需任何特殊处理，操作简单易行；缺点是菌种用量大（尤其是高温季节，用量在 15% 左右）。装袋一般采用“4 层菌种 3 层料”的方式。

图 4-9　平菇秋冬季栽培用菌袋

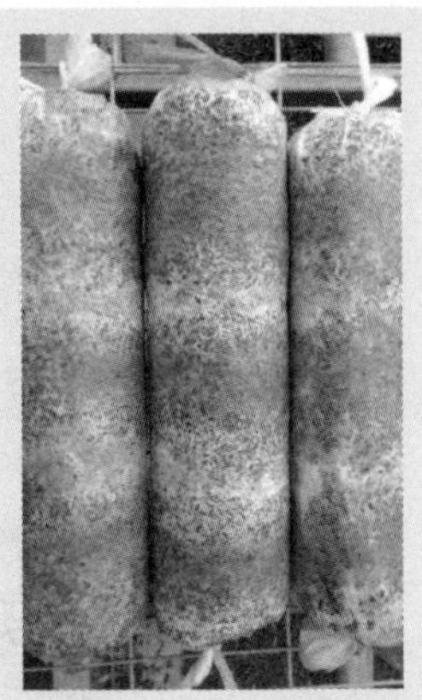

图 4-10　平菇夏季栽培用菌袋

2. 发酵料栽培

将拌好的料堆成底宽 2 米、高 1 米、长度不限的长形堆。起堆要松，要将培养料抖松后上堆，表面稍压平后，在料堆上每隔 0.5 米从上到下打直径为 5~10 厘米的透气孔（图 4-11），呈“品”字形均匀分布，以改善料堆的透气性。待温度自然上升至 60℃以上后，保持 24 小时，然后进行第一次翻堆。翻堆时，要把表层及边缘料翻到中间，中间料翻到表面，稍压平，插入温度计；再升温到 60℃以上，保持 24 小时，然后进行第 2 次翻堆；如此进行 3~5 次翻堆，即可进行装袋接种（图 4-12）。

图 4-11　建堆发酵

图 4-12　装袋接种

【注意】

生料栽培和发酵料栽培都需要有氧发菌，可以通过微孔（装袋后用细铁丝在每层菌种上打6~8个微孔，见图4-13）和菌袋打孔（用直径为3厘米左右的木棒在料中央打1个大孔，也是出菇孔，贯穿两头，见图4-14）两种方式进行发菌。打孔的缺点是易发生病虫害，老菇区和病虫害严重的菇棚不宜采用。

图4-13　微孔发菌

图4-14　木棒打孔发菌

3. 熟料栽培

熟料栽培平菇一般在高温季节或者使用木屑、酒糟、木糖醇渣、食品工业废渣、污染料、菌渣等原料时采用，装袋后的培养料进行常压灭菌后接种、发菌。常压灭菌分为蒸汽炉（图4-15）灭菌和蒸汽灭菌池（图4-16）灭菌两部分。灭菌时为了提高灭菌效果和降低污染率，最好用塑料筐或小铁筐盛菌袋进行灭菌，灭菌的原则是“攻头、保尾、控中间”，即在3~4小时内使锅中下部温度快速上升至100℃，维持8~10小时，快结束时，大火猛攻一阵，再闷5~6小时后出锅。把灭菌后的栽培袋搬到冷却室或接种室内，晾干料袋表面的水分。待料内温度降至

图4-15　蒸汽炉

30℃时方可接种（图 4-17）。

图 4-16　蒸汽灭菌池

图 4-17　接种

【提示】

接种温度不能过高或过低，温度过高时，料温没降下来就接种或装袋接种，往往会把菌种烫死，即使烫不死菌种质量也会受到影响，熟料、发酵料栽培，以及雇工栽培时尤其要注意。北方的冬季如果接种温度过低、温差过大，菌种会由营养生长转为生殖生长，表现为装袋后菌种不萌发，而是先扭结出菇，几天后再萌发，这样对以后的产量会有较大的影响。

气温低时，将灭菌出锅后的栽培袋全部运入菇房，在栽培袋降温过程中，菇房温度会升高，如果温度太高可通风换气以降低室温，但不能低于 30℃。可通过用手触摸检测袋子两端，手感觉两端微热但不凉的时候开始接种。此时栽培袋两端的温度约为 35℃，袋内温度会高于这个温度。由于开袋接种时两端还会散失热量，接种后两端的温度会降至 30℃左右。此时菇房温度在 30℃左右，而袋内温度较高，所以两端的温度不会迅速下降，这就给平菇菌丝生长提供了适宜的温度条件，平菇菌丝会快速着床吃料，然后迅速生长。

七、重视发菌期的管理

1. 发菌场所处理

将平菇菌袋移入发菌场地前，要对发菌场地进行处理，以防止杂菌污染、害虫危害。对于室外发菌场所，在整平地面后，应撒施石灰粉或喷洒石灰浆进行杀菌、驱虫；对于室内（大棚）发菌场所，则可采用气雾消毒剂、撒施石灰、喷施高效氯氰菊酯的方法杀菌、驱虫。

【提示】

用硫黄消毒时，为提高消毒效果，一般先将菇房加湿（$SO_2+H_2O \rightarrow H_2SO_3$），为防止房间内的铁器生锈，应将其拿出。

2. 堆码菌袋

气温较低时，将接种好的栽培袋按6~7层堆码，相邻间距不超过1米，方便人行走即可。因为从接种后第二天起，菇房内温度、栽培袋温度会逐渐下降，与此同时，平菇菌丝生长分解培养料中的有机物会产生热量。在生产中，可巧妙利用这部分产生的热量，不至于在翻堆通风时使温度下降，仍可给平菇菌丝提供适宜的温度条件。

气温较高时，要降低堆码层数，一定要勤于检查、勤于翻堆、勤于通风，否则会导致“烧菌”，造成很大的损失。

3. 发菌管理

平菇发菌期适宜菌丝生长的料温在22℃左右，最高不超过30℃，最低不低于15℃。若料温长时间高于32℃，便会造成“烧菌”，即菌袋内的菌丝因高温而被烧坏。菌袋上下左右垛间应多放几支温度计，不仅要看房内或棚内温度，而且要看菌袋垛间温度。气温高时应倒垛，将菌袋呈“井”字形排放（图4-18），并降低菌袋层数。

图4-18 高温期菌袋的排放

【误区】

栽培量很小时，一般用竹竿架空发菌（图 4-19）；但栽培规模稍大时，可用“井”字形排列。“井”字形排袋时堆积过密，但微孔透气性很好，菌丝长得很快，菌垛发热也很快。菇农一旦发现菌袋发热而采取的降温手段就是倒垛，但越倒垛，氧气越多、上热越快，菌袋一夜之间可以从十几度猛增至 40℃以上，许多栽培者为此吃尽了苦头。因此发菌空间不要放置过多的发菌期菌袋，应留足通风过道。

图 4-19　竹竿架空发菌

图 4-20　平菇菌袋发菌

结合环境调控，及时进行料袋翻堆和杂菌感染检查。翻堆检查时，上下内外的料袋交换位置，使培养料发菌一致（图 4-20），便于管理。

【提示】

平菇菌袋在发菌过程中会发生菌丝未发满菌袋出菇和菌丝发满菌袋迟迟不出菇的现象，其原因如下：

1）菌丝未发满菌袋就出菇的原因。①菌种用量过大，在菌种上出菇；②菌种超龄，老菌块提前进入了生殖生长；③袋口透气过大或松口过早；④温差过大，提前诱导出菇；⑤发菌后期气温过低，不适合菌丝生长而适合子实体生长。

2）菌丝发满菌袋后不出菇的原因。①菌株温型选择不当，或出菇温度过低或过高；②昼夜温差过小、光照不足或通风不良；③培养基配方不合理，碳氮比不当，很难完成由营养生长向生殖生长的转化；④料面气生菌丝生长过旺，形成了菌皮；⑤出菇环境湿度过小，致使菌棒表面干燥，菌丝死亡，阻碍菇蕾的形成。

八、因地制宜采用适宜的出菇方式

1. 出菇方式

（1）立式出菇　采用叠放5~6层菌袋的出菇方式（图4-21），以提高土地利用率。

（2）覆土出菇　在栽培棚内，每隔50厘米挖宽100~120厘米、深40厘米的畦沟，灌足底水，待水渗干后撒一层石灰粉；把菌袋全部脱去，卧排在畦内，菌袋间留2~3厘米的缝隙，用营养土填实（图4-22），上覆厚3厘米左右的菜田土；然后往畦内灌水，等水渗下后用干土弥严土缝，防止缝间或底部出菇。

图4-21　平菇立式出菇

图4-22　平菇覆土出菇

【注意】

覆土栽培只需要在菇潮间期进行灌水，其余时间不喷水、不灌水，这样菇体较干净，商品性好。

（3）**泥墙式出菇**　菌墙由菌袋和肥土（或营养土）交叠堆成，能便于水分管理，扩大出菇空间（图 4-23）。先将出菇场地整平，将菌袋底部塑料袋剥去，露出尾端的菌块，以尾端向内的方式平行排列在土埂上。袋与袋之间留 2~3 厘米的空隙，每排完一层菌袋，铺盖一层肥土或营养土，厚 2~4 厘米（土少易烧垛），最顶层的覆土层要厚，并在菌墙中心线上留一条浅沟，用于补充水分和施用营养液，以保持菌墙覆土经常呈湿润状态，从而平衡培养料内的水分和营养。

图 4-23　平菇泥墙式出菇

【注意】

垒菌墙时，一个菌墙每天垒 2~3 层，第二天泥墙沉降后再垒，以防倒墙；上下层菌袋呈“品”字形摆放（不能对齐），以扩大出菇面积，保持朵形。

2. 出菇管理

（1）**原基期**　当菌丝开始扭结时，就要增光（三分阳七分阴）、增湿、降温至 15℃左右，拉大温差（8~10℃），使空气相对湿度达 85% 以上，去掉遮阴物，提供光照以抑制菌丝生长，促使原基分化形成。

（2）**桑葚期**　当原基菌丝团表面出现小米粒大小的半球体、颜色增深时，即进入桑葚期（图 4-24）。为使大部分原基能形成菇片，应采取保湿措施，可向空中喷雾，但要勤喷、少喷，不能把水直接喷向料面，主要是增加空气相对湿度。

图 4-24　平菇桑葚期

（3）**珊瑚期** 此时为菌柄形成时期，管理工作主要是通风、增光、保湿。

【提示】

珊瑚期以前严禁向子实体直接喷水，尤其是冬季，否则易造成死菇；必须喷水时，要把喷头朝上，使水呈雾状自由落下。

（4）**成型期** 此期是平菇子实体发育最旺盛的时期，要求温度适宜、增加湿度，空气相对湿度保持在85%~90%，不能忽高忽低。

（5）**初熟期** 一般从菇蕾出现到初熟期需5~8天，条件适宜时需2~3天，此时菇体组织紧密，重量最大，是最佳采收时期（图4-25）。此期是平菇子实体需水量最大的时期。

图4-25 平菇最佳采收期

（6）**成熟期** 商品菇一般在初熟期采收，此期有大量孢子散发，进菇房前，要先打开门窗，再喷水排气，促使孢子随水降落或排出。

【提示】

出菇期的水分管理是重点，要记住以下几点：蕾期不喷，四周勤喷；现柄酌喷，保持潮润；小盖少喷，大盖多喷；采前重喷，采后停喷。

九、提前采收，向质量要效益

当菌盖充分展开，颜色由深逐渐变浅，下凹部分呈白色，毛状物开始出现，孢子尚未弹射时，即可采收；也可提前采收（图 4-26），平菇质量和口感会更好，效益也会提高。

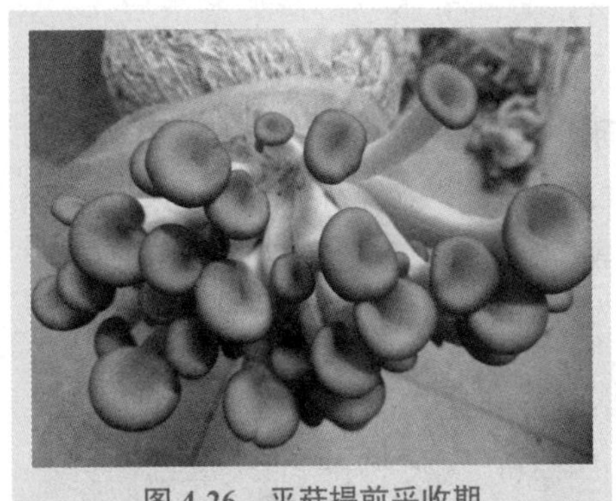

图 4-26　平菇提前采收期

【提示】

提前采收平菇可增加出菇的潮数，与传统大片平菇（大片平菇品质较差，耗费菌袋营养多）总产量差别不大，但平菇质量及耐贮度大大增加，可显著提高经济效益。平菇产量性状与初级代谢产物（氨基酸、核苷酸、多糖、脂类、维生素等）有关，一般在 5~6 成熟时采收；药用性状与次级代谢产物（抗生素、激素、生物碱等）有关，一般在 8~9 成熟时采收，但口感较差。

十、预防主要病害，向管理要效益

1. 平菇球形菇

因平菇子实体正常的生长发育受到干扰和抑制，导致子实体菌柄由侧生变中生，较长且肿胀；菌盖较小，不分化或分化成球形、漏斗状；子实体整体成球形，质地较硬（彩图 27）。球形菇发生原因初步认为有以下几种：

1）农药药害。菇农如果在8月底、9月初栽培，此时环境温度高，病虫害发生较严重。为预防病虫害的发生，菇农在栽培料中常过量添加多菌灵、克霉灵、高效氯氰菊酯等杀虫、杀菌剂，而大部分的球形菇是出现在第一潮，第二潮后不出现或零星出现，从而认为可能与农药药害有关。随着栽培时间的推移，栽培料中的添加剂逐渐分解，残留量逐渐降低，因而球形菇不再或很少出现。

【误区】

栽培环境温度高时，一旦发生病虫害，菇农即用化学农药喷洒袋口，多次喷洒，或高浓度喷洒，或几种农药交替使用，此时农药大部分聚集在袋口处，致使浓度超标、毒素积累，有可能导致球形菇的发生。由于小孔处更容易积累农药，因此发生尤其严重。

2）栽培环境因素。冬季栽培时，菇农为了提高菇棚内的温度，在晴天将遮阴设备全部去掉。在这种情况下，平菇原基、幼嫩子实体全部暴露在阳光下，光照强度可达到20000勒以上，紫外线强度过高，可能诱发球形菇的发生。

【注意】

冬季菇棚内温度较高时，为增加空气湿度，菇农在菇棚内建水井，将潜水泵抽上来的水直接喷洒于菇体上，子实体突然受到冷水刺激，也有可能诱发球形菇。

3）发菌温度过高。菌袋发菌期间，高温养菌（长期高于30℃）也会发生球形菇。

4）原料。栽培用的原料如棉籽壳、玉米芯在生长过程中喷洒过多的农药，也可能会引起球形菇。在生产中，用枝条菌种、木屑生产平菇，可降低球形菇的发生概率。

5）栽培种。栽培种制作和培养过程中乱打微孔（微孔过大）、解绳松口过大，易被害虫、杂菌和病毒等侵染，从而导致栽培种的质量下降，造成出菇过程中有球形菇的出现。

2. 平菇黄菇病

（1）发病症状　发病初期在平菇菌盖上形成黄色斑点，随着菇体的生长，黄色斑点逐渐蔓延到整个子实体，平菇变成黄色，所以叫黄菇病（彩图 28)。一旦发病，如果不能及时控制，会在整个菇棚迅速蔓延，给菇农造成巨大损失。

（2）发病原因　菇棚长时间处于高温、高湿、通风不良的状态，为自然界中无处不在的假单胞杆菌提供了合适的生长条件。由于气温高，棚膜上的水珠过量滴到菌伞上，导致菌伞水淹或者烫伤而造成变色；盲目喷施增产和不明成分的菌药，导致菇伞颜色产生差异，出现黄斑现象；菌袋营养不良和出菇条件的不适宜或者剧烈变化，导致营养倒吸，使菌伞出现斑点。

（3）防治措施

1）高温时，不能出现高湿和通风不良。菇棚在 25℃以上时，就要注意降低菇棚湿度和加强菇棚通风，保持菇棚空气清新。

2）晒棚。每年进行 1 次晒棚，这是降低食用菌病害最好、最安全的措施。

3）喷水。注意尽可能不向子实体上直接喷水或者少喷、勤喷，一般向地上喷水增加棚内的湿度即可；菇棚喷水后，必须进行 1 次通风，以降低菇体表面湿度，防止造成菌盖病变和产生色斑。

4）清洁用水。菇棚喷雾应用洁净的地下水，不洁用水可能携带假单胞杆菌。

5）摘除发病菇。发现病变的子实体，应尽快摘除，减少菌包中的营养消耗，同时加强菇棚通风。

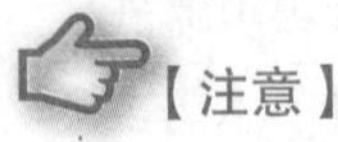
【注意】

出菇期通风过量会使菌伞干枯变黄，没有栽培经验的菇农再喷水就会烂菇，但这不是黄菇病。

3. 死菇、烂菇

平菇发生死菇、烂菇的原因如下：

1）生长环境恶劣。平菇原基形成后，出现持续高温、低温，培养料过干，环境湿度过大，通风不良等恶劣环境。

2）喷水不当。低温或高温时喷水过多，菇表面有明水；喷水时的水温与菇体形成大温差；直接向幼菇喷水。

3）环境调控不当。环境温差大，冬季冷风和夏季干热风直接吹在菇体上。

4）病虫害侵染。受到绿霉、毛霉等霉菌或其他细菌、病毒的侵染；螨类、菇蚊幼虫等破坏菌丝或幼菇，导致死亡。

5）采菇不当。采菇时造成机械损伤。

6）使用劣质菌种。使用老化、退化菌种。

7）盲目施用增产剂或杀虫、杀菌剂。施用方法不当，或过量施药而导致药害。

4. 平菇孢子过敏症

有的菇农，当接触大量孢子时会产生过敏症状，如胸闷、干咳、气喘（呼吸短促）、肺活量降低、食欲不振或恶心呕吐，如果不及时处理会加重病情。这种由平菇孢子引发的现象在医学上称为“过敏性肺炎”，菇农称为“蘑菇病”。现将该病的防治方法介绍如下：

1）适时采收。当菌盖刚趋于平展，颜色稍变浅，边缘初显波浪状，菌柄中实，手握有弹性，孢子还没有进入弹射阶段，子实体 5~6 成熟时应及时采收，此时采收还有利于提高产量和促进转潮。

2）加强通风换气。在采收前，先打开门窗通风换气 10~20 分钟，使菇房内的大量孢子排出菇房。

3）提高菇房湿度。出菇阶段要保持菇房内有足够的湿度，既有利于平菇的生长，又能防止孢子四处散发。采收前用喷雾器或喷水带喷水降尘，可大大减少空气中孢子的悬浮量。

4）防止吸入粉尘。佩戴半脸形的微粒防尘面罩或防尘头盔，能提供相当好的防护。

【平菇栽培经济效益分析】平菇栽培一般采用规格为（22~24）厘米×（43~45）厘米的塑料袋，摆放密度为2万袋/亩，菌袋生产成本约为3.0元/袋，大棚、管理成本约为1.0元/袋，即总成本约为4.0元/袋。按平均每袋产1千克鲜菇和鲜菇市场价为5元/千克计算，每袋收入为5.0元，扣除成本后，经济效益约为1.0元/袋，因此每亩地的平均经济效益为2万元左右。

第五章
提高黑木耳栽培效益

黑木耳［*Auricularia auricular*］属木耳目木耳科木耳属，是我国传统的出口农产品之一。我国地域广阔，林木资源丰富，大部分地区气候温和、雨量充沛，是世界主要的黑木耳生产地，主要产区在黑龙江、吉林、辽宁、湖北、四川、贵州、河南、山东等省。

黑木耳质地细嫩、滑脆爽口、味美清新、营养丰富，是一种可食、可药、可补的黑色保健食品，备受世人喜爱，被称为“素中之荤、菜中之肉”。黑木耳味甘性平，自古有“益气不饥、润肺补脑、轻身强志、活血养颜”等功效，并能防治痔疮、痢疾、高血压、血管硬化、贫血、冠心病、产后虚弱等病症，它还具有清肺、洗涤胃肠的作用，是矿工、纺织工人良好的保健食品。

第一节　避免误区　提高栽培效益

一、栽培季节选择误区

1. 栽培季节选择偏早

黑木耳出耳条件应是以外界连续 3~5 天白天最高气温达到 15℃左右为宜。部分种植户、合作组织等为追求提早上市，未详细考虑出耳时间，过早组织开展蒸料灭菌和发菌培养等工作，致使发菌完成后应该出耳时，由于外界天气不合适无法进行出耳操作和管理，导致出现菌龄过长、菌丝老化（闷菌）现象。即便是有条件的地区和生产者，将待出耳的菌包继续放在发菌室，但这样也需要继续投入大量的人力、物力和财力等，导致生产成本增加。

2. 栽培季节选择偏晚

受生产原材料、资金、人力、设备安装、栽培场所、耳棚建造等影响，已明显错过生产季节而匆忙进行黑木耳栽培时，其所受影响在前期一般表现不明显，多在出耳阶段或收获期间表现明显（图 5-1 和图 5-2）。如果外界温度过高、蒸发量过大，采取多种措施后仍然不能降到适宜温度、不能保持适宜的空间相对湿度，会导致菌丝生长过弱等而影响出耳和子实体生长，进而影响产量和收益等；另外，由于前期时间紧张，容易出现发菌时间不足，或菌丝未完全吃料，或杂菌感染等问题而影响中后期生产管理。

图 5-1　黑木耳偏晚季节栽培

图 5-2　黑木耳正常季节栽培

【提高效益途径】

对本地区物候期进行详细研判、分析；在本地区先进行生产示范试验，然后开展大规模的生产活动。

应引导广大耳农认识到当前黑木耳的发展形势，改变传统生产观念，由注重数量向提高质量、单产转变；由资源消耗向资源节约再利用转变。降低春耳地栽规模，增加棚室吊袋和棚室地栽的栽培规模，由主要“靠天吃饭”向提高技术装备水平转变；由一家一户分散小生产向专业化、集约化大生产转变。最重要的是思想上要时时刻刻重视黑木耳的产品安全，绿色有机应成为黑木耳生产、加工和销售必备的理念。

二、生产场所或耳棚建造误区

1. 生产场所选择不合理

部分生产者认为黑木耳喜阴凉潮湿的环境，因此将生产场地选在常年背阴处，结果在黑木耳栽培处于子实体生长阶段需要光照和干燥环境时，无法实现或难以达到，而导致黑木耳生长不良或品质不佳或产量不高。另有部分生产者，将生产场所选在上风口位置，目的是为黑木耳出耳期提供通风、干燥等环境条件，结果在菌丝发菌阶段由于风力过强，或多风影响，难以保证发菌所需要的基本温度，导致发菌不良、减产、减收等现象产生。

【提示】

不要选在石角坡上或山顶上，更不能选浸水窝做耳场，一定要做好防洪准备，以免产生重大损失（图 5-3）。

图 5-3　黑木耳栽培遭受水灾

2. 耳棚建造不合理

黑木耳栽培选用竹木结构或镀锌钢管组合件加水泥立柱大中拱棚模式较为合适（现代工厂化生产厂房除外），不仅经济实用，而且便于调控，朝向以南北向为宜。因为，南北布局可以实现棚内东西部受光均匀，这一点对于黑木耳出耳期尤为重要。对于坐北朝南的大中拱棚，北部长期光照相对较弱，容易导致同一耳棚内菌包发育进度不

一致、无法进行统一管理。

3. 耳棚构造不合理

为容纳更多的菌包，部分生产者将耳棚建设得过宽或过高，从而导致耳棚结构不合理。过宽的耳棚在冬季和春季容易存在降雨、降雪压塌棚体的危险，同时中后期通风不便；过高的耳棚，由于上下空间较空旷，在发菌或出耳阶段容易出现上下部温差较大不利于管控的局面，导致生产管理难度增加。

三、原料选择及配料误区

1. 对原材料质量重视不够

相当部分生产者，尤其是中小规模种植户普遍认为黑木耳栽培原料要经过高压或100℃常压灭菌，但对原材料质量不太重视；另有部分生产者为降低生产成本，选择一些变色、发霉或其他异常的原料开展生产，这是一个严重的错误认识。因为首先，变色、发霉的原材料一部分营养被杂菌吸收利用，已失去部分或大半营养价值；其次，原料中存在的杂菌若灭菌不彻底会给后续生产留下一定的隐患；最后，部分杂菌对高温有一定的抗性，常规消毒处理不一定全部灭活，未被灭活的杂菌会对接种后的黑木耳菌种萌发、生长产生竞争或抑制作用。

2. 购置原材料时把关不严

开展黑木耳栽培时，由于原材料需求量较大，生产者多数靠外购，在选购栽培用原材料时掺杂使假的事情经常发生。假劣原材料会导致菌丝生长缓慢、细弱或吃料缓慢等现象发生，严重者产量、效益大幅降低或显著减产，收益明显降低。这些都是在原材料选购时质量把关不严造成的。生产中，原材料假劣主要有以下几方面：

（1）木屑

① 木屑过粗糙或过细。木屑直径大的超过1厘米，小的低于0.1厘米，形状呈长方形、三角形、圆锥形或多棱形等，并且很难辨别，这样的木屑若粉碎不好在装袋时往往会发生刺破栽培袋壁的现象，从

而导致杂菌发生。

② 木屑种类不明确。黑木耳栽培所需木屑以阔叶树类木屑为上品，有试验表明掺有杨树、法桐、白蜡的木屑原料，会导致菌丝吃料时生长细弱或发生其他不良现象。

③ 木屑原料中杂物较多。碎石、泥土、细沙、杂菌残留物、有毒有害化学物质等混入其中，会对耳类生长造成显著不良影响。

④ 变质。木屑经雨水淋溶后变色、发霉或变质等。

【提示】

新鲜木屑不宜彻底灭菌，易造成隐性污染，同时可能含有影响黑木耳菌丝生长的活性物质，所以建议木屑放置1~2个月后再使用（图5-4）。

（2）玉米芯、棉籽壳

① 杂质较多。原料中掺杂有苞叶、泥土、沙石等，影响菌丝吃料和生长。

② 玉米芯中除草剂残留量偏高。虽然在黑木耳生产中表现不太明显，但近年来出口日本、韩国等发达国家的黑木耳产品监测报告显示，乙草胺等除草剂含量偏高，从而影响出口效益甚至被退回，导致损失严重，并且影响了信誉。

图5-4　堆积30天以上的木屑

③ 含水量高。部分不法商贩为追求利益，对运输途中的玉米芯、棉籽壳等原料喷水，形成外干、内湿的表象，生产者购回后若不及时使用，放置一段时间后会出现霉变、发酵及杂菌感染等现象，从而影响生产。

④ 隔年陈货掺混。所购玉米芯、棉籽壳原料中存在当年新货与

隔年陈货混掺的现象，如此会导致在黑木耳生产中，尤其是菌丝吃料发菌阶段出现菌丝生长不良或杂菌较多等现象。

（3）麸皮、米糠

① 掺杂使假现象。部分不法商贩将粗稻糠粉碎后加入米糠或麸皮之中，更有甚者将稻壳粉碎后加入其中以次充好，生产试验表明这种原料营养成分较低，使用后黑木耳生长受影响明显，减产严重。

【提示】

一般好的米糠一袋为60~75千克，否则就是里面掺杂了稻壳，购买时一定要注意鉴别。掺稻壳后会出现菌丝生长细弱无力、缓慢，生长期延长，划口后子实体迟迟不能形成等情况，耳芽形成后也很难长大。

② 高温发酵变质现象。在麸皮、米糠加工之后应该先晾晒1~2天再装袋贮藏，若立即装袋，含水量偏高会出现高温发酵现象而导致麸皮、米糠等变质、发霉、营养成分损失，最终影响黑木耳的产量和质量。

（4）轻质碳酸钙、过磷酸钙

① 质量级别不够。为节约费用，部分生产者贪图便宜购买质量低劣的轻质碳酸钙或过磷酸钙产品，这些产品杂质较多、产品不纯，进而影响黑木耳发菌及中后期生产。

② 结块现象处理不力。轻质碳酸钙、过磷酸钙有时会存在结块现象，部分生产者为图方便，不进行碎化处理直接摊在主料上进行掺拌，导致掺料不匀，严重影响黑木耳菌丝吃料和生长。

（5）石灰

① 购买熟石灰代替生石灰。部分农户为图方便直接购买熟石灰进行掺拌，影响杀菌效果。因为生石灰洒在料面上与水结合后不仅会产生大量的热，还会生成强碱性的氢氧化钙，对原料中的杂菌有消杀的效果。

② 错购。将碎石粉当石灰购入，导致效果减弱或无效果，影响

生产。

③ 杂质。所购买的生石灰杂质较多，影响效果，失去对培养料pH的调节作用。

3. 配料不合理

（1）麸皮、米糠、黄豆粉等添加过多　在黑木耳栽培配料中，部分生产者将麸皮、米糠、黄豆粉等辅助料添加过多，造成碳氮比失调，营养过剩。结果表现为菌丝发菌前期生长较快，但仔细观察，菌丝体细弱、老化较快，往往是子实体还没长成，菌丝体就已开始老化收缩，造成耳片中后期生长停滞、减产，甚至发生烂耳现象。

（2）生石灰使用过多　为减少培养料中杂菌的发生和提高pH，部分生产者喜欢加入过多的生石灰，误认为多加生石灰不仅可以提高培养料的pH，中和菌丝生长中分泌出的酸类排泄物，减少培养料酸化，还可以更好地杀菌消毒。这样做虽然在黑木耳发菌期间杂菌较少，但往往也会导致黑木耳菌丝体不萌发或生长不良。

【提示】

配制培养料时加入合理比例的石灰，目的就是在蒸汽灭菌前防止细菌繁殖，保持培养料不变质，同时调节培养料的pH至合理水平。若石灰加入比例合理，一般接菌时pH就可以转变为中性，基本不影响菌丝体生长发育。但过多的石灰会因为转化时间延长，或在接种后菌丝萌发时培养料仍然呈较强碱性而导致菌丝不萌发，甚至死亡。

4. 配料方法不当

部分生产者为了省事，直接将主料、辅料与水一并掺混，因为生石灰与水相遇时发生剧烈反应而导致部分原料变性或受损，失去营养价值或转化为菌丝难以吸收利用的成分，在生产中后期，尤其是子实体形成和生长期，容易出现培养料营养缺乏或中断的现象。

四、菌包质量不够优

1. 粗料、细料过多或过少，导致菌包料袋分离或过紧

在黑木耳菌包生产中，粗料过多（图 5-5）或细料过少虽然可以增加菌包内的含氧量，但发菌阶段容易出现菌丝吃料断层或截线现象而影响发菌效果。粗料过少或细料过多虽然菌包料袋结合较为紧密，但空间溶氧量较少，在发菌中后期会出现菌丝因缺氧而停滞吃料的（闷菌）现象。

2. 菌包松紧不匀

此种现象多出现在手工装袋或半自动机械装袋条件下。一是人工装袋不均匀，二是菌包生产者（或车间工人）为方便对菌包顶部塞棉塞或扣筛扣，经常会习惯性地摁一下，导致菌包两端紧实致密，中间外凸松散（图 5-6）。这样的菌包在接种后发菌时产生的热量和二氧化碳不能顺畅流通，氧气无法足量进入而影响发菌和出耳。

图 5-5 粗料过多的菌包

图 5-6 松紧不匀的菌包

3. 菌包中培养料含水量过高

培养料含水量过高容易导致蒸汽灭菌不彻底，同样的蒸料在相同的灭菌时间和供热条件下，含水量高的菌包因热容量相对较大不容易达到目标灭菌温度，会导致黑木耳菌丝发菌期间或生长中后期袋内

细菌繁殖而抑制黑木耳菌丝生长。因菌包内含水量过高、空气较少而致使黑木耳菌丝吃料不正常，生长发育不良，最终可能会出现菌丝死亡或菌包酸化等不良现象；即使菌丝体不死亡，因水分偏高，也会加速菌丝体老化，生活力变弱而影响产量。

4. 菌包工厂化批量生产存在隐患

随着黑木耳生产规模逐年扩大，菌包工厂化生产将成为主流。近几年，菌包工厂化生产企业在很多黑木耳主产区得到发展，一定程度上减轻了从业者的工作强度、提高了生产效率，达到了资源整合利用的效果。但是，菌包工厂化生产大多采用机械化、自动化流水作业，在菌种扩繁、高压灭菌、菌种培养等流程中如果某个环节出现纰漏，很可能会导致一个批次的菌包受影响，损失会比较严重。部分菌包生产企业由于在厂房设计建造和生产技术环节上存在缺陷，再加上生产中管理粗放等因素，导致菌包产品质量问题时有发生。

2017 年东北产区某大型菌包厂生产的 200 万袋黑木耳菌包出售给耳农后，过了出耳季节却整体不出耳，给当地耳农造成了较大的经济损失。由于黑木耳菌包生产工序和生产管理环节比较复杂，菌包出现问题后责任不好界定，面对损失生产者和耳农都苦不堪言。另外，菌包工厂化生产的标准化推进比较滞后，生产工艺标准缺乏，也缺乏产品检测标准，常出现制袋不标准、灭菌效果不明确等现象，这些都困扰着菌包厂的发展。

五、废弃菌包的资源化处理不够

在不少产区，耳农虽然重视生产，但是对于废旧菌包的处理却比较随意，大量的废弃菌包被随便乱扔或自行焚烧，给周围环境造成了很大污染。特别是在夏季，气温升高，废旧菌包容易腐烂，会滋生大量的病虫害和细菌，给人和牲畜带来危害。另外，有些菌包被丢弃在田间地头、沟边，这些菌包中含有的石膏、石灰、塑料袋等会使土壤板结，降低土壤的有效营养成分，影响农作物的生长，并且可能会对水源造成污染。

对于废弃菌包，要重点实现“两个转化”：一是向肥料转化，用于生产有机肥；二是向颗粒化燃料转化，用于生物质发电和居民燃料。

六、文化氛围营造和普及不够

据史料记载，黑木耳人工栽培大约在公元600年前后起源于我国，和香菇同为世界人工栽培较早的食用菌品种。虽然黑木耳产业根植于我国源远流长的传统文化长河中，但对黑木耳文化的挖掘和宣传程度却还远远不够，在国内还没有专门以黑木耳为主题的博物馆，也没有特定代表黑木耳这一品种的神话级人物。

黑木耳含有丰富的蛋白质、脂肪、多种维生素，以及钙、磷、铁等成分，具有调节血脂、增强免疫力、抗动脉粥样硬化、降血糖、抗真菌等广泛的药理作用。作为食药兼备的食材，黑木耳可以制成几十种别具风格的美味佳肴。但目前黑木耳在餐饮消费上很少作为主料，很多都是以配菜形式出现，主菜也仅限于凉拌、清炒等基础做法，餐饮消费市场还未完全打开。此外，社会上在黑木耳的饮食文化宣传方面投入力度不够，很多人只知道黑木耳好吃，但对其所具有的营养价值和食用方法却知之甚少，制约了黑木耳的餐饮消费。也可通过造型黑木耳、黑木耳素、黑木耳多糖等加工产品提高黑木耳效益。

【提示】

黑木耳安全食用：①黑木耳在泡发时可加入少许面粉和白糖，此方法一是可缩短黑木耳泡发时间，二是可通过浸泡去除依附在黑木耳表面的杂质，使黑木耳鲜亮柔软，口感好。②黑木耳一般选用干品，泡发后食用，泡发木耳类食材，随发随吃，特别是在夏季。③如果泡发时间较长，忘了换水，出现腐烂变质情况时，要果断扔掉。④目前市面上有鲜黑木耳售卖，建议消费者要仔细挑选，如有发黏、流水、异味，千万不能食用，若食用后感觉不适，应尽快就医。⑤制作黑木耳菜品时，要做到砧板生熟分开，食材煮热煮透，注意手部消毒卫生等。

第二节　树立科学种耳理念　向科学要效益

一、了解木耳形态特征，向优质菌种要效益

1. 菌丝体

菌丝洁白、粗壮，不同品种的浓密程度不同（彩图29~彩图31）；有气生菌丝，但短而稀疏。母种培养期间不产生色素，放置一段时间能分泌黄色至茶褐色色素，不同品种的色素的颜色和量不同。镜检有锁状联合，但不明显。

2. 子实体

黑木耳子实体的形状、大小、颜色随外界环境条件的变化而变化，其大小为0.6~12厘米，厚度为1~2毫米，呈红褐色，晒干后颜色更深。子实体的颜色除与品种有关外，还与光照有关，因为子实体中色素的形成与转化会受到光的制约。黑木耳根据子实体表面的褶皱不同分为无筋（脆硬清淡，彩图32）、半筋（柔嫩清香，彩图33）、全筋（耳片黑厚，口感软糯，彩图34）品种。

【提示】

黑木耳品种选择应遵循以下原则：

（1）**适应市场需求的原则**　目前市场以片状木耳销售状况为好。

（2）**质量、产量、适应性、抗杂性相统一的原则**　一个品种不仅要产量高，还要具有优良的品质；有较强的适应性和良好的抗杂性，才能大面积推广，才能保证生产的成功率。

（3）**符合法规的原则**　品种选择上要注意选用通过国家认证的品种。

（4）**尊重实践的原则**　要注意选择通过多年生产实践表现良好的品种。

二、创造良好的生长条件，向生物学特性要效益

1. 营养条件

（1）碳源　主要来源于各种有机物，如木屑、棉籽壳、玉米芯、稻草、巨菌草等。木屑、玉米芯等大分子碳水化合物分解较慢，为促使接种后的菌丝体尽快恢复创伤，使其在菌丝生长初期也能充分吸收碳素，在拌料时可适当加入一些葡萄糖、蔗糖等容易吸收的碳源，作为菌丝生长初期的辅助碳源，既可促进菌丝的快速生长，又可诱导纤维素酶、半纤维素酶及木质素酶等胞外酶的产生。

【注意】

加入的辅助碳源的含量不宜太高，一般糖的含量以0.5%~2%为宜，含量太高可能导致质壁分离，引起细胞失水。

（2）氮源　可利用的氮源主要有豆粕、稻糠、麸皮等。碳和氮的比例一般为20∶1，比例失调或氮源不足会影响黑木耳菌丝体的生长。

【提示】

若碳氮比过大，菌丝生长缓慢，则难以高产；若碳氮比过小，容易导致菌丝徒长而不易出耳。

（3）无机盐　黑木耳生长还需要少量的钙、磷、铁、钾、镁等无机盐，虽然用量少，但不可缺少，其中磷、钾、钙最重要，直接影响黑木耳质量的好坏和产量的高低。

【提示】

在生产中常添加石膏1%~3%、过磷酸钙1%~5%、生石灰1%~2%、硫酸镁0.5%~1%、草木灰等辅助物质以补充无机盐。

2. 环境条件

（1）温度　黑木耳属中温型真菌，具有耐寒怕热的特性。菌丝在4~32℃之间均能生长，最适生长温度为22~26℃；子实体在15~32℃

之间能形成子实体，最适温度为20~25℃。一般春季和秋季温差大，气温在10~25℃之间，比较适于黑木耳生长。

【注意】

在一定温度范围内，温度越低，生长发育越慢，但生长健壮、活力强，子实体颜色深、肉厚、产量高、质量好；反之，温度越高，生长发育越快，菌丝细弱，子实体颜色浅、肉薄、产量低，并易产生流耳，感染杂菌。

（2）**水分** 黑木耳代料栽培培养基含水量要求为60%~65%；在子实体发育期，空气相对湿度要求为90%~95%；段木栽培中，木段含水量应在35%以上。

（3）**光照** 菌丝培养阶段要求黑暗环境，光照过强容易提前现耳；子实体阶段在400勒以上的光照条件下，耳片呈黑色、健壮、肥厚。

【提示】

在代料栽培中，菌丝在黑暗中培养成熟后，从划口开始就应该给予光照刺激，以促进耳基早形成。

（4）**空气** 黑木耳在生长发育过程中需要充足的氧气。如果二氧化碳积累过多，黑木耳不但生长发育受到抑制，而且易发生杂菌感染和子实体畸形，使栽培失败。

（5）**酸碱度** 黑木耳菌丝体生长适宜的pH为4~7，其中以pH为5.5~6.5时酶活性最强。

【注意】

在代料栽培中，培养基添加麸皮或米糠时，菌丝在生长发育中会产生足量有机酸使培养基酸化，这种酸化的环境非常适于霉菌生长，会导致菌袋污染率上升，需用石灰调节其pH。另外，也可从菌丝培养开始就进行抗碱性驯化，可提高菌丝对较高碱性培养基的适应能力，从而使霉菌受到抑制。

第三节　出耳前做足准备　向准备要效益

一、合理选择栽培季节

黑木耳是一种中温型菌类，适于在春、夏、秋季栽培。在我国大部分地区，1 年可生产 2~3 批。一般春季于 2~3 月生产栽培袋，4~5 月出耳；秋栽于 8~9 月生产栽培袋，10~11 月出耳。由于我国南北方温度差异较大，因此各地必须根据当地气温选择黑木耳的适宜栽培季节。

【注意】

不同的季节、基质、区域需要选用不同的品种，在生产上，引种后要先进行区域性和适应性生产试验，才能推广应用。

二、因地制宜选择栽培场地

可利用闲置的房屋、棚舍、山洞、窑洞、房屋夹道或塑料大棚，或在林荫地、甘蔗地挂袋出耳。要求周围环境清洁，光照充足，通风良好，保温保湿性能好，以满足黑木耳出耳期间对温度、湿度、空气和光照等环境条件的要求。

1. 大田

整畦做床，挖宽 1~1.5 米、深 20 厘米、长度不限的浅地畦，畦间留 0.6~0.8 米宽的走道，摆袋出耳（图 5-7）。

图 5-7　黑木耳大田栽培

2. 林地

在成片林地内出耳，其空气新鲜、光照充足、通风良好，接近野生黑木耳生长的自然条件产的黑木耳耳片厚，颜色深，品质好，不易受霉菌浸染（图 5-8）。

图 5-8 黑木耳林地栽培

图 5-9 黑木耳简易小拱棚栽培

3. 其他场地

黑木耳还可在简易小拱棚（图 5-9）、大拱棚（图 5-10）、简易耳棚（图 5-11）等场所栽培。

图 5-10 黑木耳大拱棚栽培

图 5-11 黑木耳简易耳棚栽培

【误区】

部分生产者对出耳环境杀菌不彻底或仅注重杀菌消毒而忽略杀虫等，导致部分杂菌或螨虫等留存棚内，从而对黑木耳生产产生较大危害。另外，环境相对湿度偏大或温度偏低等也是对出耳棚（室）处理不够彻底的表现，容易导致杂菌滋生或接菌后菌种不易成活等。

三、提高原材料质量

1. 主要原料

（1）木屑　木屑以柞树、曲柳、榆树、桦树、椴树等硬杂木的屑为好，以颗粒状木屑 80% 加细木屑 20% 为宜。

（2）**农副产品** 玉米芯、豆秸、巨菌草等也可替代木屑用于黑木耳的生产；玉米芯最好用当年的，添加量一般不高于培养料总量的 30%。

2. 辅助原料

（1）**麸皮、米糠** 这是黑木耳栽培中的主要氮源，是最主要的辅料。要求新鲜无霉变，麸皮以大片的为好。

（2）**豆粉、豆粕** 这也是黑木耳栽培中氮源的主要提供者，可代替部分麸皮和米糠使用，添加量一般为 2%~3%。

【注意】

豆粉、豆粕的粒度要尽量小，这样拌料时才能均匀一致。

（3）**石灰、石膏** 这是黑木耳栽培中钙离子的主要提供者，也是调节培养料酸碱度、维持酸碱平衡的调节剂，添加量一般为 1%。

【提示】

石灰的添加量要依据原料的不同而适当调整比例，如利用木糖醇渣、中药渣等原料栽培时，要加大石灰的使用量，使培养料的 pH 在适宜范围。

3. 菌种

生产上使用的黑木耳菌种应瓶口包扎严密，棉塞不松动，菌瓶或菌袋无裂隙；菌龄适宜，一般不超过 4 个月；菌丝洁白健壮，均匀一致，菌体紧贴瓶壁或袋壁，无缩菌现象，无灰白色、青绿色、黑色、橘黄色等杂色，无抑菌带或不规则斑痕；菌种整体性好，有弹性，无松散或发黏现象；菌块内有菌丝香味，无臭味或酸面包味。

黑木耳菌种鉴定应从以下几个方面入手：

1）看菌丝。正在生长或已长好的菌丝洁白，短、密、粗、齐，全瓶（袋）发菌均匀，上下一致。

2）看松紧度。菌种应该松紧适度，菌丝长满后不脱离袋（瓶）

壁，在常温下上部空间有少量水珠；木屑菌种呈块状，不松散。

3）看水分。长满菌丝的菌种重量适宜，底部没有积水现象。

4）看颜色。菌丝出现红色、黄色、绿色、黑色、青色等各种颜色，瓶（袋）壁出现不同的菌丝组成大小分割区，并有明显的拮抗线（图 5-12），或瓶（袋）内散发出酸、臭等异味，都是杂菌污染的表现，应立即淘汰。

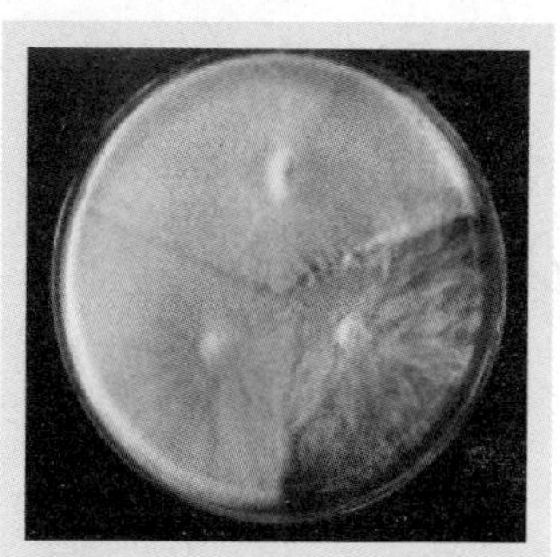
图 5-12　不同菌种的拮抗线

5）看封口。封口无破损，棉塞（套环）不松动、不脱落、不污染。

【提示】

部分农户为节约生产成本，将出耳棚中的子实体进行组织分离后生成菌种，直接用于生产，可能会导致菌种退化、生活力不强而影响出耳的质量或产量。还有的为图省事，将购买的菌种未试验或检验直接用来接种，若菌种质量不好则会显著影响出耳的质量或产量，甚至导致生产失败。

四、优化配方

1. 参考配方

1）硬杂木屑 86.5%，麸皮 10%，豆饼粉 2%，生石灰 0.5%，石膏 1%。

2）硬杂木屑 64%，玉米芯 20%，麸皮 12%，豆饼 2%，石膏 1%，生石灰 1%。

3）玉米芯 48.5%，硬杂木屑 38%，麸皮 10%，豆饼 2%，生石灰 0.5%，石膏 1%。

4）硬杂木屑 79%，玉米面 7%，豆粉 3%，石膏 1%，麸皮 10%。

5）棉籽壳45%，玉米芯39%，石膏1%，麸皮15%。

6）豆秸72%，玉米芯或硬杂木屑17%，麸皮10%，生石灰0.5%，石膏0.5%。

7）甘蔗渣61%，硬杂木屑20%，麸皮15%，黄豆粉3%，石膏0.5%，生石灰0.5%。

【提示】

生产黑木耳的木屑应过筛，筛除较大的木块，可有效防止破袋的情况发生。各地可根据本地的独特资源选择栽培原料生产黑木耳，像打造沙棘木耳、桑枝木耳、玫瑰木耳那样，打造当地的知名品牌；也可与当地独具特色的旅游资源有机结合起来，形成独特的食用菌休闲观光旅游产业。

2. 注意问题

1）配方中不要加入尿素和多菌灵，若加入往往会造成栽培失败，不仅不符合无公害栽培要求，也不利于黑木耳生长。

2）配方中麸皮含量不超过15%，不能加入蔗糖，否则菌袋易感染霉菌。

五、规范拌料过程

北方冬季生产，木屑、麸皮等原料可能会因结冰而造成含水量过高，可在培养料配制前单独放在室内过夜，待冰块融化后再混合配制。拌料可以人工拌料，也可机械拌料。

拌料前先将麸皮、石膏、石灰称好后放在一起，先干拌2遍，然后再放入木屑中搅拌2遍。将拌料水与木屑等原料混合翻拌2遍，要保证混拌均匀。最后2遍要注意调整混合料的水分，保证含水量为62%~63%，通过加生石灰调整pH在6.0~7.0之间。含水量的鉴定方法是“手握成团、触之即散”。水分过大，菌丝不易长到底，容易发生黑曲霉蔓延；水分过小，菌丝生长速度慢，菌丝细弱，产量较低。由于原材料购买地不同，各地的木屑含水量也不一样，所以拌料时要灵活掌握。一般拌料机械的容量越大，拌料越匀。

【误区】

①对吸水慢的原料未进行预湿，有些原材料如粗木屑、大粒的玉米芯等吸水较慢，若加水后直接装袋灭菌，则会造成这些原材料外缘较硬而刺破塑料袋，进而导致杂菌感染或灭菌不彻底。②对于生产规模较大或菌包加工量较多的生产者，为了节省成本和工序，将木屑、玉米芯等摊开后，直接将需要添加的辅料如麸皮、豆粉、石灰、石膏等一并铺在上层，这样堆叠数层后，不经过干拌直接浇水、堆制，致使掺料不均匀。接种后往往会出现菌丝吃料截线，或菌丝萌发后吃料不齐等现象，最终影响后期出耳的质量和产量。

六、提高菌袋制作质量

培养料拌匀后应及时装袋灭菌，不可堆放过夜，以免引起杂菌滋生增加灭菌难度，同时杂菌滋生可能会产生有毒有害物质影响黑木耳菌丝生长。栽培袋使用聚乙烯塑料袋，北方一般选用 17 厘米 ×（35~38）厘米的栽培袋，南方一般选用 25 厘米 × 55 厘米的栽培袋。

1. 装袋

要在光滑干净的水泥地面上进行装袋。贮放工具应是可以直接放入灭菌锅的灭菌筐。灭菌筐有塑料筐和铁筐（图 5-13），规格为长 44 厘米 × 宽 33 厘米 × 高 22 厘米，每筐放 12 袋。

图 5-13　塑料筐和铁筐

1）手工装袋。把塑料袋口张开，袋底平展，将培养料装进袋内。料装至 1/3 处，把代料提起，在地面小心振动几下，让料落实，将袋底四周压实，再装料至袋高的 2/3，然后双手捧住料袋，将料压紧，达到“四周紧、中间松”的程度。装袋要求上下松紧度一致，菌袋装料时以不变形、袋面无皱褶、光滑为标准，培养料要紧贴袋壁，不可留缝隙。装袋完后用小木棍在料中央自上而下打一个圆洞，圆洞长度为 3/5~4/5 培养料高度。打孔可增加透气性，有利于菌丝沿着洞穴向下蔓延，也便于固定菌种块，不至于因移动而影响成活；也可直接在袋内插入接种棒一起灭菌，接种时拔出。

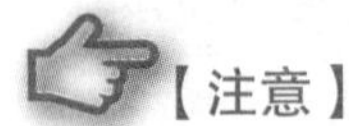
【注意】

装袋室的温度过低，塑料袋受冻易变脆折裂造成破损和漏气。装袋室温度不应低于 18℃。装袋前可将袋在其他温度高的地方预热一下，千万不要将袋放在室外气温低的仓库里，否则生产时移到室内在较短的时间内使用，袋脆易折裂，破损率高。

2）机械装袋。大规模生产装袋机与窝口机同时使用（图 5-14），不但速度快，还可提高装袋质量，用薄袋生产的菌袋可使用卧式防爆装袋机，菌袋装得紧实又不至于破裂。装袋时培养料上下松紧一致，料装得过少时剩余过长的塑料袋窝口时易曲折将培养料封死，接种后菌种接触不到培养料，造成菌种干涸而死，影响成品率。

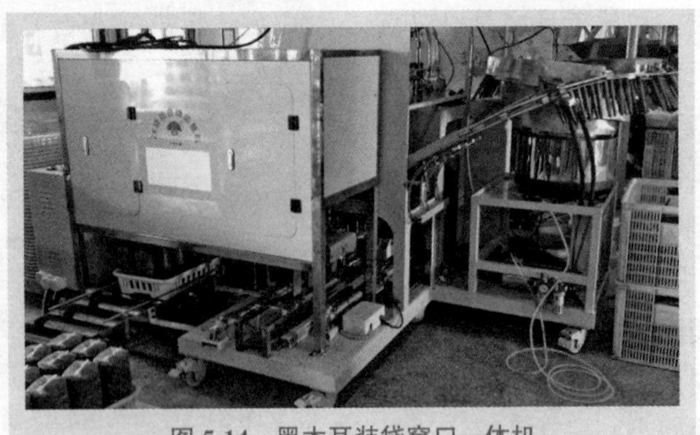

图 5-14　黑木耳装袋窝口一体机

【提示】

当天装的菌袋当天灭菌，培养料的配量与灭菌设备的装量相衔接，做到当日配料、当日装完、当日灭菌，不能放置过夜，以免滋生杂菌。如果当天不能灭菌，应放置在冷凉通风处。

2. 封口

黑木耳栽培袋的封口方式多种多样，可用套颈圈、棉塞、无棉盖体等封口。目前多用接种棒及海绵的封口方式，该方式接种速度快、接种量大，菌丝定植快，生长均匀，菌龄一致。

【提示】

接种棒有木质和塑料两种，塑料接种棒是空心的（图 5-15），灭菌时袋中心易升温，与木质棒相比能缩短灭菌时间；塑料接种棒灭菌时不吸潮，灭菌后菌袋干爽，能减少接种时的污染机会；塑料接种棒便于存放，还可配套无棉盖体使用。

图 5-15　塑料接种棒

图 5-16　带盖接种棒

将封好的菌袋装进搬运筐搬运，菌袋倒立摆放可避免灭菌过程中袋口存水。另外，也可用带盖的接种棒（图 5-16），这样就不用将菌袋倒立排放，以减少接种时的翻袋环节。

【提示】

使用有裂隙或微孔较多的菌包发菌时，容易遭受杂菌感染导致生产受损或失败等。菌包裂隙或微孔明显的原因有：①所使用的塑料袋质量不合格或质量太轻、壁太薄；②装袋时人工手摁或装袋机冲压力过大；③原料粉碎不彻底，颗粒较大，刺破袋壁；④转运过程中碰撞尖锐物体。

七、彻底灭菌

栽培袋可放入专用筐、车内（图 5-17），以免灭菌时栽培袋相互堆积，造成灭菌不彻底。要及时灭菌，不能放置过夜，灭菌可采用高压蒸汽灭菌或常压蒸汽灭菌。

1. 高压蒸汽灭菌

高压灭菌过程中应注意以下几点：

1）用前检查。高压锅在使用前应先检查压力表、排气阀、胶圈是否正常，将锅门封严，并将所有的螺丝对角拧紧，然后通气升温。

图 5-17 灭菌辅助设备

2）灭菌锅内冷空气必须排尽。若灭菌锅内留有冷空气，当灭菌锅密闭加热时可造成锅内压力与温度不一致，产生假性蒸汽压，即锅内温度低于蒸汽压表显示的相应温度，致使灭菌不能彻底。在开始加热灭菌时，先关闭排气阀，当压力升到 0.5 兆帕时，打开排气阀，排出冷空气，让压力降到 0 兆帕；直至大量蒸汽排出时，再关闭排气阀升压到 1.2 兆帕，保持 2.5 小时。

3）菌袋摆放。灭菌锅内栽培袋的摆放不要过于紧密，以保证蒸汽通畅，防止形成温度“死角”，达不到彻底灭菌效果。

4）灭菌结束应自然冷却。当压力降至 0.5 兆帕左右时，再打开排气阀放气，以免在减压过程中，袋内外骤然产生压力差，把塑料袋弄破。

5）防止棉塞打湿。灭菌时，棉塞上应盖上耐高温塑料，以免锅盖下面的冷凝水流到棉塞上。灭菌结束时，让锅内的余温烘烤一段时间再取出来。

2. 常压蒸汽灭菌

常压灭菌锅（图 5-18）的灭菌原则是“攻头、保尾、控中间”，即在 3~4 小时内使锅中下部温度上升至 100℃，维持 6~8 小时；停止供气，闷锅 1~2 小时，然后慢慢敞开塑料布，把灭菌后的栽培袋搬到冷却室内或接种室内，晾干料袋表面的水分，待袋内温度下降到 30℃时接种。

图 5-18 常压灭菌锅

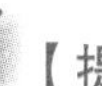

【提示】

拱形顶可使水沿锅壁下落，防止冷凝水直接下滴打湿棉塞，下设排气口便于充分排净冷空气。蒸汽发生装置设加水口，便于灭菌过程中水分的补充。补水时应添加热水，且一次添加量不宜过多，防止造成灭菌锅内蒸汽供应的骤减。

常压灭菌在 100℃下维持 6~8 小时，微生物会全部被杀死，灭菌时间延长虽然可提高灭菌成功率，但培养基中的维生素等营养成分被破坏，会降低生物转化率，变相提高了生产成本。常压灭菌达到时间后，不能长时间闷锅，因为大量水蒸气落到无棉盖体上，出锅时无棉盖体潮湿，易产生杂菌。

3. 彻底灭菌的检查方法

灭菌彻底的培养基有特殊的清香味，颜色变成深褐色。

八、合理冷却、无菌接种

1. 冷却

黑木耳菌丝耐低温、不耐高温，因此灭菌完毕后不能马上接种，必须在料温降到 30℃以下时方能接种，以免接种时烫伤烫死菌丝。为达到冷却效果、提高接种的安全性，可在接种室外面设一个专门的冷却间，要求其内通风、洁净，面积视每次灭菌量而定。可将菌袋从灭菌锅拿出后，在专门的冷却间中冷却，冷却至菌袋温度在 28℃左右时接种。

冷却间不应用化学药物熏蒸达到无菌效果，按照标准化绿色生产、无公害生产的要求，用药就有可能造成农药残留。冷却间可用紫外线灯、臭氧发生器灭菌。臭氧杀菌速度快，可以快速杀灭各种细菌、真菌。臭氧极不稳定，可自行分解成氧，不产生任何残留。也可以在消过毒的接种室或培养室里冷却。

【误区】

黑木耳菌种需要在待接栽培袋内冷却至 30℃以下时才可以进行接种。在冬季接种时，由于外界气温较低，部分农户采用以手触摸感觉袋壁不烫手了（不用温度计测量袋内料温）就直接进行接种，这也是非常危险的，容易出现烫死菌种的现象。

2. 接种

接种场所要求背风、干燥、内壁光滑、易于清理消毒、温度可调、保温性能好；内设普通接种操作台，台面高 80 厘米、宽 70~80

厘米，长度不限；外设缓冲间，供工作人员换衣、穿戴鞋帽及洗手等用。缓冲间和接种场所的门均要用推拉门，以减少气流流动；接种场所和缓冲间都要安装紫外线灯和照明灯，使用药物消毒或紫外线灯照射 30 分钟灭菌。

【提示】

操作空间环境的洁净对接种的成功至关重要，是接种顺利运转的基本条件和保障。环境维护包括室内环境维护和室外环境维护。室外环境维护包括绿化减尘和防风防雨、定期清扫、灭虫和消毒；室内环境维护包括建筑物内经常性的清扫、清洁、擦洗、消毒、除湿、污染物处理等。

无菌接种要求操作人员着装整洁，最好有专门用于接种的工作服，防止身上的灰尘对接种造成影响；接种时操作人员必须戴口罩和帽子，口、鼻的气息流动是造成污染的一个重要原因，戴口罩操作可有效减少污染。接种前要对接种环境进行空气降尘，可将清水或来苏儿装于塑料喷壶内，向空中喷雾降尘。

接种要严格按照无菌操作进行。接种量以全部封住栽培袋口的料面为度，接种完后把袋口盖紧，搬入培养室内进行养菌。

【误区】

在黑木耳生产过程中，部分农户为节约时间、提高接种效率，仅对待接菌种进行简单药液喷洒而不对菌种袋（瓶）进行全面消毒或“浸种”，即进行接种操作，容易导致袋外杂菌进入接种室，这是非常危险的。在接种环节未做到全流程进行无菌操作，即在接种过程中外出休息或用餐等回来之后未进行再次消毒处理便立刻进行直接操作等；菌种接种数量过少；对栽培袋封口密封不严或操作不当等，其结果是导致杂菌感染率增加或菌种死亡等。

九、加强菌袋培养管理

各地应根据当地自然气温，达到10℃左右开始出耳，往前推30~40天养菌结束。养菌方式可分为室内养菌（图5-19）、室外养菌、工厂养菌等。

1. 养菌环境要求

接种后的菌袋进入培养室以后不能再用消毒药物进行熏蒸，日常可用3%的苯酚或来苏儿溶液进行空气消毒。黑木耳菌包培养期间的温度调节要遵守“前高后低、宁低勿高”的原则。

图5-19 室内养菌

在室内多点放置温湿度计，并遮蔽光照使培养室处于黑暗条件下，以免光照刺激过早形成子实体。培养室湿度要保持在60%~70%之间，不得大于70%，否则容易产生杂菌，原则是“宁干勿湿”。

培养室的环境要干燥、通风良好、周围洁净。在进袋前，应在培养室墙壁上及内部床架上粉刷生石灰，并将地面清理干净。在进菌袋前还应进行一次彻底的消毒，一般关闭门窗熏蒸48小时，再通风空置48小时。如果培养室较潮，可用硫黄熏蒸。

【误区】

菌丝培养期间有的菇农3~5天就要喷1次药来消毒，这是不正确的。只要灭菌彻底、无菌接种、菌袋不破，一般是不会长杂菌的。反复用药只会杀伤菌丝，提高生产成本，也不符合无公害生产的要求。

2. 养菌具体措施

（1）前期防低温 养菌初期的5~7天要保持培养室内温度为

25~28℃，空气相对湿度在45%~60%之间，菌袋上面菌丝长满前通小风，促进菌丝定植吃料以占据绝对优势，使杂菌无法侵入。

（2）**中、后期防高温** 当菌丝长到栽培袋的1/3时，要控制室温不超过28℃（菌袋25℃以下），最低不低于18℃。最高温度、最低温度测量以上数第二层和最下层为准，上下温差大时，要用换气扇通风降温。

【提示】

在高温条件下培养的菌丝体不死也伤，严重时菌包没等划口出耳，菌丝就会收缩发软吐黄水，不仅划口处易生长绿霉，而且子实体也很难长出，这就是比较常见的“培养期菌包上热后遗症”。

（3）**适时通风** 为保证发育过程中的空气清新，每次可以小规模通风20分钟左右。

（4）**避光养菌** 在室内养菌40~50天后，当菌丝长到袋的4/5时，可以拿到室外准备出耳，防止提早出现耳基。同时创造低温条件（15~20℃），菌丝在低温和光照刺激下很易形成耳基。

【注意】

在灭菌、接种、养菌过程中应注意，不能拎栽培袋的颈圈，因为一拎颈圈封口会变形，这时外界未经消毒灭菌的空气就会进入袋内，这样栽培袋就会感染杂菌。正确的操作方法是用手托住菌袋，然后进行移动、接种或检查。

在养菌过程中，应及时挑出有杂菌污染的栽培袋，移到室外气温低、通风的地方放置，遮阴培养。春季养菌时，被发现的污染袋要放在房后的阴凉、通风、干燥、避光、清洁处隔离培养，黑木耳菌可以吃掉杂菌。袋内培养料已变臭或感染链孢霉的菌袋应深埋处理，防止造成交叉感染（彩图35）。夏季养菌时，被发现的污染袋要再次灭菌后接种，以减少损失。

在温度控制方面，应充分考虑培养室不同空间位置的温度差异，可安装换气扇，以调控整个培养室使其温度均匀。同时应考虑室温和培养料内部温度的差异，应以培养料内部温度作为控制参数。

十、学会分析发菌过程中的复杂问题

1. 接种后菌包易出现杂菌

（1）操作不规范污染　生产中表现为接种后培养 5~7 天时，在菌种周围的培养料表面出现绿霉、青霉、黄曲霉、毛霉等各种杂菌。主要原因有：①接菌箱、套、袖存在漏气；②箱内已受杂菌污染；③灭菌药物使用不当，如剂量不够、时间不足、次数偏少或药物失效；④菌袋未及时移入接菌室内；⑤接种人员外出后再次进入接种室内时未按规定消毒处理或非工作人员出入带菌；⑥出锅的培养料放置时间太长，未及时接种。

（2）灭菌不彻底　灭菌不彻底的表现有：①在 20℃以下养菌时，菌袋周围有各种杂菌出现，呈花脸状；②当培养温度在 28℃以上时，菌丝初期发育良好，但生长一段时间就不再生长，即使生长也非常缓慢，菌丝生长不整齐、细弱无力，菌丝开始出现退化现象；③由于细菌和酵母菌大量繁殖，造成袋内培养料出现酸臭味或酒糟味，同时细菌在高温时繁殖特别快，在繁殖过程中会释放出有害气体和排泄一些毒素，抑制黑木耳菌丝生长。

（3）空气污染　原因有：①窝口不正确，致使漏气；②装料太多，保留袋口部分小于 10 厘米；③棉塞潮湿或海绵体塑料盖透气量太大，棉塞松动漏气，造成菌袋感染杂菌。

（4）菌种污染　使用受污染的栽培种接种后，杂菌随黑木耳菌种一齐生长，杂菌的生活力、抗逆性、生长速度等方面强于黑木耳菌丝。

（5）螨虫感染　黑木耳菌包被螨虫感染的现象为：①在接菌培养时期，由于杀虫处理不彻底或培养室封闭不严，菌袋上架后螨虫在短时间内钻进料袋内，5~7 天即可发现培养室内成片相邻的菌包都被感染，特点是单一杂菌比较多，看上去疑似蒸汽灭菌不彻底所致，但是换掉一批菌袋后又被接连感染。②袋内长满菌丝后，螨虫进入袋内将菌丝体破坏吃掉，导致菌丝枯萎、衰退或死亡或感染杂菌。③菌丝吃料，生长边缘被感染，这种情况多与菌袋窝口不好有关，看上去菌丝生长非常旺盛，但接着上部菌丝开始衰退、消失，伴随吐红水现象，并开始感染霉菌，等菌丝吃料完成时，大部分菌袋也报废了；这种情况是螨虫在接菌 20 天左右进入袋内，然后开始繁殖并破坏菌丝体。④本来是正常的菌包，没出现异常高温，也没受过冻害，但划口后，在室内催芽时被螨虫破坏，划口处的菌丝开始衰退、死亡，并开始感染霉菌。

【提示】

螨虫对接种后的黑木耳菌包危害性非常大，严重时可导致黑木耳生产产生毁灭性损失。螨虫的虫体非常小，不易被发现，若虫只有在放大镜或显微镜下才能观察到（彩图 36）。即使是成虫也难以用肉眼捕捉到踪影，只有在成群体时才能被发现，严重时像粉末状成堆，需仔细观察才能发现其爬行。

2. 接种后菌丝生长异常、菌种不萌发或死亡

黑木耳菌袋接种后，在适宜的温度、湿度等条件下培养 5~7 天，菌丝生长异常、菌种不萌发或死亡。主要原因有：

（1）**培养料水分偏低** 由于菌包中培养料含水量在 60% 以下，料表面干燥，菌种吃料困难，不能正常萌发。

（2）**培养料变质** 拌料后没及时装袋或装袋后没及时入锅蒸料灭菌，导致培养料自身发酵或部分酸化，或者由于菌包中的细菌繁殖产生有害物质残留在培养料中，抑制菌丝生长。

（3）**培养料成分破坏转变** 由于蒸汽灭菌时间太长或高压灭菌压力太高，超过了正常的灭菌时间，导致培养料成分被破坏后转变成其他有害物质，致使菌种不能萌发或死亡。

（4）**接种时培养料温度过高** 接种时培养料温度超过菌丝萌发的适宜温度，菌种因高温而死亡。

（5）**接种环节操作不当** 接种时因接种工具在火焰消毒后没冷却好，即温度太高就投入使用，出现高温烫死菌种现象。接种箱内空间狭小，因酒精灯长时间点燃，致使接种箱内出现高温而导致菌种死亡。

（6）**菌种质量差** 菌种在培养时超过培养温度；菌种制作时培养料含水量不足，菌丝长满后没充分困菌；菌种在低温贮藏时，没更新培养复壮就开始接菌（在20~25℃之间缓冲3~5天为宜）；菌种因受冻害失去生活力，接菌后出现死亡。

（7）**其他原因** 接种后培养温度太低（长期低于18℃）；栽培种因过长时间的培养使培养料面干燥，导致菌种失水而死亡；所用器皿杀菌消毒后没刷洗干净出现药害，或培养料有化学药物残留致使菌种因产生药害而生长不良或出现死亡。

3. 发菌过程中出现截料现象

截料现象是指在培养过程中，菌丝长至培养基中部或中下部，而不再向下生长，其原因和防控方法如下：

（1）**培养料灭菌不彻底** 如果病原特别是细菌，没有彻底杀灭，那么在接入菌种后，虽然初期不会影响黑木耳菌丝的正常萌发、吃料，但随着时间的延长，未被杀死的杂菌会开始大量繁殖，当黑木耳菌丝和大量繁殖的杂菌相遇时，菌丝就会停止生长，并在相遇的地方形成一道拮抗线。此时打破菌袋，未生长黑木耳菌丝的培养料会有一种酸臭的味道。

（2）**菌丝培养温度过高** 在黑木耳菌丝生长期间，若环境温度过高，会造成菌丝生长缓慢，直至停止生长，在菌丝停止生长的地方会有一道黄印，打破菌袋，未生长菌丝的培养料味道正常。此时如果降低培养温度，经过1~2天，菌丝可重新恢复生长。

（3）**通风不良** 黑木耳是好氧型真菌，因此在养菌的过程中，需要有充足的氧气供应。如果培养期间菌袋摆放过密，当菌丝生长的生物量增多、通风不及时，就会造成氧气供应不足，菌丝生长缓慢，直至停止。此时加强通风、调整培养密度，菌丝可重新恢复生长。

（4）**培养基含水量过高**　培养基含水量应在65%~70%之间，当含水量偏大时，菌袋底部的水分含量会更高。当菌丝长到水分偏多的培养料部位时，生长就会缓慢，菌丝也会偏弱。

第四节　科学进行出耳管理　向管理要效益

一、搭设好耳床或耳棚

耳床的制作可根据地势和降雨量做成地上床或地下床，以地面平床（图5-20）形式较好。做好耳床后，床面要慢慢地浇重水1次，使床面吃足、吃透水分，再用甲基托布津500倍液喷洒消毒，同时将准备盖袋用的草帘子也用甲基托布津药液浸泡，然后拎出控干水分。在移入栽培袋前，也要对耳棚的地面（地面铺层煤渣和石灰最好）和草帘子等进行消毒。

图5-20　地面平床

【提示】

可在畦面铺带孔的地膜（图5-21）或铺草（图5-22），以免浇水、下雨、揭帘时耳片溅上泥沙。在林地做耳床时，要对树林周围、地面进行杂草清除、杀虫、消毒处理，以免划口后害虫滋生，严重时可造成绝产。

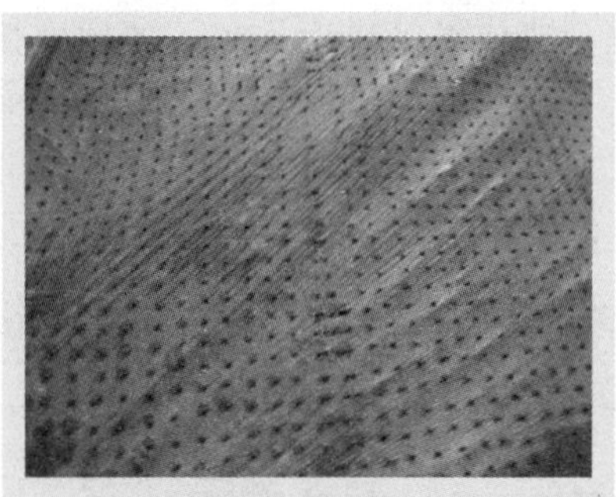
图 5-21　带孔地膜

图 5-22　铺草

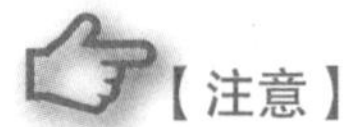
【注意】

在黑木耳的地栽模式中，为了防止地面杂草生长，一般会在覆盖地膜之前提前除草，地面全部覆盖地膜后黑木耳菌袋才能进场排袋。排袋后，靠地膜即可有效阻止杂草生长，无须喷洒除草剂。

二、催芽管理

1. 菌袋划口

（1）划“V”形口　划“V”形口的菌袋一般出菊花型木耳。用事先消毒好的刀片或模具在栽培袋上划“V”形口，“V”形口角度是45~60度，角的斜线长2~2.5厘米（图5-23）。斜线过长，培养基裸露面积大，外界水分也易渗入袋内，给杂菌感染提供机会；斜线过短则易造成穴口小、子实体生长受到抑制，使产量降低。划口深浅是出耳早晚、耳根大小的关键。划口刺破培养料的深度一

图 5-23　划“V”形口

般为0.5~0.8厘米，有利于菌丝扭结形成原基。划口过浅，子实体长的朵小，袋内菌丝营养输送效率低，子实体生长缓慢，而且耳根浅，子实体容易过早脱落；划口过深，子实体形成较晚，耳根过粗，延长原基形成时间。

规格为17厘米 ×33厘米的菌袋可以划口2~3层，每个袋划8~12个口，分3排，每排4个，呈品字形排列。

【注意】

划口时，应注意以下几个部位不要划口：①没有木耳菌丝的部位不划；②代料分离严重处不划；③菌丝细弱处不划；④原基过多处不划。

（2）划“一”字形口 划“一”字形口的菌袋一般出单片黑木耳。用灭过菌的刀片在袋的四周均匀地割6~8条“一”字形口（图5-24），以满足黑木耳对氧和水分的要求，有效地促进耳芽形成。“一”字形口宽0.2厘米、长5厘米，出耳口宜窄不宜宽。在湿度适宜的情况下，过宽的出耳口容易发生原基分化过多，造成出耳密度大，耳片分化慢且大小不整齐，整朵采收影响产量和质量，如“采大留小”容易引起污染和烂耳。开口窄一些，不仅能保住料面湿度，而且可在口间形成1行小耳，出耳密度适宜，耳片分化快。当耳片逐步展开向外延伸时，正好把“一”字形口的两侧塑料边压住，喷水时代料之间不会积水，可防止出耳期间的污染和烂耳发生，增加出耳次数，提高黑木耳的产量和质量。

图5-24 划“一”字形口

【注意】

划“一”字形口，要选用原材料优质、袋薄且拉力强的聚乙烯菌袋，这样菌袋与菌丝亲和力好，代料不易分离，可减少由于代料分离引起的乱现蕾、杂菌污染现象，降低病害发生率，提高产量。菌袋拉力强，培养料才能装得紧，菌袋才不易破损。

（3）割口　可采用专用的木耳菌袋小口打眼器进行打眼，打眼器规格一般为（18~19）个 ×（11~12）个，一般每个 16 厘米 ×35 厘米的菌袋可打 198 个眼左右，打眼深度以 0.7 厘米为宜。打眼器也有手动（图 5-25）和自动之分。小孔打眼应利用 65 号锰钢制成的“一”字或“三角”形刀头，刀片厚度越薄越好，刀头长度以 1 厘米为宜。

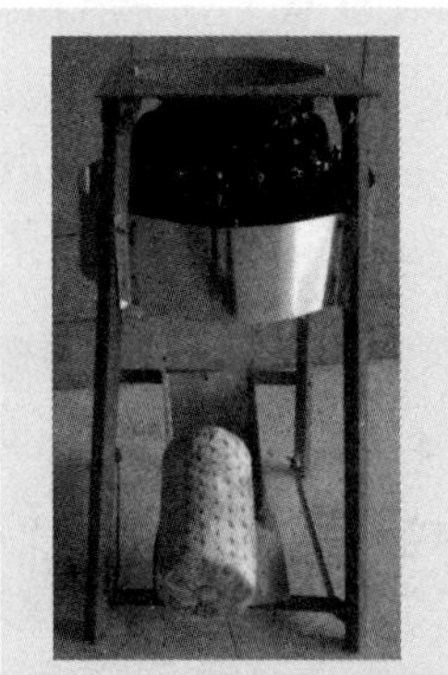

图 5-25　手动打眼器

【误区】

目前较多的小孔打眼器，刀头用普通铁筋制成，该材质的刀头割口后易脱袋和产生杂菌。另外，圆形刀头虽然形成单片率很高，但采完一茬木耳后，再出耳污染率高、产量较低。无论哪种刀头小孔打眼出耳，育耳期间如果外界空气相对湿度低于 85% 时，原基形成再齐，也只能在内部生长逐渐增大耳基，强行顶起割口处袋膜，原基难以长出袋外。在这种条件下，即使原基能长出袋外，但形成单片率较低，失去了小孔打眼出单片黑木耳的意义，这也是目前各地黑木耳种植户普遍存在的问题。

2. 催芽方式

（1）室外集中催芽　在气候干燥、气温低、风沙大的春季栽培黑木耳时，为使原基迅速形成，应采取室外集中催耳的方法，待耳芽形成之后再分床进行出耳管理。

做床前，应将周围污染源清理干净或远离污染源，要求床面平整，床的长、宽因地制宜，清除杂草。一般床面宽为1.2~1.5米，长度不限，床高15~20厘米，作业道宽50厘米左右。摆袋之前浇透水，然后在床面撒石灰或喷甲基托布津500倍液。催芽时，床面上可以暂时不用铺塑料薄膜，直接将菌袋置于菌床上面，利用地面的潮度促进耳芽的形成。

划口后，把菌袋集中摆放在菌床上，间隔2~3厘米，摆放一床空一床，以便催芽环节完成后分床摆放。盖上草帘，如果气温低可先覆盖一层塑料薄膜，上面再盖草帘。依靠地面、草帘的湿度保持环境湿度；依靠草帘和塑料薄膜保温，保证划口处菌丝不易干枯，尽快愈合扭结形成原基。

（2）室外直接摆袋催芽 将长满菌丝且经过后熟的菌袋运到出耳场，划口后将菌袋均匀地摆放到菌床上，菌袋间隔10~12厘米。摆好后，菌床上盖草帘或遮阳网直接进行催耳。如果春季气温低、风大，可在菌床四周用塑料薄膜围住，再给整个菌床盖上草帘遮光（图5-26）。床内温度控制在25℃以下，湿度控制在70%~85%之间，2天后开始喷水，一般在早晚温度低时喷水，即上午5:00~9:00，下午5:00~7:00，每天喷水5~10分钟。雨天不喷水、中午高温时不喷水、阴天少喷水。经过15~25天就有耳基形成。耳基形成后，应将草帘和塑料薄膜撤掉，进行全光管理。

图5-26　春季室外直接摆袋催芽

【注意】

催芽期间应密切注意菌床的温湿度变化，如果发现温度超过25℃，应及时撤掉塑料薄膜，掀开草帘通风降温；如果天气炎热，床内温度降不下来，即使菌袋没有出耳，也必须将草帘和塑料薄膜撤掉，进行全光管理。

（3）**室内集中催芽** 室内集中催芽易于调节温湿度，保持较为稳定的催芽环境，菌丝愈合快、出芽齐，比较适合春季温度低、风大干燥的地区。室内集中催芽要求室内污染菌袋少，杂菌含量少，并且光照、通风条件好。催芽时，将划完口的菌袋松散地摆放在培养架上，划口后的菌袋中的菌丝体吸收大量氧气，新陈代谢快，菌丝生长旺盛，袋温升高。为了避免高温烧菌，排放菌袋时袋与袋之间应留2~3厘米的距离，以利于通风换气。如果室内温度过低，菌袋划口后先卧式堆码在地面上，一般堆3~4层，提高温度有利于划口处断裂菌丝的恢复，培养4~5天待菌丝封口后采取立式分散摆放，间距为2~3厘米，如果菌袋数量过多也可双层立式摆放。

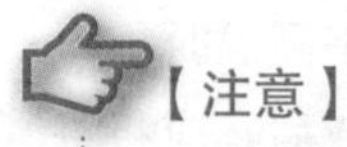【注意】

菌袋运出前，室内停止用水并打开门窗通风2~3天，使耳芽干缩与菌袋形成一个坚实的整体，再运往出耳场地进行出耳管理。

三、及时分床

分床是将原来催芽时的1床菌袋分成2床菌袋进行出耳管理。一般根据气温变化和菌袋耳芽形成情况决定分床摆放的时间。待耳芽出齐并长至2~3厘米后分床，分床时菌袋间距以5~10厘米为宜，小孔木耳栽培一般每亩可摆放菌袋10000袋以上。

分床时间拖后容易导致木耳未出完就面临高温，感染杂菌机会增多，而且高温下生长的木耳薄而黄，品质不好。但分床也不可以过早，太早室外气温低，耳芽生长缓慢，生长时间延长，同样会增加感染杂菌的机会。

【提示】

要根据出芽情况选择分床时间，当催芽结束、划口处耳芽已经隆起将划口处封住时，要及时分床（图 5-27），进入出耳管理阶段。分床不宜过早，过早木耳易长成丛状；若分床过晚，因催芽时菌袋摆放较密，会导致相邻袋之间的耳芽相互粘连，菌袋分开时会使一部分耳芽被粘到另一个菌袋的耳芽上，这不仅会使丢失耳芽的菌袋出现缺芽孔，还会使粘连的耳芽随着浇水烂掉而给粘连耳芽的菌袋也带来病害，所以观察耳芽隆起接近 1 厘米时就要及时分床进行出耳管理。

图 5-27　分床

四、选择合适的出耳方式

1. 吊袋栽培

黑木耳吊袋大棚承重大，地面必须平整，立柱下设预埋件或网格拉筋，做好斜拉，大棚必须做到坚固不倾斜。大棚两侧设地锚，用于压实棚膜和遮阳网。棚顶上部设置喷雾水带用于降温，大棚周围排水必须良好，微喷上水管安装在内弓或横梁上，每条通道安装一根，每隔 1.3 米设置 1 个微喷头。大棚先扣塑料大棚膜再扣遮阳网，为方便塑料大棚膜和遮阳网卷放应安装卷膜器。春季吊袋棚须于上一年秋季建棚，扣棚前要准备好大棚膜、遮阳网、压膜绳等物品。

将划口的菌袋用吊袋绳（图 5-28）悬挂在出耳场地。挂袋时一定要控制挂袋密度，切忌超量；要顺风向、有行列、分层次，一条绳上可吊 10 袋左右，袋与袋之间互相错开，上、下、前、后、左、右距离为 10~15 厘米，每串间距为 20 厘米，每行间距为 40 厘米，以便使每个菌袋都能得到充足的光照、水分和空气。此法的优点是省地（10000 袋占地 140 米^2）、易管理（1 人能管理 8 万 ~10 万袋，采收需雇人工）、烂耳少、病虫害轻、黑木耳杂质少。

图 5-28　黑木耳吊袋栽培

【提示】

如果选择大棚吊袋栽培，划口后的栽培袋就可吊袋，在棚内催芽。传统地栽 1 亩能摆放 1 万袋，吊袋栽培 1 亩可栽培 6 万袋。其所需的土地、人工、草帘子等费用，“吊袋耳”每亩可节省费用 8000~10000 元。

吊袋方式主要有“单钩双线”和“三线脚扣”两种。“单钩双线”是将 2 根细尼龙绳拴在吊梁上，另一头系死扣，挂袋时先将 1 个菌袋放在两股绳之间，袋的上面放 1 个用细铁丝做的钩，钩的形状如手指锁喉状，长 4 厘米，用钩将绳向里拉，束紧菌袋，上面再放菌袋，菌袋上面再放钩子，依此进行，每串挂 6~8 袋。“三线脚扣”是用三股尼龙绳拴在吊梁上，另一头也系死扣，挂袋前先放置4~7个等边三角形塑料脚扣，其作用也是束紧尼龙绳固定菌袋，挂袋时，先将1个菌袋放在三股绳之间，袋的上面放下一个脚扣，再放1个或2个菌袋后放下脚扣，依此进行，每串7~8袋。

2. 大田仿野生畦栽

这种出耳方式模拟自然条件下木耳的生长，可充分利用地面的潮气，能够很好地协调湿度、通气和光照的关系，增加袋栽木耳的成功率，产量高。此法不用搭建耳棚，可在房前屋后的空地上制作耳床，地面摆袋出耳（图5-29）。这种方法的缺点是占地面积大（地栽每平方米可摆袋25袋左右）、空间利用率低、费工，1人管理难以超过5万袋；湿度大时易出现烂耳现象；杂质较多，晾干前通常需要清洗去除杂质；在连续阴雨天时管理较烦琐。

图5-29　黑木耳大田仿野生畦栽

【注意】

菌袋摆放的行与列原则上按照“品”字形摆放，袋与袋间距10厘米左右，摆放时最好用一个与袋底同样大小的木槌先在地面砸一下，这样摆上去的菌袋比较平稳。

3. 串袋栽培㊀

这种出耳方式是在钢筋或旋转支架上串3~4个黑木耳菌棒（图5-30和图5-31），可小拱棚串袋栽培（图5-32）或大田栽培，可比大田仿野生畦栽节省微喷总管、喷头、水泵、水电费、人工费60%以上，每亩可栽培3万~4万袋。可直接开口、催芽、管理，不需集中催耳、分床等繁杂过程。2.4米宽的菌床插8行，每插完4行后，中心处留40厘米的管理道（采收黑木耳），钢筋或旋转支架横竖间距均为25厘米。

图5-30 黑木耳串袋栽培

图5-31 黑木耳串袋出耳

图5-32 黑木耳小拱棚串袋栽培

【提示】

钢筋规格为（0.4~0.6）厘米×(80~100）厘米的圆冷拔钢筋。大田栽培也可是斜枕栽培（图5-33）、架式栽培（图5-34）等方式。

㊀ 串袋栽培图片由黑龙江林口县聂林富提供。

图 5-33　黑木耳斜枕栽培

五、架设喷水设施，节约人工成本

由于黑木耳地栽占地面积大，因此应采用合适的喷水设备，不但便于操作，降低劳动强度，而且浇水均一，潮度适宜。黑木耳栽培用水最好是新鲜的地下水或井水，也可用洁净、无污染的河水、自来水。喷水设施可以采用微喷管或喷头喷灌，二者需加 1 个加压泵，或者直接用潜水泵抽水浇灌。

图 5-34　黑木耳架式栽培

为减少水温、棚温的差异，可在棚内或棚外（图 5-35）挖 1 个蓄水池，作为喷水水源。当气温连续高于 28℃以上时，就必须在水池上方搭建拱架并盖上厚草帘，防止阳光直射使池内水温增高，造成大量微生物繁殖。一定要做到当天存入的水，当天用完。如果遇到高温天气，加之微生物繁殖较多，再使用温度较高的水，就会人为地使栽培床内形成高温、高湿的条件，连续喷水 5~6 天后，黑木耳腹面很快弹射大量孢子并停止生长，即可出现大面积流耳、烂耳及霉菌污染。

温度连续高于28℃以上时，必须从早晨5:00至傍晚温度降至26℃期间停止喷水，并拿掉所有遮阳物使耳片快速晒干，待晚上9:30以后再开始浇水（必须达到水越凉越好，禁止晒水喷浇，第一次浇水20分钟，然后停水30分钟，之后开始浇1~1.5小时的大水，下半夜可浇水2.5~5小时）。气温连续低于15℃以下时，就必须晒水增温，人为地使栽培床内形成提温、保湿的环境，达到原基快速形成的最佳条件，为后期高产和质量打下坚实的基础。

图5-35 棚外蓄水池

1. 微喷管

塑料管上面用激光打有密孔。当水流到管内，达到一定压力时，水就会从激光打孔处呈雾状喷出，输水管长度可随出耳菌床的长短而定，雾状水宽度覆盖最大可达2米，每个菌床可用1根输水管（图5-36）。如果采用定时器来自动控制水泵开关，使用效果较好：一方面可以免去夜间人工开关水泵，减少工作量；另一方面夜间喷水，木耳生长快且不易感染杂菌。

图5-36 每床1根输水管

2. 旋转式喷头

需在各菌床间铺设塑料输水管道，在距地面30~50厘米高度安装喷头或靠耳床一侧架设喷水管和旋转喷头，保证每个喷头可覆盖半径

6~8 米的范围，水在一定压力下经喷头呈扇形喷出。这种喷水方法水滴大，子实体吸水快，节水效果好。

六、精细管理，提高耳片数量和质量

当原基逐渐长大，耳芽（图 5-37）生长并逐步展开分化形成子实体时，就进入了出耳管理阶段。

1. 出耳环境的控制

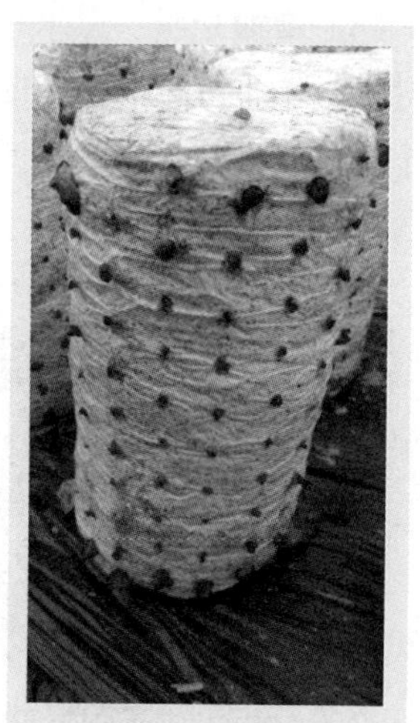
图 5-37 耳芽

（1）保持湿度 出耳期间，应以增湿为主，协调温、气、光诸因素，尤其在子实体分化期需水量较多，更应注意。菌袋划口后，喷大水 1 次，使菌袋淋湿、地面湿透、空气相对湿度保持在 90% 左右，以促进原基的形成和分化。整个出耳阶段，空气相对湿度都要保持在 80% 以上，如果湿度不足，则干缩部位的菌丝易老化衰退。尤其是在出耳芽之后，耳芽裸露在空气中，这时空气相对湿度若低于 90%，则耳芽易失水僵化，影响耳片分化。

【提示】

为保持湿度，可在地面铺上大粒沙子，每天早、中、晚用喷雾器或喷壶直接往地面、墙壁和菌袋表面喷水，以增加空气湿度。向菌袋表面喷水时，应喷雾状水，以使耳片湿润不收边为准；应尽量减少向耳片上直接喷水，以免造成烂耳。

（2）控制温度 出耳阶段的温度以 22~24℃为宜，最低不低于 15℃，最高不超过 27℃。温度过低或过高都影响耳片的生长，降低产量和质量。尤其在高温、高湿和通气条件不好时，极容易引起霉菌污染和烂耳。

【提示】

遇到高温时，管理的关键是尽快把高温降下来，可采取加强通风，早晚多喷水和用井水喷四周墙壁、空间和地面等办法进行降温。

（3）**增加光照** 黑木耳在出耳阶段需要有足够的散射光和一定的直射光。增加光照强度和延长光照时间（图 5-38），能加强耳片的蒸腾作用，促进其新陈代谢活动，使耳片变得肥厚、色泽黑、品质好。

图 5-38 黑木耳出耳光照管理

【小窍门】

袋栽黑木耳，在出耳期间，要经常倒换和转动菌袋的位置，使各个菌袋都能均匀地得到光照，提高木耳的质量。

2. 出耳阶段的管理

（1）**耳基形成期** 指在划口处出现子实体原基，逐渐长大直到原基封住划口线，“V”形口两边即将连在一起的这段时期。这段时期一般为 7~10 天，要求温度为 10~25℃，空气相对湿度在 80% 左右，可通过向草帘上喷雾状水（耳棚向空间喷雾状水）来调节湿度。

【注意】

绝不能向栽培袋上浇水，以免水流入划口处造成感染。这段时期还要适时通风，早晚给予一定的散射光照，促进耳基的形成，增加木耳干重。

（2）子实体分化期 经5~7天原基形成珊瑚状并长至桃核大时，上面开始伸展出小耳片，这个阶段要求空气相对湿度控制在80%~90%之间，保持木耳原基表面不干燥即可（偶尔表面干燥也无妨，这可以给子实体分化生长积聚营养）。这段时期的温度控制在10~25℃之间，还要创造冷冷热热的温差（利用白天和夜间的温差）。及时流通空气，有利于子实体分化。

（3）子实体生长期 待耳片展开到1厘米左右时，便进入子实体生长期（图5-39）。这段时期要加大湿度（空气相对湿度为90%~100%）和加强通风。浇水时可用喷水带直接向黑木耳喷水，让耳片充分展开。过几天要停止浇水，让空气湿度下降，促进耳片干燥，使菌丝向袋内培养料深处生长，吸收和积累更多的养分。然后再恢复浇水，加大湿度，使耳片展开。这个阶段的水分管理十分重要，要做到“干干湿湿、干湿交替、干就干透、湿就湿透、干湿分明”。

图5-39 黑木耳子实体生长期

【提高效益途径】

在整个黑木耳生长期中，不要用营养类、激素类及药物等产品喷施黑木耳，最好单一使用1万~1.2万高斯的强力高效磁化器磁化水喷施木耳，使黑木耳达到无公害或绿色产品标准。

干料 3~4 天，干得比较透。干的目的是让胶质状的子实体停止生长，让耗费了一定营养的菌丝休养生息、复壮，再继续供应子实体生长所需的营养（这也是胶质状耳类和肉质状菇类的不同所在）。干是为了更好地长，但它的表现形式是“停”，干要和子实体生长的“停”相统一；湿，要把水浇足、细水勤浇，浇 3~4 天，其目的就是促进子实体生长，只有这样的湿度才能使子实体长出、长好，最好利用阴雨天，3 天就可成耳。这样可以“干长菌丝，湿长木耳”，增强菌丝向耳片供应营养的后劲。

【注意】

干燥和浇水时间不是绝对的，应“看耳管理”，要根据天气等实际情况灵活掌握。加强通风可以在夜间全部打开草帘子，让木耳充分呼吸新鲜空气。如果白天气温高于 25℃，要采取遮阴的办法降温（图 5-40），避免高温高湿条件下出现流耳或受到霉菌污染。有些耳农栽培的黑木耳产量低、长杂菌，原因多是“干没干透，湿没湿透”，致使菌丝复壮困难，子实体也没得到休息，一直处于“疲劳”状态，活力下降，抗杂菌能力弱。

图 5-40　黑木耳子实体生长期降温

子实体生长期为10~20天。子实体生长阶段要有足够的散射光或一定的直射光。可以在傍晚适当晚一些遮盖草帘，或早晨时早一些打开草帘来满足黑木耳对光照的要求，促进耳片肥厚，色泽黑亮，提高品质。

【提示】

黑木耳子实体富含胶质，有较强的吸水能力，如果在子实体阶段一直保持适合子实体生长的湿度，会因“营养不良”而生长缓慢，影响产量和质量。如果采取干湿交替，耳片在干时收缩停止生长后，菌丝在基质内聚积营养，恢复湿度后，耳片可长得既快又壮，产量也高。

（4）成熟期 当耳片展开，边缘由硬变软，耳根收缩，出现白色粉状物（孢子）时，说明耳片已成熟（图5-41）。在耳片即将成熟的阶段，要严防过湿，并加强通风，防止霉菌或细菌侵染造成流耳。

七、及时采收和晾晒

黑木耳从分床到完全成熟采收，需30~40天的时间。黑木耳达到生理成熟后，耳片不再生长，此时要及时采收。如果采收过晚，耳片就会散放孢子，损失一部分营养物质，导致生产的耳片薄、色泽差，还会使重量减轻；如果遇到连续阴雨天还会发生流耳现象，造成丰产不丰收。

图5-41 黑木耳耳片成熟

1. 采收标准

黑木耳初生耳芽成杯状，以后逐渐展开。正在生长中的子实体呈褐色，耳片内卷，富有弹性。当随着耳片生长向外延伸，逐渐舒展，根收缩，耳片色泽转浅，肉质肥软时，说明耳片接近成熟或已成熟，应及时采收。最好是耳片长至八九成熟，还未释放孢子时采收，此时耳片肉厚、色泽好、产量也高。

【提示】

如果耳片充分展开，有的腹面甚至已经产生白色孢子粉时，则晾晒后的木耳形态不如碗状木耳商品性好，而且过度成熟会使重量减轻。

2. 采收方法

采耳前1~2天应停水，并加强通风，让阳光直接照射栽培袋和木耳，待木耳朵片收缩发干时采收。采收应在晴天的上午进行，下午禁止采收。采收时在地上放一个容器，用裁纸刀片沿袋壁耳基削平，整朵割下，不留耳根，否则易发生霉烂，影响下一次出耳。也可一手轻轻按住菌袋，一手扭转子实体将耳一次性采下，然后用利刀将带培养料的耳根去掉。

【注意】

在采收时要注意，务必使鲜耳洁净卫生，不带杂质。如果鲜耳上粘有泥沙或草叶等杂物，可在清水中漂洗干净，再进行干制。但“过水”耳不仅不易干制，而且有损质量，因此除极其泥污的鲜耳之外，一般尽量不用水清洗。

3. 采收原则

分批采收、采大留小，将成熟的耳片采下，而稍小的黑木耳待其长大时再进行采收。分批采收可使木耳大小均一、质量好，并且节省晾晒空间。

4. 晾晒

（1）晾晒架 晾晒设施由木质架子搭成，铺上纱网，把采收下来的湿木耳放在上面晾晒。架高80~100厘米、宽1.5~2米，架子上方用竹条围成拱形棚，床架一侧放置好塑料布或苫布。因纱网通风好，晴天晾晒快；阴天时，由于纱网与木耳接触面积十分小，不会粘连在纱网上；遇上连续雨天，可将床架上的塑料布或苫布盖上遮雨，里面照样通风、透气。这种方法既适合晴天又适合阴雨天，优点是成本低，通风好、晾晒时间短，而且晾晒出的木耳形态美观、质量好、售价高。晾晒床架搭制的尺寸可以随着地形自由选择。塑料布用塑料绳或铁丝固定于床架上，每隔 1~2 米最好用绳暂时捆住，以防大风将塑料布掀开。生产中也可因地制宜地搭建晾晒架。

（2）**晾晒** 晾晒会影响到黑木耳产品的外观形态，因此一般将采下的每朵木耳顺耳片形态撕成单片，置于架式晾晒纱网上，靠日光自然晾晒，在晒床上堆放稍密，干至成型前不要翻动，以免耳片破碎或卷朵，影响感官质量。黑木耳品质不同，晾晒时间也不同，一般为2~4天，如果木耳片厚则晾晒时间长；如果木耳片薄，则晾晒时间短一些。

【提示】

晾干的木耳要及时装袋并于低温干燥处保存。干制的木耳角质硬脆，容易吸湿回潮，应当妥善贮藏，防止变质或被害虫蛀食造成损失。一般将其装入内衬塑料袋的编织袋内，存放在干燥、通风、洁净的库房里。

八、重视采后管理

在正常情况下，黑木耳可采 3 批耳，分别占总产量的 70%、20% 和 10% 左右。转茬耳的管理要点：一是采收后的耳床要清理干净，进行一次全面消毒，并清理耳根和表层老化菌丝，促使新菌丝再生；二是将菌袋晾晒 1~2 天，使菌袋和耳穴干燥，防止感染杂菌；三是盖好草帘，停水 5~7 天，使菌丝休养生息，恢复生长。待耳芽长出后，再按一茬耳的方法进行管理。

【提示】

铁丝架吊袋出耳时，菌袋水平夹角应大于 60 度（图 5-42），否则袋面朝下的一侧出耳孔易进水，引起青霉污染（图 5-43）。

由于大部分感染菌袋都是在菌袋的西面或西南面，也称“夕阳病”，主要是出耳时遇到高温（30℃以上）和强降雨，容易产生温差刺激；再者就是在下午5∶00~6∶00气温还特别高、袋温还没降下来时就去喷水，也容易产生“夕阳病”。

图5-42　黑木耳吊袋栽培

图5-43　黑木耳吊袋栽培的水平夹角过小

【提高效益途径】

牡丹江地区在黑木耳菌袋采完3~4潮耳后，将菌袋的顶端用刀片开“+”或“井”形口，然后进行正常的水分管理，可实现每袋额外多收10~15克干耳。

九、防止出耳异常现象的发生

1. 黑木耳菌袋划口后原基（耳芽）形成困难、生长缓慢或出芽不整齐

（1）菌龄不足　菌龄不足导致出耳生产期拖后，菌丝体长期在25~28℃条件下培养，长满袋没经过低温困菌，就划口摆袋催耳，此时菌丝刚刚育成，很多营养还未被分解转化，菌丝体得不到充分发育，因此菌丝表现细弱无力。

（2）水分不适　培养料水分偏小，含水量不足，导致部分营养物质得不到充分分解和贮藏，使菌丝因缺水而发育不良。

（3）菌包内长期缺氧　养菌时因菌包透气不良或培养室内长期

缺氧，造成菌丝细弱无力，生活力下降。

（4）划口后操作不当　划口后，菌包没及时疏散开，自身产生热量不能及时散发出去，菌丝体发育时遇高温，致使菌丝受损或长期处在28℃以上条件下，超过了子实体生长的适宜温度，导致划口处出现气生菌丝，影响出芽率。

（5）光照不足　催芽时草帘过厚，透光太差（长期透光率低于5%），耳芽因光照不足无法正常生长。

（6）催芽时透气不好　出耳棚覆盖塑料薄膜封闭太严，缺氧严重，使耳芽无法正常生长，即使生长也表现无力、弱化，还易受感染。

（7）空气相对湿度偏低　催芽期遇春季干旱，草帘保湿效果不好加上管理跟不上，则菌袋表面表现干燥，空气相对湿度长期低于80%，导致耳芽不能正常生长。

2. 出芽期表现整齐，但生长一段时间就再不生长，出现烂耳、菌丝死亡或杂菌感染等现象

（1）菌袋透气不良　因袋口多余的部分没被剪掉，耳芽出齐后，从开片到五六成熟这段时期，若遇雨天或浇水过大，致使子实体长期处在湿度饱和状态，将菌袋划口处全部封闭，整个菌袋上下没有通气孔，使袋内菌丝因缺氧而死亡。

（2）袋内含水量偏高　因袋内菌丝体在酶的分解过程中，随着营养物质的不断转化，含水量不断增大，出芽后没有正确停水养菌，袋内菌丝没有充分干燥，导致菌丝透气不良，遇高温时很容易使袋内菌丝因缺氧而窒息死亡，出现烂耳等现象。

（3）长期高温多湿　当外界自然温度超过25℃或遇高温干旱的天气喷水过勤、过多时，子实体因长期高温多湿而发生病变或流耳等。

（4）用水不清洁　在喷水管理中，因使用水源被污染而造成子实体感染或发生病变，如水源被地下深井矿物质和工厂污水感染、自然水体被微生物或其他有害病菌污染（如死水、养鱼池、水田地、大

雨过后的河水等不洁净水）等。

（5）培养料配比不当　在配料中麸皮、米糠等辅助料添加过多，营养过剩，菌丝体老化快，子实体没长成，菌丝体即开始老化、收缩，造成耳片生长停滞或烂耳等。

（6）草帘感染　因所用草帘污染杂菌或霉变，在喷水保湿时，造成杂菌污染菌袋导致耳片不能正常生长。

3. 划口后菌袋从划口处或袋口部位吐红水

（1）归堆　划口后的菌袋归堆时，堆得过多、过于拥挤或过紧，装筐后回发菌室上架时间太长。

（2）高温　出耳棚采用塑料薄膜覆盖保温时遇高温天气，未及时撤膜，致使袋内菌丝体呼吸所产生的热量不能及时排出，导致菌丝长时间在高温环境中而死亡，细胞组织破裂失水，营养物质泌出而成为红水。

（3）培养架规格　培养室内的培养架设计过宽，间隔层太小，摆袋拥挤或上层摞得过高，使袋与袋之间产生的热量得不到及时散发，致使菌袋内外出现温差过大，袋内积聚大量水蒸气，使菌丝不透气而死亡；另外，袋内顶部也可能因菌丝长期遇高温死亡而出现袋口吐红水。

（4）螨虫　划口后螨虫将菌丝咬破后，部分菌丝开始死亡，细胞破裂而出现红水。

4. 转潮耳生长异常

（1）上茬耳根或床面没清理干净　木耳长至约六成熟时，因袋口残余耳基等没切掉或未清理干净，导致通气不畅。当遇到高温多湿条件时，菌丝体因缺氧而生长不良或死亡，即便再恢复适宜生长环境也无法正常生长，从而导致减产。

（2）头潮耳采后未及时晾菌包　采收头潮耳后，菌包内的菌丝体细弱，生活力及抗逆性下降，很容易受到杂菌感染，如果菌包没有经过适当晾晒或光照照射，便直接进行转潮耳生产，易致使菌丝体被霉菌感染而出现生长异常。

（3）浇水过早、过勤 转潮耳耳基还未形成和封住原耳基处断面前就过早浇水，容易导致杂菌感染。

（4）头潮耳采耳过晚 当黑木耳达到采收标准时应及时采收，有的耳农为了争取多产耳，无限度拖延采收期，以致子实体成熟过度、营养消耗过大、产量降低，并造成烂耳和引起杂菌感染。

5. 黄耳产生较多

（1）高温多湿 因高温多湿或遇连续阴雨天促使黑木耳子实体快速生长，本应该 10 天左右长成的子实体，结果 5~7 天就长大并开片，导致接受光照时间缩短，产生的黑色素少，耳片呈现较薄、颜色发黄的症状。

（2）菌丝体培养周期过长 菌丝发满后，室外自然条件不适宜黑木耳出耳生长，转化期（后熟）低温培养周期过长（22~25 天），则袋内培养料在酶的作用下逐渐被分解转化，菌丝体由青白色转变成米黄色，菌袋逐渐变软，用手紧握菌丝体时，水分明显比拌料时增大，这样的菌袋划口后虽然出芽快、整齐、耳片长得快，但光照时间短，呈现为黄耳。

【提示】

黑木耳菌包接种后，在适宜温度（22~28℃）条件下培养 40~50 天即可长满袋。育成后的菌包转化期（后熟）应在不高于 20℃条件下继续培养 10~15 天，再进行划口催芽，效果最好。

（3）划口催芽周期偏长 因划口后在室内催芽时间太长或在室外催芽时温度偏低，原基（耳芽）长时间得不到适宜的生长环境，促使袋内菌丝体过度分解转化，一旦条件合适，黑木耳便会迅速生长，这种情况也会生长出黄耳。

（4）栽培袋内水分偏高 配料时含水量过高（70% 以上），加上在催芽期长时间全覆盖导致透光率过低（5%~8%），耳芽出口后没有及时对菌袋进行晾晒以降低袋内水分，从而使袋内菌丝体长期处于水分偏高的条件下。此时在酶的作用下被分解转化成的多糖等营养物质贮藏于水中，一旦遇到黑木耳适宜生长的条件，耳片便会迅速生长，黑木耳呈现黄色。

（5）**培养料原材料选择不当** 如果使用软杂木树种（如法桐、速生杨等树）的木屑和腐朽木屑作主料，或使用经过工厂高温处理过、部分营养成分已经被破坏，且混杂多种树种成分的木屑，作为黑木耳主要培养料生产的菌包，一旦错过正常的生产管理周期，则会导致生产延迟。若中后期处于高温环境，则菌丝体细弱、变软，也容易出现黄耳或浅色耳。

（6）**蒸料灭菌不彻底** 因菌袋培养料蒸料灭菌不彻底，导致料袋内较耐高温的部分细菌没被灭杀，在培养料的含水量适宜时，一旦培养温度升高，细菌便迅速繁殖，其释放的酸类物质及有害气体则会明显抑制黑木耳菌丝体正常生长，导致黑木耳菌丝发育缓慢，生育期延迟。此时若将培养耳棚温度降到20℃以下，菌丝虽能生长，但会延长培养及出耳周期，一般培养时间比正常的菌袋要延长一倍，这种情况育成的大多是黄耳。

【误区】

部分耳农有一个误区，即蒸料灭菌时虽然锅内安装了温度计，待温度计显示为100℃时，锅底就停火了，当温度降到100℃以下时，再开始起火，这样反复维持8~10小时，认为只要维持100℃达到灭菌时间就没问题了。但是其实当锅底停火时，锅内的水就不再产生蒸汽了，底部的菌袋就达不到100℃，锅内安装的温度计显示的温度只是锅内余热的热气流感应温度，由于热气流是往上升的，所以底部的菌袋就达不到灭菌效果，其结果是造成中下部的部分菌袋灭菌不彻底。

（7）**受过冻害的菌袋** 很多种植户因生产量加大，冬季第一批育成的菌袋没有适宜条件保藏，就将菌袋放在室外盖上棉被等暂存起来；或进入发菌棚后前期温度偏低，无法保障菌丝生长所需的最低基本温度，致使部分菌袋受冻害。因为袋内水分偏多的菌袋很容易受冻害而死亡；对于含水量低的菌袋，虽然没被冻坏或受冻害较轻，但由于生育期延迟，出耳后所生长出的一般都是黄耳。

（8）**发好菌的菌包保藏温度偏高** 发满菌的菌袋因保藏条件不够，堆积过多、相互拥挤、空间狭小、通风不畅，则菌包自身产生的热量无法及时排出，使袋内温度偏高，会导致菌丝体过度老化，待到划口摆袋时，菌袋已由乳白色变为米黄色，且菌袋已变软，这种情况也容易出现黄耳。

6. 流耳

（1）**症状** 耳片成熟后，耳片变软，甚至耳根自溶腐烂（彩图 37）。

（2）**病因** 耳片成熟时，若此时持续高温、高湿、光照差、通风不良，常造成大面积烂耳。代料栽培黑木耳，培养料过湿，酸碱度过高或过低，均可能造成流耳；温度较高时，特别是在湿度较大，而光照和通气条件又比较差的环境中，子实体常常发生溃烂，细菌的感染和害虫的危害也会造成流耳。

（3）**防治措施** 针对上述发生烂耳的原因，加强栽培管理，注意通风换气、光照等；及时采收，耳片接近成熟或已经成熟要立即采收。

7. 菌袋内憋耳芽

（1）**症状** 每个小孔出 1 个耳片，耳芽在菌袋内生长，不向袋外生长，即形成菌袋内憋芽现象。

（2）**病因** 催耳期或生长前期，菌床内空气相对湿度不够，而菌袋内湿度大造成。

（3）**防治措施** 小孔处菌丝伤口愈合后，应增加催耳床内湿度，使床内空气相对湿度达到 85% 左右，床内湿度大于菌袋内湿度，耳芽就向外长。

8. 绿藻病

（1）**症状** 菌袋内表层有绿色青苔状物，严重时木耳子实体上也长（彩图 38）。它会吸收菌袋营养，造成袋内积水严重，导致烂袋现象发生。

（2）病因　水源有绿藻污染；装袋过松，浇水时长时间有积水，通过阳光直射产生绿藻；浇水过多，导致袋内积水。

（3）**防治措施**　用清洁的水；提高装袋质量，不在代料分离处划口；防止袋内积水，积水时应及时清理。

9. 红眼病（高温烧菌）

（1）**症状**　打眼后5~10天，打眼处有红褐色的黏液自口溢出（彩图39），同时大面积滋生绿霉。

（2）病因　通风不良、菌袋密集，导致高温。袋内温度高，集聚水蒸气，菌丝死亡，因菌丝死亡出现袋口吐红水现象。

（3）**防治措施**　扎孔后，观察袋内温度；必要时通风降温。

【提示】

“烧菌”的菌袋再遇高温高湿很容易造成一片“绿海”（绿霉污染）。

10. 牛皮菌

（1）**症状**　菌棒表面生成一层白色肉质形状的“杂菌”，开始柔软如同脱毛牛皮或脱毛猪皮（彩图40），成熟以后表面生成麻子状态的表面，也叫“白霉菌”，这种杂菌传染力很强，与绿霉菌差不多。

（2）病因　该杂菌污染的原因主要是木屑没有提前预湿，灭菌不彻底，或环境中存在杂菌孢子。

（3）**防治措施**　环境消毒（用0.3%的消毒粉或克霉灵进行环境消毒，或用pH为12~14的石灰水进行喷雾消毒）；在污染原料中添加新鲜原料，应提前一天拌料（宁干勿湿），补足水分后装袋，并彻底灭菌即可。

11. 螨虫

（1）**症状**　菌袋迅速退菌，而且退菌后会发生绿霉感染，并且绿霉的颜色比较浅，霉味也不是特别明显，菌袋变软。发生这一情况的菌袋大多集中在同一部位，将菌袋剖开后，会看见明显的菌丝生长然后死亡的痕迹。

长满菌丝的菌袋在棉塞口或菌袋尾部有红水出现，红水呈水泡状，靠近红水部位的菌丝明显变弱或退菌，剖开菌袋后会在接种的菌种周边也发现红水，并且有红色的菌皮发生。菌袋内部黑木耳的特有香味变弱，还会有淡淡的腥臭味。

已经开口下地的黑木耳菌袋出芽迟缓，菌袋逐渐变软，耳芽不明原因腐烂，然后菌袋逐渐从地面开始向上变绿，菌袋散发出恶臭味，直至整个菌袋报废。

（2）防治措施 黑木耳的养菌和出耳场所要远离畜禽养殖场和畜禽的粪便堆积场所，因为自然界的螨虫多栖息于畜禽的粪便中。生产中所需要的麸皮或稻糠等尽量当年用尽，不要在厂区贮存过长时间，以防止螨虫在料中滋生。培养室、接种室要定期喷洒灭螨药物，每个生产周期结束后，要将养菌室和生产场地彻底清理干净后喷洒杀菌药物。坚决不从螨虫高发区引进菌种，经常观察菌丝长势，若发现螨虫污染，则整批菌种都要淘汰。养菌期间配合养菌室消毒的同时要喷洒或熏蒸杀螨虫的药物，防止培养室螨虫超标。使用养菌网格代替传统的木质养菌架，可以减少螨虫的栖身场所，能有效地减少养菌室的虫口密度，减少螨虫的发生概率，并能降低螨虫灭杀的难度。

【黑木耳栽培经济效益分析】黑木耳栽培主要以代料栽培为主，根据出耳方式又分为大棚吊袋栽培和地摆栽培。

大棚吊袋栽培，以规格为（16~16.5）厘米 ×（23~24）厘米的短袋栽培为主。大棚吊袋栽培投入多，一般一个大棚的造价为 2.5 万元左右，5 年折旧，一个大棚可吊袋栽培 2.5 万袋，菌袋生产成本约为 2.0 元 / 袋，折算上大棚成本为 0.2 元 / 袋，即每个菌袋总成本为 2.2 元；按每袋产 0.05 千克干木耳和干木耳市场价 60~70 元 / 千克计算，每袋收入为 3.0~3.5 元，扣除成本后经济效益为 0.8~1.3 元 / 袋，因此一个大棚 1 年的经济效益达 2 万元以上。

短袋地摆栽培，每亩摆放密度为 1 万袋，每个菌袋成本约为 2.0 元；同样按每袋产 0.05 千克干木耳和干木耳市场价 50~60 元 / 千克计算，每袋收入 2.5~3.0 元，扣除成本后经济效益为 0.5~1.0 元 / 袋，因此每亩地的经济效益达 5000~10000 元。

长棒地摆栽培，菌袋规格一般为 15 厘米 × 55 厘米，每亩摆放密度为 8000~10000 袋，每个菌袋的生产成本约为 3.0 元 / 袋，耳场、人工费约为 0.8 元 / 袋，即总成本约 3.8 元 / 袋；按每个菌袋产 0.08 千克干木耳、干木耳市场价 60 元 / 千克计算，每袋收入为 4.8 元，扣除成本后经济效益约 1.0 元 / 袋，每亩地的经济效益为 8000~10000 元。

第六章
提高双孢蘑菇栽培效益

双孢蘑菇［*Agaricus bisporus*（*lange*）Sing.］，也称蘑菇、洋蘑菇、白蘑菇，属担子菌纲伞菌目伞菌科蘑菇属。双孢蘑菇属草腐菌，中、低温型菌类，是世界第一大宗食用菌，其栽培起源于法国，也是世界上人工栽培和消费最广泛的食用菌。1978 年以前，其产量约占世界食用菌总产量的 65%，现在仍占世界总产量的 11%，年产鲜菇 500 多万吨。目前，全世界已有 80 多个国家和地区栽培，其中荷兰（图 6-1）、美国等国家已经实现了工厂化生产。我国双孢蘑菇年产鲜菇 300 多万吨，超过世界年总产量的 50%。

图 6-1　荷兰双孢蘑菇生产车间

我国稻草、麦草等农作物秸秆和畜禽粪便等资源丰富，比较适合双孢蘑菇的生长。目前，福建、河南、山东、河北、浙江、上海、贵州、甘肃等省市栽培较多，福建、河南、山东等省市也实现了双孢蘑菇的工厂化生产。我国双孢蘑菇的生产经历了从引进到消化，从开发到创新，已经成为世界蘑菇科研与生产大国，双孢蘑菇也成为我国食用菌栽培中栽培面积较大、出口增收最多的品种。

双孢蘑菇味道鲜美、营养极其丰富。其蛋白质含量不仅大大高于所有蔬菜，和牛奶及某些肉类相当，而且这些蛋白质都是植物蛋白，容易被人体吸收。双孢蘑菇还具有抑制癌细胞与病毒、降低血压、治疗消化不良、增加产妇乳汁的疗效，经常食用能起到预防消化道疾病的作用，并可使脂肪沉淀，有益于减肥，对人体保健十分有益。

第一节　避免栽培误区　提高经济效益

一、原料选用、处理误区

1. 原料选用误区

双孢蘑菇属于粪草生型腐生菌，栽培原料有麦秸、稻草、豆秸、玉米芯、棉秆粉、玉米秸秆粉、棉籽壳等，但有些菇农认为稻草作为培养料有助于提高双孢蘑菇的产量和质量，更高价收购稻草进行双孢蘑菇栽培，而对当地丰富的麦草、玉米秸秆进行焚烧或丢弃，这在造成原料的浪费和对环境污染的同时，也增加了栽培成本。

【提示】

①相比稻草，麦草更适合双孢蘑菇的生长特性，原因在于稻草经过长时间的高温发酵后，容易碎烂而导致透气性不佳，进而影响双孢蘑菇产量。因此，国内外的双孢蘑菇工厂化生产，大多以麦草为主料。当农作物如小麦收获时，在收割机上安装秸秆打捆机或单独使用秸秆打捆机（图 6-2)，可以为双孢蘑菇生产或农业、造纸、工业提供充足的原材料。秸秆打捆机可纳入国家农业机械补贴目录，并强制推行；也可与各级政府的秸秆综合利用项目结合，以有效破解秸秆焚烧的难题，利国利民。②在麦草中加入 50% 左右的玉米秸秆，经隧道发酵制成发酵料栽培双孢蘑菇，产菇率虽然比纯麦草发酵料略低，但是玉米秸秆价格较便宜，节省下来的费用可以弥补玉米秸秆发酵料产菇率略低的不足，更为重要的是有利于解决焚烧玉米秸秆造成的大气污染及雾霾问题。

图 6-2　秸秆打捆机

有的菇农认为栽培双孢蘑菇必须用牛粪，有的认为必须用鸡粪等，放着身边丰富的粪肥资源不用，而高价购入其他粪肥，这无疑增加了生产成本，降低了栽培效益。其实牛粪、马粪、猪粪、羊粪、鸡粪、鸭粪、兔粪等都可以用于栽培双孢蘑菇，其中马粪、牛粪最合适，其次是羊粪，其他的几种畜禽粪由于含纤维素少、含氮较多，要晒干粉碎后拌入培养料中使用，但这类物质养分持效期长。

2. 原料配比及发酵误区

双孢蘑菇培养料的碳氮比非常重要，混合时应为 30∶1，播种时为 17∶1。有的菇农仅凭经验或现有原料进行配比，如果碳氮比过小（氮含量过高），会导致氨气释放时间长，发酵时间也更长，从而影响培养料的发酵质量，料堆较紧、通气不良，会造成厌氧发酵；如果碳氮比太大，料堆过松（微生物活动困难、堆温不高），碳水化合物在发酵后仍存在，会成为杂菌的食物，杂菌又可能吸引螨虫而造成危害。

【提示】

原料在发酵过程中碳氮比会逐渐减小，因为微生物分解有机化合物时消耗 2/3 的碳放出二氧化碳，剩下的 1/3 是纳入氮和微生物的细胞，一旦这些细胞死亡，然后会释放出碳供进一步使用。

栽培双孢蘑菇的原料（草、粪）要进行发酵处理，有的菇农一味看重培养料的发酵时间，如一次发酵采用相隔 7 天、5 天、4 天、3 天、2 天进行 5 次翻堆，而忽视了良好的发酵所需要的温度，造成发酵不彻底或过熟，导致杂菌发生、培养料营养流失等现象。

3. 覆土及覆土质量误区

双孢蘑菇具有不覆土不出菇的特性（图 6-3）。覆土为菌丝和子实体的生长提供水分，可防止培养料变干，具有缓冲菇房环境条件等的作用；覆土不提供营养物质，营养丰富的覆土会增加霉菌的感染风险。覆土材料应选择吸水性好、具有团粒结构、孔隙多、湿但不黏、干但不散的土壤，覆土的持水能力主要由它的毛细管决定。部分菇农不重视覆土质量和覆土环节，有的用菜田土，但菜田土含有大量的氮（导致菌丝徒长），还有大量潜在的污染霉菌、害虫幼虫等；有的直接就地取土，这些土壤的理化性质均不适宜双孢蘑菇的生长。

图 6-3　双孢蘑菇覆土出菇

【提示】

草炭土是泥炭藓在厌氧条件下死亡后形成的一种有机物，最佳的泥炭藓沼泽位于纬度 50~55 度之间。草炭土持水能力最强，是使用最多的天然覆土材料（图 6-4），用作覆土的草炭土混合物，大部分由黑色草炭土（80%）和粗糙褐色草炭土（20%）组成。如果黑色草炭土含量高，覆土层重而油腻，常常很黏稠；若粗糙草炭土含量高，覆土层轻而蓬松，一般容易形成表面不能吸水的土块。

图 6-4　草炭土覆土（左）与出菇情况（右）

覆土厚度取决于土的紧密度、持水能力及菇房温度，一般覆土厚度为 3~5 厘米（图 6-5）。在低温菇房中，覆土层可薄一些；气温高时，覆土要厚一些（起隔热层的作用）。有的菇农覆土太薄（1 厘米左右），甚至将培养料暴露在空气中，会引起出菇过密或死菇现象，产量显著降低，品质下降。

图 6-5　一般覆土厚度出菇

4. 单位面积投料量的误区

双孢蘑菇培养料的厚薄（单位面积的投料量）会影响产量的高低。一般来说，铺料厚度为 25~35 厘米时，料厚，营养充足、出菇早、转潮快、产量高（图 6-6）；料偏薄时，菇的潮次少、转潮期长、菇易早衰、菇体细小、产量低（图 6-7）。但有的菇农生搬硬套，完全

不顾及发菌期的温度和出菇时间。例如，在温度较高的 8 月初播种和发菌，为了防止菌床上菌丝生长时产生的热量不易散出而造成烧菌，料应铺薄一些，以 25~30 厘米为宜；如果菇棚温度偏低或发菌和出菇期自然温度都较低，料就应铺厚一些，以 30~35 厘米为宜。西部冷凉地区的半地下菇棚，在整个发菌和出菇期温度都较低，料还可以再铺厚一些。

图 6-6　单位面积投料量正常出菇

图 6-7　单位面积投料量过低出菇

【注意】

还有的菇农只图政府的种植补贴而盲目扩大栽培面积，导致单位面积投料量相对减少，这种做法增加了设施、设备、人工、覆土等的投入，却忽视了增加相应的培养料，单位面积的双孢蘑菇产量急剧下降，导致经济效益下降甚至亏本。

二、栽培设施、模式盲目追求高大上

菇房在建立的时候需要选择一个地势平坦、水资源丰富的地方，远离仓库、化工厂等一些有污染的场所。菇房的主要要求包括极好的隔热性能，有效的加热与通风系统，能够彻底清洗，能够多次耐受蒸汽热量而不变形，门窗、通风口都要安上防虫网。有的地区没有考虑气候、用工等因素，部分地区建设了砖墙菇房（图 6-8）、采用 6~8 层床架栽培双孢蘑菇（图 6-9），其进料、覆土、管理、采收、出料等环节都需要人工一点点进行，极大地增加了用工成本，并且这种模式下的菇房在北方冬季保温性能不好，双孢蘑菇行情最好的双节（元旦和春节）期间不能出菇或出菇很少，造成菇农经济效益的下降。

图 6-8　双孢蘑菇砖墙菇房栽培

图 6-9　双孢蘑菇多层床架栽培

【提示】

双孢蘑菇的栽培模式随着时代的发展而变化，没有一种模式能适应所有的情形。美国、荷兰双孢蘑菇产业开发的现代化床架栽培模式大概是目前最有效的栽培模式，但箱式、盒式、块式栽培模式也被广泛应用到生产中。隔热塑料拱棚在很多国家的应用越来越普遍，不仅用作栽培菇房，而且可以用于制备二次发酵料。

三、不注重废水、废气的回收处理

栽培双孢蘑菇的原料需要发酵，在发酵过程中会产生氨气、污水，多数堆沤料生产厂家和双孢蘑菇栽培场都感觉到环保压力不断增加，但一些菇农和双孢蘑菇工厂对于废气、废水的处理还没有引起足够的重视，环保型的工厂和产业才更有机会长期生存下去。

建设堆沤场时，要认真考虑水流问题，早期将干净、肮脏及中间水流混在一起，常常是污水过多的原因之一（图 6-10）。控制氨气和气味的释放，常常被认为是堆沤料生产厂家最难解决的问题，解决气味问题，最重要的是从源头着手，厌氧有机质是最大的气味来源（图 6-11~ 图 6-13）。

图 6-10　水处理

图 6-11　氨气处理装置

图 6-12　室外氨气处理系统

通常将酸性洗槽和生物过滤床结合使用回收氨气，将气流抽到酸性洗槽中，通常就是在一个使过程空气减速（阻力为 300~500 帕）

的水池中，含有溶解酸（硫酸或硝酸）的水被喷到空气上方，这一酸性水的 pH 保持在 4 左右，酸与氨气反应形成硫酸铵盐。水中的硫酸铵盐达到一定的浓度后就会结晶，要在结晶前将盐水更换，而盐水可作为氮肥使用，这种方法可使氨气减少 95% 以上。洗涤后的空气要再用中性水洗涤，使 pH 回到 6~7，否则会腐蚀与空气接触的水泥或钢筋。通过酸性洗槽的空气进入水洗槽（可作为独立设施、酸性洗槽后的设施或生物过滤床前面的加湿器）后，速度减慢，水被喷到空气上方，水洗槽能使氨气的气味浓度稍微降低。经过水洗槽的空气再从生物过滤床（铺装有机碳如木块、根块或残料的床）上吹过，以碳源为生的细菌就会减少空气中气味化合物的数量，进一步对废气回收。

图 6-13　室内氨气处理系统

四、不注重采菇环节，造成产品质量下降

评价双孢蘑菇的质量标准有颜色、大小、发育阶段、性状和污斑。但在采收过程中部分菇农不重视采菇要领，造成双孢蘑菇质量下降，具体表现在：①采菇人员不注意个人卫生，留长指甲，采收前手及工具也没有经过清洗消毒。②采收前向床面喷水，采菇时手捏菌盖产生红色指痕。③采收、切根、装运时不轻拿轻放，乱丢、乱抛和剧烈振动，造成菇体发红和机械损伤。④双孢蘑菇一次采收过多（图 6-14），没有及时切去带泥的根脚（图 6-15），切口也不平整，产

生斜根、裂根。

图 6-14　双孢蘑菇一次采收过多

图 6-15　边采菇边切根

无论采收工具、采收人员的衣物、双手还是菇房地面，都要进行正确的清洗、消毒和冲刷。

【提示】

一些不法商贩为了卖相好看、延长保质期，不顾消费者身体健康而使用荧光增白剂来浸泡双孢蘑菇，作为消费者应坚决抵制。菇农也应注重采菇环节，以提高产品质量。目前有的双孢蘑菇采收时不切根、不护色，待市场成交后在交易现场切除菌根或消费者回家自行切除菌根，以示双孢蘑菇新鲜、无添加，深受人们青睐。

五、产品宣传不够

作为“世界菇”的双孢蘑菇在欧美等发达国家已成了餐桌上不可或缺的绿色健康食品，但我国居民很少吃双孢蘑菇，产品主要是出口。主要原因是对双孢蘑菇知之甚少，没有吃的习惯和缺乏消费意识。双孢蘑菇产区应积极推广双孢蘑菇的食用药用价值和食用方法，根据需要把鲜菇加工成更高附加值的产品，通过产品博览会、广告等途径大力宣传，利用好的营销模式和强大的销售网络将渠道下沉，实现完整的全产业链来保证双孢蘑菇产业利益最大化。

【提示】

我国西藏、青海、四川等地存在丰富的野生双孢蘑菇种质资源和独特的基因种群，证明我国也是世界双孢蘑菇遗传多样性中心之一。

第二节　树立科学种菇理念　向科学要效益

一、掌握双孢蘑菇的生长条件

1. 营养条件

双孢蘑菇是一种粪草生型腐生菌，配料时在作物秸秆（麦草、稻草、玉米秸等）中须加入适量的粪肥（如牛、羊、马、猪、鸡粪和人粪尿等）。培养料堆制前碳氮比以（30~35）∶1 为宜，堆制发酵后，由于发酵过程中微生物的呼吸作用消耗了一定量的碳源且发酵过程中有多种固氮菌的生长，培养料的碳氮比降至 21∶1。其子实体生长发育的适宜碳氮比为（17~18）∶1。

2. 环境条件

（1）温度　菌丝体在 5~33℃之间均能生长，最适温度为 20~26℃；子实体生长的温度范围为 7~25℃，最适温度为 13~18℃。

（2）水分　培养料含水量一般为 65%~70%；覆土的含水量一般为 40%~50%，具体以“用水调至用铁锨可以撒开的程度”的标准来衡量。开放式发菌的空气相对湿度为 80%~85%；薄膜覆盖发菌的空气相对湿度在 75% 以下；子实体时期空气相对湿度保持在 85%~90%。

（3）空气　双孢蘑菇是好氧性真菌。菌丝体生长最适宜的二氧化碳含量为 0.1%~0.5%；子实体最适宜的二氧化碳含量为 0.03%~0.2%，超过 0.2%，菇体菌盖变小，菌柄细长，畸形菇和死菇增多，产量明显降低。

（4）光照　双孢蘑菇属厌光性菌类。菌丝体和子实体能在完全黑暗的条件下生长，此时子实体朵形圆整、色白、肉厚、品质好。

（5）酸碱度　菌丝生长的pH范围是5~8，最适宜的pH为7.0~8.0。进棚前，培养料的pH应调至7.5~8.0，土粒的pH应为8~8.5。每采完一潮菇后喷水时可适当加点石灰，以保持较高的pH，抑制杂菌滋生。

（6）土壤　双孢蘑菇子实体的形成不但需要适宜的温度、湿度、通风等环境条件，还需要土壤中某些化学和生物因子的刺激，因此出菇前需要覆土。

【提示】

在食用菌栽培过程中，绝大部分品种可以进行覆土栽培，如平菇、草菇、大球盖菇、香菇、木耳、灵芝等，但覆土不是必要条件，不覆土也可出菇。双孢蘑菇、鸡腿菇、羊肚菌、猪肚菇、金福菇、长根菇等品种具有不覆土不出菇的特点。

二、选择适宜的双孢蘑菇菌种

1. 按子实体色泽分

（1）白色　白色双孢蘑菇的子实体圆整，色泽纯白美观，肉质脆嫩，适合鲜食或加工罐头（彩图41）。但若管理不善，则易出现菌柄中空现象。因该品种子实体富含酪氨酸，在采收或运输中常因受损伤而变色。

（2）奶油色　奶油色双孢蘑菇的菌盖发达，菇体呈奶油色。出菇集中，产量高，但菌盖不圆整，菌肉薄，品质较差。

（3）棕色　棕色双孢蘑菇具有柄粗肉厚、菇香味浓、生长旺盛、抗性强、产量高、栽培粗放的优点（彩图42）。菇体呈棕色，菌盖有棕色鳞片，菇体质地粗硬，在采收或运输中受损伤也不会变色。

2. 按母种菌丝形态分

（1）贴生型　在PDA培养基上，该类品种菌丝生长稀疏，呈灰白色，紧贴培养基表面呈扇形放射状生长，菌丝尖端稍有气生性，易聚集成线束状，基内菌丝较多而深，从播种到出菇一般需35~40天。子实体菌盖顶部扁平，略有下凹。肥水不足时，下凹较明显，有鳞片，风味较淡。耐肥、耐温、耐水性及抗病力较强，出菇整齐，转潮快，单产较高。但畸形菇多，易开伞，菇质欠佳，加工后风味淡，适合盐渍加工和鲜售。

（2）气生型　该品种菌丝初期洁白，浓密粗壮，生长旺盛，爬壁力强，菌丝易徒长形成菌被，基内菌丝少，从播种到出菇需40~50天。该菌株耐肥、耐温、耐水性及抗病力较贴生型差，出菇较迟而稀，转潮较慢，单产较低。但菇质优良，菇味浓香，商品性状好，适合制罐或鲜销。

气生型和贴生型菌种在栽培上的区别，见表6-1。

表6-1　气生型和贴生型菌种在栽培上的区别

气生型菌种（As2796）	贴生型菌种（W192、福蘑38）
菌种易出现菌被	菌丝有明显索状，菌被少见
培养料中菌丝浓密	不浓密，不易板结
土层菌丝绒毛状较多	绒毛少，索状为主
出菇刺激要求较高	出菇刺激条件相对宽松
水分不能太多	要求水量大
出菇较慢、转潮较慢	出菇快、转潮快

（3）半气生型　半气生型菌株是通过人工诱变、单孢分离或杂交育种等方法选育出的介于贴生型和气生型之间的类型。菌株菌丝在PDA培养基上呈半贴生、半气生状态，线束状菌丝比贴生型少，比气生型多，基内菌丝较粗壮。该菌株兼有贴生型和气生型两者的优点，既有耐肥、耐水、耐温、抗逆性强、产量高的特性，又有菇体组织细密、色泽白、无鳞片、菇形圆整、整菇率高的品质。

【提示】

我国双孢蘑菇的生产，国内的主栽品种主要有As2796/W192系列（图6-16），包括As2796、As4607、As3003、W192、W2000、福蘑38等，其特点是较高产、质量优、耐粗放，适用我国工厂化栽培模式，较适合鲜销与制罐。国外的主栽品种主要有U1/A15系列（图6-17），包括U1、U3、A15、S28、901、927、XXX、F56等，其特点是高产、产量集中、质量一般、不耐粗放，适用欧美工厂化栽培模式，适合鲜销。

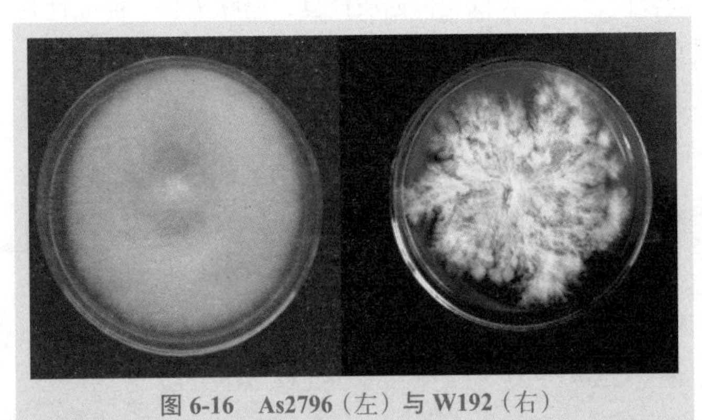

图6-16 As2796（左）与W192（右）

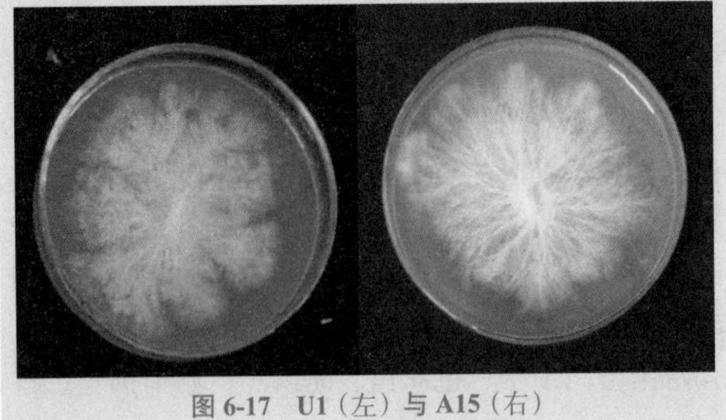

图6-17 U1（左）与A15（右）

【提示】

从我国的双孢蘑菇产业来看，菇农生产仍占主导地位，占比为90%，主栽品种为W192、As2796、福蘑38、W2000；工厂化生产的产量约占全国总产量的10%，主栽品种为W192、A15。目前我国双孢蘑菇的生产，国内品种仍占绝对多数，W192、福蘑38、W2000共占50%左右，As2796占30%~40%，而A15占5%左右。菌种的容器也有瓶装菌种（图6-18）到透气袋菌种（图6-19）的发展趋势。

图6-18　瓶装菌种

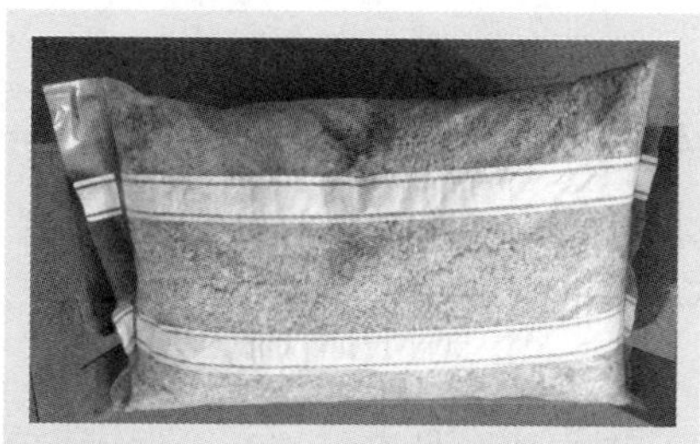

图6-19　透气袋菌种

三、选择合适的栽培季节

自然条件下，北方大棚（温室、菇房等）栽培双孢蘑菇大都选择在秋季进行，提倡适时早播。8月气温高，日平均气温为24~28℃，利于培养料的堆积发酵；8月底~9月上旬，大部分地区月平均气温为22℃左右，正有利于播种后的发菌工作；而到10月，大部分地区的月平均气温为15℃左右，又正好进入出菇管理阶段，这样就会省时省工，管理方便，且产量高、质量好。南方地区可参考当地平均气温灵活选择栽培季节。

一般情况下，8月上中旬进行建堆发酵，前发酵期为20天左右，后发酵期约为7天；从播种到覆土的发菌期约需18天；覆土到出菇也需18天，所以秋菇管理应集中在10~12月。1~2月的某段时间，北方大部分地区气温降至–4℃左右，可进入越冬管理。保温条件差的菇棚可封棚停止出菇；保温性能好的菇棚应及时做好拉帘升温与放帘保温工作，注重温度、通风、光照、调水之间的协调，争取在春节前能保持正常出菇，以争取好的市场价格。第二年2月底便进行春菇管理，3月开始采收，至5月整个生产周期结束。

近年来秋菇大量上市，供大于求而“菇贱伤农”的现象时有发生，在实际栽培中可根据市场行情适当提前或推迟双孢蘑菇的播种时期，如山东及周边地区可延迟至12月中旬以前在温室播种；适当晚播的双孢蘑菇在春季传统出菇少的时间大量出菇，经济效益反而比春节前还要高。

四、选择适合的栽培设施

根据双孢蘑菇的品种特性、当地气候特点及出菇过程中不需要光照的特点，栽培模式可灵活选择，不可千篇一律、生搬硬套，造成不必要的损失。

1. 南方

南方地区具有气温高、湿度大等特点，双孢蘑菇生产周期较短，栽培场所一般可选择草房（图6-20）和大拱棚（图6-21）。

图6-20　草房

图6-21　大拱棚

2. 北方

北方地区具有气温低、干燥等特点，栽培场所一般可选择塑料大棚（图6-22）、双屋面日光温室（图6-23）、层架式菇房（图6-24）、土质菇房（图6-25）和多功能控温拱棚（图6-26）等。

图 6-22 塑料大棚

图 6-23 双孢蘑菇双屋面日光温室栽培

图 6-24 层架式菇房

图 6-25 土质菇房

图 6-26 多功能控温拱棚

【提示】

每个土质菇房棚宽 10 米、长 60 米，总投资为 4 万元左右，其内部结构如图 6-27 所示。

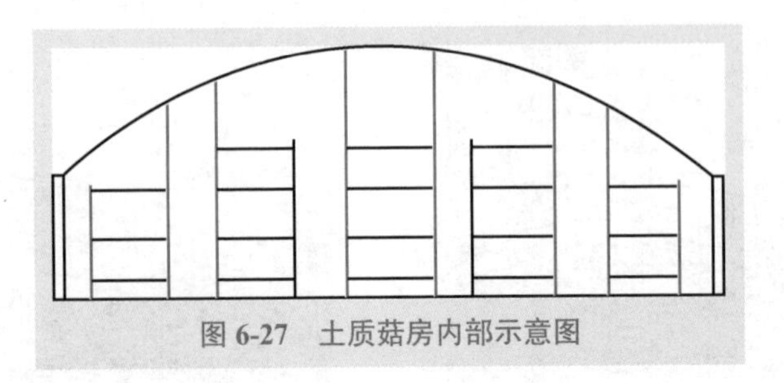
图 6-27　土质菇房内部示意图

3. 其他方式

闲置的窑洞、房屋、果林地拱棚（图 6-28 和图 6-29）、土洞（图 6-30）、养鸡棚、养蚕棚等场所也可用于双孢蘑菇的栽培。

图 6-28　双孢蘑菇林地中拱棚栽培外观

图 6-29　双孢蘑蘑林地中拱棚栽培内部

图 6-30　土洞

第三节　注重栽培全过程　向过程管理要效益

一、因地制宜、优化配方

（1）干牛粪1800，稻草1500，麦草500，菜籽饼100，尿素20，石膏70，过磷酸钙40，石灰50。

（2）干牛粪1300，稻草2000，饼肥80，尿素30，碳酸氢铵30，碳酸钙40，石膏50，过磷酸钙30，石灰100。

（3）麦秸2200，干牛粪2000（或干鸡粪800），石膏100，石灰110，过磷酸钙40，硫铵20，尿素20。

（4）干牛、猪粪1500，麦草1400，稻草800，菜籽饼150，尿素30，碳酸氢铵30，石膏80，用石灰调pH。

（5）稻草或麦草3000，菜籽饼200，石膏25，石灰50，过磷酸钙50，尿素20，硫酸铵50。

（6）棉秆2500，牛粪1500，鸡粪250，饼肥50，硫酸铵15，尿素15，碳酸氢铵10，石膏50，轻质碳酸钙50，氯化钾7.5，石灰97.5，过磷酸钙17.5。

（7）玉米芯1500，牛粪1250，石灰75，石膏50，废棉1000，磷肥50，碳酸钙100。

以上配方均是按照100米^{2}菇床的用量计算，单位为千克。

【注意】

① 为降低原材料成本，国内的菇农多用含水量为70%~80%的鲜鸡粪。鸡粪团块会影响与麦草的均匀混合，最好经打碎处理。尽量选择肉鸡粪，因为其含氮量较高，且混有一些肉鸡吃剩的饲料成分而营养丰富。无论何种鸡粪，灰分不能超过30%，否则将严重影响堆肥品质。尽量使用干鸡粪，并用粉碎机将块状鸡粪粉碎。

② 若粪肥含土过多，应酌情增加数量；粪肥不足，可用适量饼肥或尿素代替；湿粪可按含水量折算后代替干粪。

③ 北方秋季栽培，每平方米菇床投料总重量应达 30 千克左右，8 月发酵可适当少些，9 月可适当多些。如果配方中鸡粪多，便适当增加麦草量；如果牛、马粪多，便酌减麦草量，以保证料床厚度为 25~30 厘米，辅料相应变动即可。

④ 棉秆作为一种栽培双孢蘑菇的新型材料，不像麦秸及稻草那样可直接利用。棉秆加工技术与标准、栽培料的配方，以及发酵工艺都与麦秸和稻草有很大区别。采用专用破碎设备，将棉秆破碎成 4~8 厘米的丝条状。加工的时间以 12 月为宜，因为这时棉秆比较潮湿，内部含水量在 40% 左右，加工后棉秆的合格率在 98% 以上。由于干燥时加工会有大量粉尘、颗粒、棒状物出现，因此需要喷湿后再加工。

二、原料发酵要彻底、均匀

双孢蘑菇菌丝不能利用未经发酵分解的培养料，因此培养料必须经过发酵腐熟。培养料的堆制发酵，是双孢蘑菇栽培中最重要而又最难把握的工艺。只有优质的原材料、合理的配方、严格的发酵工艺均满足要求，才能制作出优质的培养基，为双孢蘑菇高产优质创造基础条件，这三个要素缺一不可。

传统的培养料发酵一般采用二次发酵，也称前发酵和后发酵。前发酵在棚外进行，后发酵在消毒后的棚内进行，前发酵大约需要 20 天，后发酵需要 5 天左右。全部过程需要 22~28 天。

1. 发酵机理

（1）发酵的微生物学过程 培养料堆制发酵过程要经过 3 个阶段：升温阶段、高温阶段和降温阶段。

① 升温阶段。培养料建堆初期，微生物旺盛繁殖，分解有机质，释放出热量，不断提高料堆温度，即升温阶段。这也是重要的摧毁热敏病原、苍蝇幼虫和杂草种子的阶段。在升温阶段，料堆中的微

生物以中温好氧性的种类为主，主要有芽孢细菌、蜡叶芽枝霉、出芽短梗霉、曲霉属、青霉属、藻状菌等参与发酵。由于中温微生物的作用，料温升高，几天之内可达50℃以上，即进入高温阶段。

② 高温阶段。堆制材料中的有机复杂物质，如纤维素、半纤维素、木质素等进行强烈分解，主要是嗜热真菌（如腐殖霉属、棘霉属和子囊菌纲的高温毛壳真菌）、嗜热放线菌（如高温放线菌、高温单孢菌）、嗜热细菌（如胶黏杆菌、枯草杆菌）等嗜热微生物的活动，使堆温维持在60~70℃的高温状态，从而杀灭病菌、害虫，软化堆料，提高持水能力。

【小窍门】

在堆肥中添加蔗糖和糖蜜等可溶性糖类，可使高温细菌明显增殖，堆肥可在较短时间内发酵结束而不含游离氨，干物质的损失减少，可促使双孢蘑菇的产量增加。

③ 降温阶段。当高温持续几天之后，料堆内严重缺氧，营养状况急剧下降，微生物生命活动强度减弱，产热量减少，温度开始下降，进入降温阶段。此时要及时进行翻堆，再进行第二次发热、升温，然后再翻堆。经过3~5次翻堆，培养料经微生物的不断作用，其物理和营养性状更适合食用菌菌丝体的生长发育需求。

（2）料堆发酵温度的分布和气体交换 在发酵过程中受条件限制，会表现出料堆发酵程度的不均匀性。依据堆内温、湿度条件的不同，可分为干燥冷却区、放线菌高温区、最适发酵区和厌氧发酵区4个区（图6-31）。

① 干燥冷却区。该区和外界空气直接接触，散热快，温度低，既干又冷，故称为干燥冷却层。该层也是料堆发酵的保护层。

② 放线菌高温区。堆内温度较高，可达70℃，是高温层。该层的显著特征是可以看到放线菌白色的斑点，也称为放线菌活动区。该层的厚薄是料堆含水量多少的指示，水过多则白斑少或不易发现；水不足则白斑多，层厚，堆中心温度高，甚至烧堆，即出现“白化”现

象，也不利于发酵。

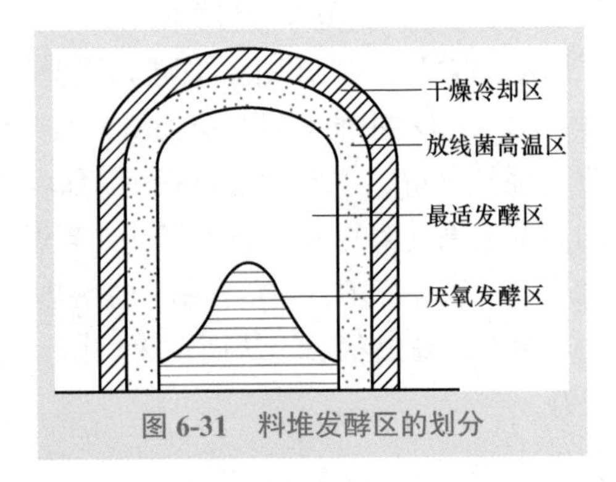

图 6-31　料堆发酵区的划分

③ 最适发酵区。该区是发酵最好的区域，堆温可达 50~70℃。其营养料适合食用菌的生长，发酵层范围越大越好。

④ 厌氧发酵区。该区是堆料的最内区，缺氧，呈过湿状态，称为厌氧发酵区。该区往往水分大，温度低，料发黏，甚至发臭、变黑，是料堆中最不理想的区域。若长时间覆盖薄膜会使该区明显扩大。

料堆发酵是好氧性发酵，一般料堆内含的总氧量在建堆后数小时内就被微生物呼吸耗尽，然后主要是靠料堆的“烟窗”效应（图 6-32）来满足微生物对氧气的需要，即料堆中心热气上升，从堆顶散出，迫使新鲜空气从料堆周围进入料堆内，从而产生堆内气流的循环现象。但这种气流循环速度应适当，循环太快说明料堆太干、太松，易发生“白花”现象；循环太慢，氧气补充不及时而发生厌氧发酵。但当料堆发酵即微生物繁殖到一定程度时，仅靠“烟窗”效应供氧是不够的，这时就需要进行翻堆，有效而快速地满足这些高温菌群对氧气及营养的需求，这样就可以达到均匀发酵的目的。

（3）料堆发酵营养物质发生的变化　培养料的堆制发酵，是非常复杂的生物化学转化及物理变化过程。其中，微生物活动起着重要作用，在培养料中，养分分解与养分积累同时进行，有益微生物和有害微生物的代谢活动要消耗原料，但更重要的是有益微生物的活动把复杂物质分解为食用菌更易吸收的简单物质，同时菌体又合成了只有食用菌菌丝体才易分解的多糖和菌体蛋白质。培养料通过发酵后，使过多的游离氨、硫化氢等有毒物质得到消除，料变得具有特殊料香味，其透气性、吸水性和保温性等理化性状均得到一定改善。此外，堆制发酵过程中产生的高温，杀死了有害生物，减轻了病虫害对双孢蘑菇生长的危害。可见，培养料堆制发酵是双孢蘑菇栽培中重要的技术环节，直接关系到双孢蘑菇生产的丰歉成败。

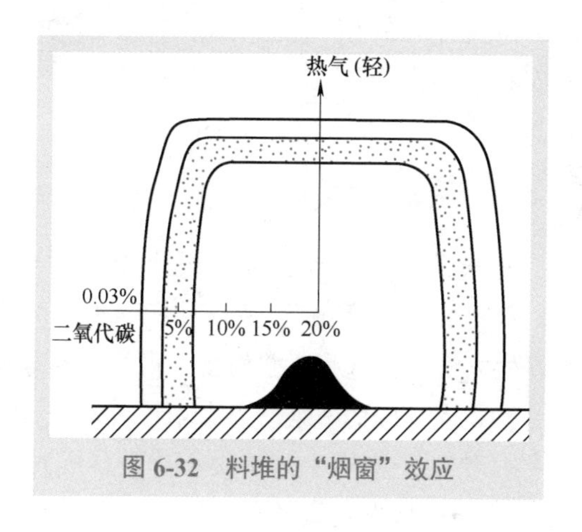

图 6-32 料堆的“烟窗”效应

【提示】

培养料发酵既不能“夹生”，以防病虫为害；也不能堆制过熟，以防养分过度消耗和培养料腐熟成粉状而失去弹性，物理性状恶化。双孢蘑菇、姬松茸、草菇、平菇、鸡腿菇等都可进行发酵栽培。

2. 发酵方法

在双孢蘑菇培养料堆制发酵过程中，温度和水分的控制、翻堆的方法、时机的把握决定着发酵的质量。

（1）**培养料预湿** 有条件时可将培养料浸泡 1~2 天，捞出并控去多余水分后直接按要求建堆。浸泡水中要放入适量石灰粉，一般每立方米水放石灰粉 15 千克。也可利用洒水设施进行预湿（图 6-33）。

图 6-33 培养料预湿

在浸稻麦草时，可先挖 1 个坑，大小根据稻麦草量决定，坑内铺 1 层塑料薄膜，抽入水，放入石灰粉。边捞边建堆，建好堆后，每天在堆的顶部浇水，以堆底有水溢出为标准，经 3~4 天麦秸（稻草）基本吸足水分。

【提示】

棉秆、玉米芯等因组织致密、吸水慢和吃水量小等原因，水分过少，极易发生“烧堆”，所以棉秆、玉米芯要提前 2~3 天预湿。预湿的方法是：开挖 1 个沟槽，内衬塑料薄膜，然后往沟槽放水，添加水量 1% 的石灰。把棉秆、玉米芯放入沟内水中，并不断拍打，使之浸泡在水中 1~2 小时，待吸足水后捞出。检查吃透水的方法是抽出几根长棉秆、玉米芯，用手掰断，以无白芯为宜。

（2）建堆 料堆要求宽 2 米、高 1.5 米，长度可根据栽培料的多少决定，建堆时每隔 1 米竖 1 根直径为 10 厘米左右、长 1.5 米以上的木棒，建好堆后拔出，自然形成 1 个透气孔，以增加料内氧气，有利于微生物的繁殖和发酵均匀（图 6-34）。

图 6-34 原料建堆发酵（棉秆粉）

堆料时先铺 1 层麦草、稻草或棉秆（大约 25 厘米厚），再铺 1 层粪，边铺边踏实，粪要撒均匀，照此法1层草、1层粪的堆叠上去，堆高至1.5米，顶部再用粪肥覆盖。将尿素的1/2均匀撒在堆中部。

【注意】

① 为防止辅料一次加入后造成流失或相互反应失效，提倡分次添加。石膏与过磷酸钙能改善培养料的结构，加速有机质的分解，故应在第一次建堆时加入，石灰在每次翻堆时根据料的酸碱度适量加入。

② 粪肥在建堆前晒干、打碎、过筛。若用的是鲜粪，来不及晒干，可用水搅匀，建堆时分层泼入，不能有粪块。

③ 堆制时每层都要浇水，做到底层少浇、上部多浇，以第二天堆周围有少量水溢出为宜。建堆时要注意料堆的四周边缘尽量陡直，料堆的底部和顶部的宽度相差不大，堆内的温度才能保持得较好。料堆不能堆成三角形或近于三角形的梯形，因为这样不利于保温。在建堆过程中，必须把料堆边缘的麦草（图6-35）、稻草收拾干净、整齐。不要让这些草秆参差不齐地露在料堆外面。这些暴露在外面的草秆很快就会风干，完全没有进行发酵。

④ 第一次翻堆时再将剩余的石膏、过磷酸钙均匀撒入培养料堆中。

⑤ 建堆可以用建堆机、翻堆机进行。

（3）**前发酵（一次发酵，见图6-36）** 翻堆的目的是使培养料发酵均匀，改善堆内空气条件，调节水分，散发废气，促进微生物的继续生长和繁殖，便于培养料得到良好的分解、转化，使培养料腐熟程度一致。

在正常情况下，建堆后的第二天料堆开始升温，第三天料温升至70℃以上，3天后料温开始下降。这时进行第一次翻堆，将剩余的石灰、石膏、磷肥，边翻堆边撒入，要撒匀。重新建好堆后，待料温升到70℃以上时，保持3天，然后进行第二次翻堆，每次翻堆的方法相同。一般翻堆 3 次即可。

图 6-35 麦草堆制发酵

图 6-36 前发酵

翻堆时不要流于形式，应把料堆的最里层和最外层翻到中间，把中间的料翻到里层和外层。翻堆时若发现整团的稻、麦草或粪团，要打碎抖松，使整个料堆中的粪和草掺匀，绝不能原封不动地堆积起来，否则达不到翻堆的目的。

前发酵过程中微生物的变化过程是：水分、氧充足→中温型微生物繁殖→产热使料升温→嗜热性、高温型微生物生长（40~60℃）→料内有机氮和无机氮被微生物氨化（65℃以上）→氧化还原类反应（80℃左右），氧和氨存在、pH 为 8.5 左右，反应及产物多样，如焦糖化（糖分子逐渐失水，碳含量上升，料色变暗，碳化）反应，又叫美拉德反应。

【注意】

① 从第二次翻堆开始，在水分的掌握上只能调节，干的地方浇水，湿的地方不浇水，防止水分过多或过少。每次建好堆后若遇晴天，可用草帘或玉米秸遮阴；雨天要盖塑料薄膜，以防雨淋；晴天后再掀掉塑料薄膜，否则会影响料的自然通气。

② 在实际操作中，以上天数只能作为参考。如果只按天数进行管理，料温可能达不到 70℃以上，同样也达不到发酵的目

的。每次翻堆后若长时间不升温，要检查原因，是水分过大还是过小，透气孔是否堵塞。如果水分过大，建堆时面积可以大一些，让其挥发多余水分；如果水分过小，建堆时要适当补水。若发现料堆周围有鬼伞，要在翻堆时把这些料抖松、弄碎后掺入料中，经过高温发酵杀死杂菌。

③ 每次翻堆要检查料的酸碱度，若偏酸则结合浇水撒入适量石灰粉，使 pH 保持在 8 左右。发酵好的料呈浅咖啡色，无臭味和氨味，质地松软，有弹性。

④ 培养料进棚前的最后一次翻堆不要再浇水，以免影响发酵温度及效果。

（4）后发酵（二次发酵，见图 6-37） 二次发酵的目的是进一步改善培养料的理化性质，增加可溶性养分，彻底杀灭病虫、杂菌，特别是在搬运过程中进入培养料的杂菌及害虫。因此，二次发酵也是一个关键的环节。

在后发酵（料进菇房）前，要对出菇场所进行 1 次彻底的消毒杀虫，用水浇灌 1 次，通风。当地面不黏时，把生石灰粉均匀撒在地面上，每平方米撒 0.5 千克并划锄，进料前 3 天，再用甲醛消毒（用量为 10 毫升 / 米^3），进料前通风，保证棚内空气新鲜，以利于操作。

后发酵可经过人为空间加温，使料加快升温速度。如果用塑料大棚栽培，通过光照自然升温也可以。后发酵可分 3 个阶段：

① 升温阶段。在前发酵第三次翻堆完毕的第 2~4 天内，趁热入棚，建成与菇棚同向的长堆，高 1.3 米、宽 1.6 米左右（图 6-37)。选一个光照充足的日子，把菇棚草帘全部拉开，使料温快速达到 60~63℃、气温 55℃左右，保持 8~10 小时，这一过程又称为巴氏灭菌。10 月后，如果温度达不到标准，则需用炉子或蒸汽等手段强制升温。

② 保温阶段。控制料温在 50~52℃，维持 4~6 天。保温期间，

每天开对窗通风 1~2 次，每次 5~10 分钟，补充新鲜空气，可促进有益微生物繁殖。

③ 降温阶段。当料温降至 40℃左右时，打开门窗进行通风降温，排出有害气体，然后发酵结束。

具体做法是：用 2 个蒸汽炉（图 6-38）加温 5~6 小时，60℃保持 8~10 小时。用 1 个蒸汽炉保温，在 50~52℃下保持 4~6 天。

图 6-37　后发酵

图 6-38　蒸汽炉

【提示】

二次发酵的生物化学及物理变化主要是微生物生长繁殖、消长变化的过程，堆肥中的生物活性为整个过程提供了足够的热量。巴氏消毒后，调节过程中的堆肥温度降至嗜热菌活性最佳的温度范围内（46℃），充足的微生物（嗜热细菌和真菌）将氨转化为蛋白质。

【注意】

后发酵是双孢蘑菇栽培中防治病虫害的最后一道屏障，目的是最大限度地降低病菌及虫口基数，也能起到事半功倍的效果，否则后患无穷。微生物增殖、代谢过程产生的代谢产物、激素、生物素均能很好地被双孢蘑菇菌丝体所利用，同时创造的高温环境可使培养料内及菇棚内的病虫害得以彻底消灭。

（5）优质发酵料的标准

① 质地疏松、柔软、有弹性，手握成团，一抖即散，腐熟均匀。

② 草形完整，一拉即断，为棕褐色（咖啡色）至暗褐色，表面有一层白色放线菌，料内可见灰白色嗜热性纤维素分解霉、浅灰色绵状腐殖霉等微生物菌落。

③ 无病虫杂菌，无粪块、粪臭、酸味、氨味；原材料混合均匀，具有蘑菇培养料所特有的料香；手握料时不粘手，取一小部分培养料在清水中揉搓后，浸提液应为透明状。

④ 培养料 pH 为 7.2~8.0，含水量为 63%~65%，以手紧握指缝间有水印且呈欲滴下的状况为佳。

优质发酵料的评判标准，见表 6-2。

表 6-2 优质发酵料的评判标准

评判标准	一次发酵	二次发酵
色泽	暗褐色	灰白色（大量放线菌）
秸秆纤维	较硬，抗拉力强	柔软，有一点抗拉力
水分	72%~75%，手握指缝滴水	66%~68%，手握指缝不滴水
气味及 pH	有氨味，pH 为 8 左右	无氨味，pH 为 7.5 左右
手感	黏度大，污手	不黏，有弹性，不污手
浸出液	不透明	透明

双孢蘑菇工厂化生产堆肥三次发酵时间，见表 6-3；优质发酵料的理化指标，见表 6-4（含工厂化生产的三次发酵）；培养料发酵过程中物质的质量变化，见表 6-5。

表 6-3 双孢蘑菇工厂化生产堆肥三次发酵时间

发酵阶段	程序	时间	场所和要求
一次发酵	预湿	2 天	混拌机械或浸草池，堆肥含水量达 75%~80%
	发酵	10~12 天	发酵槽，倒仓 2~3 次，料温为 65~80℃

（续）

发酵阶段	程序	时间	场所和要求
二次发酵	升温	1 天	发酵隧道
	杀菌	8~12 小时	巴氏杀菌，温度为 58~60℃
	腐熟	5~6 天	温度为 47~50℃
三次发酵	发菌	14~16 天	发酵隧道，料温为 23~25℃
总天数		32~38 天	

表 6-4　优质发酵料的理化指标

项目	准备阶段	一次发酵阶段			一次发酵结束	二次发酵结束	三次发酵结束
	原料混合	第一次翻堆	第二次翻堆	第三次翻堆	进第二次隧道	出第二次隧道	出第三次隧道
含水量（%）	60~70	64~72	66~74	70~74	73~75	68~70	62~66
pH					8.1~8.3	7.4~7.6	6.2~6.5
含氮量（%）	1.5~1.9			1.8~2.2	1.8~2.3	2.0~2.4	2.1~2.6
灰分含量（%）	15~21				18~24	26~30	28~32
NH_4^+（%）					0.65~0.72	0.0005~0.05	≤0.0005

表 6-5　培养料发酵过程中物质的质量变化

阶段	总质量变化		干物质变化	
	总质量 / 千克	损耗（%）	总质量 / 千克	损耗（%）
准备阶段	1424	0	356	0
一次发酵	1000	29.8	260	27.0
二次发酵	710	29.0	220	15.4
三次发酵	610	14.1	201	8.6

注：堆肥生物活性变化是导致物质质量变化的主要因素。

【提高效益途径】

三次发酵料（发菌）打包异地出菇模式，解决了鲜菇不能远途运输的难题，如荷兰能够向日本、印度尼西亚等国家出口发好菌的料包，在消费市场附近出菇，这种模式在我国正在兴起。

三、重视播种、发菌环节

培养料发酵后可进行投料，投料量一般为 80~100 千克 / 米^2，培养料含水量为 68%~70%，培养料含氮量为 2.0%~2.4%。培养料发菌阶段料温不能太高，发菌时遇到高温（培养料温度为 26~28℃），湿度应相对降低，增加通风量，将二氧化碳控制在 1500 毫克 / 千克以下，以免形成菌被（图 6-39）。具体生产环节如下：

图 6-39　菌床形成菌被

【提示】

形成菌被时，可以采取“打钎”的办法来撬动培养料或土层，其作用是抑制菌丝过旺生长，改善菌床出菇条件。

1. 菇房消毒

不管新菇房还是老菇房，在培养料进房前、进房后都要进行消毒杀菌处理。用 0.5% 的敌敌畏溶液喷床架和墙壁，栽培面积为 111 米^2 的蘑菇房用量为 2.5 千克，然后紧闭门窗 24 小时。

2. 铺料

后发酵结束后，将料堆按畦床大体摊平，把料抖松，将粪块及杂物拣出，通风降温，排出废气，使料温降至 28℃左右。铺料时提倡小畦铺厚料，以改善畦床通气状况，增加出菇面积，提高单产，一般床面宽 1~1.2 米、料厚 30~40 厘米。为防止铺料不均匀或过薄，可用宽 1.2 米、高 40 厘米的挡板铺料（图 6-40）。

图 6-40 用挡板铺料

3. 播种

播种量为每平方米 2 瓶（500 毫升 / 瓶），一般为麦粒菌种。把菌种总量的 3/4 先与培养料混匀（底部 8 厘米尽量不播种），用木板将料面整平，轻轻拍压，使料松紧适宜，用手压时有弹力感，料面呈弧形或梯形，以利于覆土；然后把剩余的 1/4 均匀地撒到料床上，用手或耙子耙一下，使菌种稍漏进表层，或在菌种上盖一层薄麦草，以利于定植吃料，不致使菌种受到过干或过湿的伤害。

【注意】

我们一般认为菌种的菌龄不能过长（表面菌丝衰老、谷粒内部过分消耗菌丝也难于在料内定植），但也不能过短。因为菌丝仅长在表面（尤其是白芯谷粒），虽然表面无区别，但播种后表面菌丝生长弱、活力弱，一时无法长至料内而萎缩，谷粒内部又无后备菌丝继续吃料，不久菌丝就会消失。

4. 覆盖

播种结束，应在料床上面覆一层用稀甲醛消过毒的薄膜，以保温保湿，且使料面与外界隔绝，阻止杂菌和害虫入侵（图 6-41）。2~3 天后，薄膜的近料面会布满冷凝水，此时应在外面喷洒稀甲醛后翻过来，使菌种继续进行消毒，而冷凝水被蒸发掉，如此循环。我国传统的覆盖方法是用报纸调湿覆盖，但这种方法需经常喷水，因为很容易造成表层干燥。

5. 发菌

此时应采取一切措施创造菌丝生长的适宜条件，促进菌丝快速、健壮生长，尽快占领整个料床，封住料面，缩短发菌期，尽量减少病虫为害，这是发菌期管理（图 6-42）的原则。播种后 2~3 天内，菇房以保温保湿为主，促进菌种萌发定植。经过 3 天左右菌丝开始萌发，这时应加强通风，使料面菌丝向料内生长。7 天后应保证菇房内空气充足，将相对湿度下降至 89%~90%，促进料内菌丝生长、抑制料表面菌丝生长；若天气干燥，通风量应减少，反之则增加。

图 6-41 薄膜覆盖保湿

图 6-42 发菌期管理

【小窍门】

发菌期间要避免表层菌种因过干或过湿而死亡。菇棚干燥时，可向空中、墙壁、走道洒水，以增加空气湿度，减少料内水分蒸发。

6. 发菌期间的常见问题及原因

（1）**菌种菌丝不萌发** 烧菌（培养料的温度连续 2~3 天高于 30℃），氨气挥发不彻底，螨类咬食菌丝。

（2）**菌丝不吃料** 料过干或过湿；辅料添加过多，营养不协调。

（3）**菌丝在料内稀疏无力、生长缓慢** 料的养分差，前发酵料温不高，尤其旧料过热、受潮、发霉、松散无韧性。

（4）**绒毛菌丝稀少、线状菌丝形成** 配方不当、粪肥过量，有厌氧活动发生，料过熟、过湿、透气性差，氧化不足而提前形成线状（营养生长转入生殖生长）。

四、覆土要标准、规范

1. 覆土材料

理想的覆土材料应该是喷水不板黏，湿时不发黏，干时不结块，表面不形成硬皮和龟裂，蓄水力强等，以有机质含量高的偏黏性壤土、林下草炭土为最好。生产中一般多用稻田土、池塘土、麦田土、豆地土、河泥土等，不用菜园土，因其含氮量高，易造成菌丝徒长、结菇少，而且易藏有大量病菌和虫卵。

【提示】

覆土可取表面15厘米以下的土，并经过烈日暴晒，杀灭虫卵及病菌，而且可使土中一些还原性物质转化为对菌丝有利的氧化性物质。覆土最好呈颗粒状，细小粒直径为0.5~0.8厘米，粗粒直径为1.5~2.0厘米，掺入1%的石灰粉，喷水调湿，土的湿度以用手捏不碎、不粘手为宜。

【提高效益的途径】

覆土可以由细田土或干河泥加30%~50%的草炭土组成，具体制备方法是先将半干田土（河泥）用打土机打碎，草炭土充分调湿至相互黏结成团、无水渍流出为止，然后加入石灰粉与细田土（干河泥）充分混拌均匀，必要时再加水将混合土充分调湿。

2. 覆土

菌丝基本长满料的2/3时应及时覆土。覆土时，提前一天掀膜，有利于蒸发掉料面水分，菇房用杀螨剂处理；注意操作人员、工具等的卫生，清洁菇房，并用杀虫剂处理。

【提示】

覆土前料面应干燥，覆土调水后菌丝遇水即易恢复生长、爬土快。若爬土慢，可搔料面、拉平拍平，让断裂菌丝恢复生长，使料面和土层绒毛状菌丝更多更旺盛。

常规的覆土方法分为覆粗土和细土两次进行。粗土对理化性状的要求是手能捏扁但不碎、不粘手，没有白心为合适。有白心、易碎的为过干，粘手的为过湿。覆盖在床面的粗土不宜太厚，以不使菌丝裸露为度，然后用木板轻轻拍平。覆粗土后要及时调整水分，喷水时要做到勤、轻、少，每天喷 4~6 次，经 2~3 天把粗土含水量调到适宜湿度，但水不能渗到料里。覆粗土后的 5~6 天，当土粒间开始有菌丝上窜时即可覆细土。细土不用调湿，直接把半干细土覆盖在粗土上即可，然后再调水分。细土含水量要比粗土稍低，有利于菌丝在土层间横向发展，提高产量。

【提示】

双孢蘑菇原基在覆土层内产生，所以覆土层不能太薄，否则土层持水量太少，易出现死菇、长脚菇、薄皮开伞菇等生理性病害；过厚容易出现畸形菇和地雷菇等生理性病害。覆土层厚度为 3~4 厘米，一般覆土 3 厘米，草炭土可为 4.5~5 厘米。

3. 覆土后管理

覆土以后管理的重点是水分管理。覆土后的水分管理称为“调水”，调水采取促、控结合的方法，目的是使菇房内的生态环境能满足菌丝生长和子实体形成。

（1）粗土调水　粗土调水是一项综合管理技术。管理上既要促使双孢蘑菇菌丝从料面向粗土生长，同时又要控制菌丝生长过快，防止土面菌丝生长过旺，包围粗土造成板结。因此，粗土调水应掌握“先干后湿”这一原则，粗土调水的工艺为：粗土调水（2~3 天）→通风状菌（1 天）→保湿吊菌（2~3 天）→换气促菌（1~2 天）→覆细土。

（2）细土调水　细土调水的原则与粗土调水的原则是完全相反的。细土调水的原则是“先湿后干，控促结合”。其目的是使粗土中菌丝生长粗壮，增加菌丝营养积蓄，提高出菇潜力。细土调水的工艺为：第一次覆细土后即进行调水，1~2 天内使细土含水量达到 18%~20%，略低于粗土含水量。喷水时通大风，停水时通小风，然后关闭门窗 2~3 天。当菌丝普遍串上第一层细土时，再覆干细土或半干湿细土，不喷水，小通风，使土层呈上部干、中部湿的状态，迫使菌丝在偏湿处横向生长。

覆土后，在 24℃条件下培养菌丝 5~7 天，让菌丝迅速向覆土层生长，与拌入覆土中的菌种萌发形成的菌丝相连。此后，将温度降到 14~16℃，喷水刺激，促进菌丝由营养生长向生殖生长转化，形成菇蕾。

4. 扒平（搔菌）

覆土后第 8 天左右（菌丝穿透覆土层至 60%~70%），因大量调水导致覆土层板结，要采取“扒平”工艺，扒平可改善覆土层结构和增加原基的均一性。具体做法是将几根粗铁丝拧在一起，一端分开，弯成小耙状，松动畦床的覆土层，改善其通气及水分状况，并将覆土层混匀，使断裂的菌丝体遍布整个覆土层（图 6-43）。

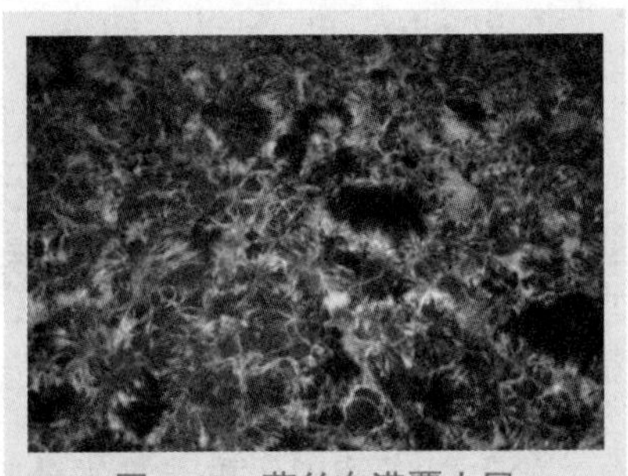
图 6-43　菌丝布满覆土层

耙平后不能马上施重水，一般在 48 小时后待菌丝恢复生长才能喷水，保持覆土层含水量在 70% 以上。

【提示】

当一半的覆土表面爬满菌丝体时，要向菇房内送入新鲜空气，使菌丝体停止生长，促进原基形成。也可在 90% 的覆土表面爬满菌丝体时，再盖上一层薄的新覆土，此时要降低菇房温度（晚上温度较低时通风），通过向墙面和地面上喷水来控制菇房湿度，使覆土一直保持湿润。

【提高效益的途径】

为诱导原基尽可能多的形成，覆土层必须形成大量的菌索，这是双孢蘑菇菌丝由营养生长转为生殖生长的特征。菌索的形成因温度而异，在16~20℃时形成最多，在10℃以下或20℃以上形成较少。若温度适宜，在覆土后2~3周形成原基的密度会非常高。

五、出菇管理精细化

覆土后15~18天经适当调水，原基开始形成，这些小菌蕾开始长大、成熟，这个阶段的管理就是出菇管理，按照双孢蘑菇出菇的季节又可分为秋菇管理、冬菇管理和春菇管理。

1. 秋菇管理

双孢蘑菇从播种、覆土到采收，大约需要40天的时间。秋菇生长过程中，气候适宜，产量集中，一般占总产量的70%。其管理要点是在保证出菇温度适宜的前提下，加强通风，调水工作是决定产量的关键所在，既要多出菇、出好菇，又要保护好菌丝，为春菇生产打下基础。

（1）水分管理　当床面的菌丝洁白旺盛、布满床面时要喷重水，让菌丝倒伏，这时喷水也称“出菇水”，以刺激子实体的形成。此后停水2~3天，加大通风量，当菌丝扭结成小白点时，开始喷水，增大湿度，随着菇量的增加和菇体的发育而加大喷水量，喷水的同时要加强通风。

【小窍门】

料温上升说明菌丝活力旺盛，需水量较大；料温平稳或开始下降，则限制喷水。喷水还要看料中含水量的多少，水多少喷、水少多喷。菇蕾米粒大小时少喷水，菇大、菇密则需要多喷水。

当双孢蘑菇菇蕾长到黄豆大小时（图6-44），需喷1~2次较重的“出菇水”，每天1次，以促进幼菇生长。之后停水2天，再随菇的长大逐渐增加喷水量，一直保持其即将进入菇潮高峰，再随着菇的采收而逐渐减少喷水量。一旦双孢蘑菇原基形成至5~8毫米大小时，空气相对湿度就要降至82%~85%，这样会形成强有力的蒸腾作用来带动水和溶于水的营养通过菌丝输送至正在发育的菇蕾。

【提示】

当棚温高于20℃以上时，应避免喷水，否则易产生杂菌和造成菌丝萎缩；若空气温度为18~20℃，菌丝生长仍很快，应提早施水，控制料面菌丝，防密菇、小菇（图6-45）；若空气温度为15℃以下，则应适当推迟施水，促进菌丝向上生长，升高结菇部位。

图6-44　黄豆大小的双孢蘑菇菇蕾

图6-45　密菇和小菇

（2）温度管理　秋菇前期气温高，当菇房内温度在18℃以上时，要采取措施降低棚内温度，如夜间通风降温、向棚四周喷水降温、向棚内排水沟灌水降温等。秋菇培育后期气温偏低，当棚内温度在12℃以下时，要采取措施提高棚内温度。一般提高棚内温度的方法有中午通风提高温度，夜间加厚草苫保持棚内温度，或用黑膜、白膜双层膜提高棚内温度等措施。

【提示】

棚温为18~20℃会使菇发育较快，但质量会很差，在第一、第二潮时最好控制棚温为17~18℃。

（3）**通风管理** 双孢蘑菇是一种好氧性真菌，因此菇房内要经常通风换气，不断排出有害气体，增加新鲜氧气，这样有利于双孢蘑菇的生长。菇房内的二氧化碳含量为0.03%~0.1%时，可诱发原基形成；当二氧化碳含量达到0.5%时，就会抑制子实体分化；超过1%时，菌盖变小，菌柄细长，就会出现开伞和硬开伞现象。

【提示】

秋菇出菇前期气温偏高，此时菇房内如果通风不好，将会导致子实体生长发育不良，甚至会出现幼菇萎缩死亡的现象。这一时期菇房通风的原则应考虑以下两个方面：一是不能提高菇房内的温度，二是不能降低菇房内的空气湿度。因此，菇房的通风应在夜间和雨天进行，无风的天气南北窗可全部打开；有风的天气只开背风窗（图6-46）。为解决通风与保湿的矛盾，门窗要挂草帘，并在草帘上喷水，这样在通风的同时，也能保持菇房内的湿度，还可避免热风直接吹到菇床上，避免双孢蘑菇变黄而影响产品质量。

图6-46 菇房开背风窗

【提示】

秋菇出菇后期气温下降，双孢蘑菇子实体减少，此时可适当减少通风次数。判断菇房内的空气是否新鲜，主要以二氧化碳的含量为指标，也可以双孢蘑菇的子实体生长情况和形态变化确定氧气是否充足。例如，通风差的菇房，会出现柄长、盖小的畸形菇，说明菇房内二氧化碳超标，需及时进行通风管理。

(4) 采收 在出菇阶段，每天都要采菇（图 6-47），根据市场需要的大小采，但不能开伞。采菇时要轻轻扭转，尽量不要带出培养料。随采随切除菌柄基部的泥根，要轻拿轻放，否则碰伤处极易变色，从而影响商品价值。

【提示】

培训采菇新手时，重点要放在采收的质量而不是数量上，一旦掌握了正确的采菇方法，采菇自然就会更熟练、更快速。采菇人员应定期擦手，以免覆土弄脏蘑菇；应定期清洗刀片，以免切割边缘被弄脏或形成条纹。

采菇时绝不要从菇床中间开始，而要从外部边缘向中间采，这样可以避免挫伤或将覆土弄到后面要采的菇上。产菇前期，双孢蘑菇发生密度高，土层菌丝再生和扭结能力强，采菇用旋转法，尽量做到菌根不带菌丝，不伤及周围小菇。即用手指轻轻捏住菌盖先向下稍压，再轻轻摇动一下，把菇体旋转采下。产菇后期，床面出菇量少，土层菌索状老根多，产菇能力差，采菇逐渐采用直拔法，即直接拔起菇体，这样就能够同时把老根一齐拔掉，可减轻菌床整理的工作量。

切柄后的成品菇应轻轻放在内壁光滑、容量适中的塑料桶或箱内（6-48），要防止菇体挤压受伤。成品菇要及时送往加工点，运送途中要轻装轻卸，减少振动。

菇潮内应至少留出 1~2 天的时间无成熟菇可采（床面），需要在潮次间有休整的时间施水。

（5）采后管理　每次采菇后，应及时将遗留在床面上的干瘪、变黄的老根和死菇剔除，否则会发霉、腐烂，易引起绿色木霉和其他杂菌的侵染和害虫的滋生。采菇留下的坑洼处再用土填平，保持料面平整、洁净，以免喷水时水渗透到培养料内影响菌丝生长。

图 6-47　采收

图 6-48　装有双孢蘑菇的塑料箱

2. 冬菇管理

双孢蘑菇冬季管理的主要目的，是保持和恢复培养料内和土层内菌丝的生长活力，并为春菇生产打下良好的基础。长江以北诸省，12月底～第二年2月底气候寒冷，构造好、升温快、保温性能强或有增温设施的菇棚可继续出菇，以获丰厚回报，但在控温、调水和通风等方面与秋菇、春菇管理有较大差异，要根据具体的气温灵活掌握，不可生搬硬套。升温、保温性能差的简易棚，棚内温度一般在5℃以下，菌丝体已处于休眠状态，子实体也失去应有的养分供给而停止生长，此时应进行越冬管理，否则会入不敷出，而且影响春菇产量。

（1）水分管理　随着气温的逐渐降低，出菇越来越少，双孢蘑菇的新陈代谢过程也随之减慢，对水分的消耗减少，土面水分的蒸发量也在减少。为保持土层内有良好的透气条件，必须减少床面用水量，改善土层内的透气状况，保持土层内菌丝的生活力。

【提示】

冬季气温虽低，但北方气候干燥，床面蒸发依然很大，因此必须适当喷水。一般 5~7 天喷 1 次水，水温以 25~30℃为宜。不能重喷，以使细土不发白、捏得扁、搓得碎为佳，含水量保持在 15% 左右。要防止床土过湿，避免低温结冰而冻坏新发菌丝。

若菌丝生长弱，可喷施 1% 葡萄糖溶液 1~2 次，喷洒应在晴天的中午进行。寒潮期间和 0℃以下时不要喷洒，室内温度最好控制在 4℃以上。室内空气相对湿度可保持自然状态，并结合进行喷水管理，越冬期间还应喷 1~2 次 2% 的清石灰水。

（2）**通风管理** 冬季要加强菇房的保暖工作，同时还要有一定的换气时间，保持菇房、出菇场所空气新鲜。菇房北面窗户及通风口要用草帘等封闭，仅留小孔。一般每天中午开南窗通风 2~3 小时；气温特别低时，通风暂停 2~3 天，使菇房内的温度保持在 2~3℃。

（3）**松土、除老根** 松土可改善培养料表面及覆土层通气状况，减少有害代谢物；同时清除衰老的菌丝和死菇，有利于菌丝生长。对于菌丝生长较好的菌床，在冬季进行松土和除老根，对促进第二年春菇生产有良好的作用。

松土及除去老根后，需及时补充水分以利于发菌。“发菌水”应选择在温度开始回升以后喷洒，以便在湿度和温度适宜的情况下，促使菌丝萌发、生长。“发菌水”要一次用够，用量要保证恰到好处，即用 2~3 天时间喷湿覆土层而又不渗入料内（每天 1~2 次），防止用量不足或过多而导致菌丝不能正常生长。喷水后应适当进行通风。菌丝萌发后，要注意防止西南风袭击床面，以免引起土层水分的大量蒸发和菌丝干瘪后萎缩。

3. 春菇管理

2 月底 ~3 月初，日平均气温回升到 10℃左右，此时进入春菇管理。

（1）**水分管理** 春菇前期调水应勤喷轻喷，忌用重水。随着气温的升高，双孢蘑菇陆续出菇后，可逐渐增加用水量。一般气温稳定在 12℃左右时调节出菇水就能正常出菇。出菇后期，菌床会变成酸性，可定期喷施石灰水进行调节。

（2）**温、湿、气的调节** 春菇管理前期应以保温、保湿为主，通风宜在中午进行，防止昼夜温差过大，使菇房保持有一个较为稳定的温湿环境，有利于双孢蘑菇生长。春菇管理后期应防高温、干燥，通风宜在早、晚进行。通风时要严防干燥的西南风吹进菇房，以免引起土层菌丝变黄萎缩，失去结菇能力。

4. 产后菇棚消毒

春季出菇结束后，及时将废弃培养料运出菇房，送入大田作为肥料，揭掉棚膜暴晒大棚 3 个月，菇棚扣膜后，四壁、床架和地面用 6% 的氢氧化钠或 3% 的漂白粉溶液喷洒消毒，在床架裂缝处及墙角等地方要多喷。若菇棚内为泥土地面，要撒一层石灰粉。

六、避免常见的出菇期病害，提高优质菇比例

1. 出菇过密且小

菌丝扭结形成的原基多，子实体大量集中形成，菇密而小（彩图 43）。

（1）**发生原因** 出菇重水使用过迟，菌丝生长部位过高，子实体在细土表面形成；出菇重水用量不足；菇房通风不够。

（2）**防治措施** 出菇水一定要及时和充足；在出菇前就要加强通风。

2. 死菇

双孢蘑菇在出菇阶段，由于环境条件的不适，在菇床上经常发生小菇蕾萎缩、变黄直至死亡的现象，严重时床面的小菇蕾会大面积死亡（彩图 44）。

（1）**发生原因** 出菇密度大，营养供应不足；高温高湿，二氧化碳积累过量，幼菇缺氧而窒息死亡；机械损伤，在采菇时，周围小

菇受到碰撞；培养基过干，覆土含水量过小；幼菇期或低温季节喷水量过多，导致菇体水肿黄化，溃烂死亡；用药不当，产生药害；秋菇出菇时遇寒流侵袭，或春菇出菇时棚温上升过快而料温上升缓慢，温差过大导致死菇；秋末温度过高（超过 25℃），春菇出菇时气温回升过快，连续几天超过 20℃，此时的温度适合菌丝体生长，菌丝体逐渐恢复活性，吸收大量养分，易导致已形成的菇蕾发生养分倒流，使小菇因养分供应不足而成片死亡；严冬时节棚温长时间在 0℃以下，造成冻害而成片死亡；病原侵染，害虫如螨、跳虫、菇蚊等泛滥。

（2）**防治措施** 根据当地气温变化特点，科学安排播种季节，防止高温时出菇；春菇出菇后期加强菇房的降温措施，防止高温袭击；在土层调水阶段应防止菌丝长出土面，压低出菇部位，以免出菇过密；防治病虫害和杂菌时，避免用药过量而造成药害。

3. 畸形菇

常见的畸形菇有菌盖不规则、菌柄异常、草帽菇、无盖菇等（彩图 45）。

（1）**发生原因** 覆土过厚、过干，土粒偏大，对菇体产生机械压迫；通风不良，二氧化碳含量高，出现柄长、盖小、易开伞的畸形菇；冬季室内用煤加温，一氧化碳中毒产生瘤状突起；药害导致畸形；调水与温度变化不协调而诱发菌柄开裂、裂片卷起；料内、覆土层含水量不足或空气湿度偏低，出现平顶、凹心或鳞片。

（2）**防治措施** 为防止畸形菇发生，土粒不要太大，土质不要过硬；出菇期间要注意菇房通风；冬季使用加温火炉时应放置在菇房外，利用火道送暖。

4. 薄皮菇

薄皮菇症状为菌盖薄、开伞早、质量差（彩图 46）。

（1）**发生原因** 培养料过生、过薄、过干；覆土过薄，覆土后调水轻，土层含水量不足；出菇期遇到高温、低湿、调水后通风不良；出菇密度大，温度高，湿度大，子实体生长快、成熟早，营养供应不上。

（2）防治措施　控制出菇数量，合理安排菇房通气，降低温度，能有效地防止出现薄皮、早开伞现象。

5. 硬开伞

症状为提前开伞，甚至菌盖和菌柄脱离（彩图 47）。

（1）发生原因　气温骤变，菇房出现 10℃以上温差及较大干湿差；空气湿度高而土层湿度低；培养基养分供应不足；菌种老化；出菇太密，调水不当。

（2）防治措施　加强秋菇后期的保温措施，降低菇房温度的变幅；增加空气湿度，促进菇体均衡生长。

6. 地雷菇

结菇部位深，甚至在覆土层以下，往往在长大时才被发现（彩图 48）。

（1）发生原因　培养基过湿、过厚或培养基内混有泥土；覆土后温度过低，菌丝未长满上层便开始扭结；调水量过大，产生“漏料”，土层与料层产生无菌丝的“夹层”，只能在夹层下结菇；通风过多，土层过干。

（2）防治措施　培养料不能过湿、不能混进泥土，以避免料温和土温差别太大；合理调控水分，适当降低通风量，保持一定的空气相对湿度，以避免表层覆土太干燥，促使菌丝向土面生长。

7. 红根菇

菌盖颜色正常，菌根发红（彩图 49）或微绿。

（1）发生原因　用水过量，通风不足；肥害和药害；培养料偏酸；采收前喷水；运输中受潮、积压。

（2）防治措施　出菇期间土层不能过湿，加强菇房通风。

8. 水锈病

表现为子实体上有锈色斑点，甚至斑点连片（彩图 50）。

（1）发生原因　床面喷水后没有及时通风，出菇环境湿度大；温度过低，子实体上水滴滞留时间过长。

（2）防治措施　喷水后，菇房应适当通风，以蒸发掉菇体表面的水分。

9. 空心菇

症状为菌柄切削后有中空或白心现象（彩图 51）。

（1）**发生原因** 气温超过 20℃时，子实体生长速度快，出菇密度大；空气相对湿度在 90% 以下，覆土偏干。菌盖表面水分蒸发量大，迅速生长的子实体得不到水分的补充，就会在菌柄产生白色疏松的髓部，甚至菌柄中空，形成空心菇。

（2）**防治措施** 盛产期应加强水分管理，提高空气相对湿度；土面应及时喷水，避免土层过干；喷水时应轻而细，避免重喷。

10. 鳞片菇

（1）**发生原因** 气温偏低，前期菇房湿度小，空气干，后期湿度突然加大，菌盖便容易产生鳞片（彩图 52）。但某些品种，鳞片是其固有特性。

（2）**防治措施** 提高菇房内的空气相对湿度，尽量避免干热风吹进菇房或直吹出菇床面。

11. 群菇

许多子实体参差不齐地密集成群菇（彩图 53），即不能增加产量，又浪费养分，还不便于采菇。

（1）**发生原因** 使用老化菌种；采用穴播方式。

（2）**防治措施** 可采用混播法；在覆土前把穴播的老种块挖出，然后用培养料补平。

12. 胡桃肉状菌

（1）**发生原因** 菇农形象地称之为“菜花菌”（彩图 54），存在于旧菇房土壤中，病菌孢子随感病培养料、菌种等进入菇房，可随气流、人、工具等在棚内传播蔓延。子囊孢子耐高温、抗干旱，对化学药品抵抗力强，存活时间长。胡桃肉状菌在高温、高湿、通风不良，以及培养料偏酸性的菇棚发生严重。

（2）**防治措施** 培养料需经过严格发酵，最好进行二次发酵，以消灭培养料内潜在的病菌。培养料不宜过熟、过湿、偏酸；培养料进房前半个月，菇房、床架、墙壁及四周要用水冲洗，并喷洒1%的漂白粉溶液进行消毒。栽培2年以上的老菇房，床架要用1:2:200的波尔多液洗刷，再用10%的石灰水粉刷墙壁。覆土应取菜园土层20厘米以下的红壤土，暴晒后，每100米²栽培面积的覆土用2.5千克甲醛进行消毒。

【注意】

此菌发生后应立即停止喷水，使土面干燥，并挑起胡桃肉状菌的子实体，用喷灯烧掉，再换上新土。小面积发生时可用柴油或煤油浇灌，或及早将受污染的培养料和覆土挖除，然后用2%的甲醛溶液或1%的漂白粉液喷洒，并喷石灰水以提高培养料的pH。已大面积发生时，应去除培养料并将其深埋或烧毁；然后进行菇房消毒，以免污染环境，预防第二年再发病。

七、重视产品分级，提高商品质量

双孢蘑菇鲜菇等级标准虽然不尽相同，但基本上是根据双孢蘑菇菌盖、菌柄的生长状态确定的。

1. 分级标准

1）一级。菌盖不开伞，切开为实心，直径为3厘米以下，菌柄长度在1.5厘米以下（国内的标准是菌柄长为0.5~1厘米）。

2）二级。菌盖不开伞，切开见菌褶，直径为2~4厘米，菌柄长度在2厘米以下（国内的标准是菌柄长为1厘米）。

3）三级。菌膜略开、未开伞，直径为4~6厘米，菌柄长2.5~3厘米。

4）级外。开伞菇约占5%，主要用于制作双孢蘑菇汤料（国内主要用于烘干加工）。

2. 外形标准

1）平整度。从上面看菌盖时，是正圆形的；从侧面看时，中央稍隆起，表面平滑，无鳞片。

【提示】

菌盖凹陷与菌种、覆土有关；菌盖变形与不正确的喷水有关；双孢蘑菇褐斑病、细菌斑点病、害虫都可导致菇体品质下降。

2）匀称度。菌盖的大小和菌柄的长度应匀称协调，菌柄长于菌盖直径的双孢蘑菇品质较差。

【提示】

菌柄长是由于发育期间通风不够而缺氧。但是也可以巧妙利用这种相关性，在机械采收前1~2天减少通风量，以促使菌柄伸长，有利于工厂化割菇机运作。

3）硬实度。只有在适宜的环境生长出来的菇体才是结实的。高温、缺氧、缺水、采收前喷水等都是双孢蘑菇软化品质降低的原因。另外，双孢蘑菇贮藏期过长也会导致菇体组织自溶软化。

4）色泽度。白色双孢蘑菇应该是雪白色的，变色原因多是不适当的喷水或采收，其本质是多酚氧化酶触发褐变反应的结果，双孢蘑菇的正常变色并不意味着不能食用。要当心“死白”双孢蘑菇含硫化物超标，因为有些不法商贩采用含硫的化学物质漂白褐变菇。

【双孢蘑菇栽培经济效益分析】双孢蘑菇通常采用大棚（菇房）层架式栽培，一个400米^{2}菇棚的投入为4万元，5年折旧，每平方米投入栽培料成本约为25元，每平方米单位总成本约为45元。按每平方米产鲜菇10千克以上和鲜菇市场价为8元/千克计算，每平方米收入为80元，扣除成本后，每平方米的经济效益约为35元，一个菇棚1年的经济效益为1.4万元以上。

第七章
提高工厂化金针菇栽培效益

第一节　避免生产误区　向思路要效益

金针菇［*Flammulina velutipes*（Curtis ex Fr.）Sing］又名金钱菌、朴菇、榎菇、冬菇、毛柄金钱菌、增智菇等，属于担子菌纲伞菌目口蘑科金钱菌属。金针菇经历了栽培品种从黄色品系发展到白色品系，生产工艺从玻璃瓶栽发展到塑料袋栽，生产模式从家庭手工操作到工厂化生产的发展过程。我国金针菇工厂化生产经过近 20 年的探索，正在逐步走向成熟，各地涌现出一批工厂化栽培白色金针菇的企业，主要分布在上海、福建、山东、北京、浙江、江苏等地。金针菇工厂化生产引领食用菌生产的新业态。

近十年来，我国的金针菇生产，以先进的生产者作为参照，集成日本、韩国的设备、机器、品种和栽培技术于一体，迅速实现工厂化大规模设施栽培。目前，已经达到生产过剩，处于稳定低价状态，工厂间的竞争较为激烈。

一、环境重视不够

制约金针菇工厂化生产的瓶颈是病虫污染问题，病虫害防控的关键是解决连作栽培后的环境污染问题。目前金针菇工厂化生产企业对生产场所及四周的环境条件重视不够，没有采取严格的保洁措施和建立完善的保洁制度，对进入培养室的空气和使用的水也没有进行净化处理。被杂菌污染的瓶（袋）没有及时拿出室外或远离栽培处，致使杂菌孢子扩散到整个菇房或场地。

金针菇工厂一般均有保温材料，生产环境潮湿，设备数量多且持续运行时间长，存在较高的电气火灾风险；生产企业消防力量单薄，潮湿的环境容易导致阴燃，不易有效快速发现着火点，行业火灾风险重视程度偏低，整体安全管理相对薄弱。企业要设置一定人员数量的专业消防队，负责日常消防知识的普及宣传、定期的消防演练和初期火灾抢险救援工作等。

【提示】

我国东北地区纬度高，受西伯利亚寒流影响时间长，受季风性暖湿气流的影响时间短，拥有独特的寒地气候资源优势，金针菇出菇期为9月底～第二年5月上旬，长达7个多月的时间，自然条件下就可实现2茬金针菇的栽培生产。即使在盛夏季节，日最高气温一般也不超过33℃，在金针菇菌丝死亡温度上限以下。因此，建造合理的出菇设施，使温度维持在一定温度范围内，合理安排发菌阶段和出菇阶段就能实现低能耗、高效率栽培金针菇。

二、对生产菌株的重视不够

在营养充足、环境良好的状态下，金针菇菌丝、子实体能健壮地生长；反之，就会生长发育不良。栽培环境发生变化，金针菇菌丝的品质就会变差，金针菇为了生存会随环境的变化而发生积极响应，导致粉孢子的形成和变异等。

金针菇的粉孢子（无性孢子）主要是由气生菌丝产生的，粉孢子由菌丝顶端向基部方向发生，分离或相互连接成粉孢子链，培养基表面菌丝和基内菌丝很少见到产生粉孢子。形成粉孢子的菌丝体首先出现清晰可见的透明隔，接着在透明隔处形成空泡，然后细胞质浓缩，空泡逐渐扩大，最后扩大的空泡区消解，浓缩细胞质被释放出来，彼此分离或连接，两端变得圆滑，进而形成粉孢子。金针菇初生菌丝和次生菌丝形成的粉孢子以单核为主，双核粉孢子是粉孢子断裂位置不同造成的。粉孢子大多是圆柱形（短杆状）或卵圆形的，(3~9) 微米 × (2~4) 微米，在菌丝分枝处形成的粉孢子呈 Y 形。

由于金针菇次生菌丝形成的粉孢子以单核为主，因此在开展金针菇菌种培养时，需在适宜的条件下培养，以避免粉孢子形成。一是利用已形成粉孢子的菌种接种栽培时，粉孢子萌发的菌丝不能结实，会造成产量下降；二是形成的粉孢子会污染环境，在同一接种室内开展金针菇菌种转接繁殖时，如果消毒不彻底就接种其他食用菌菌种，会在其他食用菌中生长出金针菇。

【提示】

金针菇粉孢子具有双重功能，可以萌发产生菌丝体进行无性繁殖，能够相对地保持亲本的遗传稳定性；或者作为性孢子与异宗菌丝结合进行有性繁殖，为定向选择性状优良的杂交育种提供了更大的可能性，值得在实际工作中推广应用。

金针菇菌丝生长的温度适应范围比较广，在低温下也不会停止生长，但环境稍有变动就会产生粉孢子，因而菌株的一部分可能会发生变化，混入不同性质的菌丝到栽培种中，对生产将会产生影响，需要特别注意。要制作金针菇菌种，对菌株与继代培养平行操作，须经常比较确认菌丝和出菇状态。菌株继代培养常发生劣化、老化，栽培者要仔细观察菌丝的表现，在继代周期到期前，准备好替换的菌种，以减少菌株产生的风险和影响。目前来看，菌株的不稳定主要是粉孢子的影响，操作上须尽量减少粉孢子的混入，这一点非常重要。因此，金针菇菌种培养时，不要单看菌丝变化，还要捕捉其他的变化动向。

【提示】

菌种生产的程序是继代培养、扩大培养（平板接种）、三角瓶培养和发酵罐培养。试管、平板菌种要划定使用日期，在规定日期范围内使用。继代培养接种时，接种块要放在试管斜面培养基的中部。所有在培养箱内培养的平板菌种，温度稍微有波动，就可能会产生粉孢子，因此准确培养非常重要。三角瓶菌种在接入发酵罐前，要经培养基糖度、pH、菌丝量的测定确认，没有问题才可使用。要特别注意，所有的菌种都要在菌丝生长期内使用，不能在老化期使用，以尽量避免粉孢子混入。单核菌丝与混入的单核粉孢子菌丝发生结合，虽然也能形成双核菌丝，但易导致遗传特性变异。

三、管理人员的素质有待提高

良好公司的组织管理，对各环节的管理都要求到位，实施准确，能快速应对金针菇生产中出现的问题，因此培养具有菌种制作和栽培技能的综合管理者非常重要。目前金针菇企业大多是家族企业，管理人员素质普遍较低，并且为了节约成本，引进的高素质管理人员相对较少。

一个公司最好有管理团队，一旦出现问题可以进行讨论，研究制定改进实验和实施方案。技术管理人员须理解公司方针，以生产结果为立场，把握栽培状况和工作人员动向，对各工程环节确切的实施流程进行调整。生产过程需要准确记录生产状况，发生问题后可凭借生产记录分析原因和寻求解决途径。分析不针对单一环节，而是对全部环节展开，逐一进行排查，实行相应操作（实验），分析结果，予以报告、评价，从而解决问题。

【建议】工厂化生产企业要对操作人员严格规范培训，保证相关人员能正确操作设备；要对维修保养电器人员、机械工程师培训。必要时到设备生产厂家进行培训与学习；同时，设备使用说明书应放在设备使用车间，供随时查阅，不应该作为档案资料放在其他部门保管。

四、生产设备重使用轻维护

设施设备要与生产规模相匹配，机器设备的点检、运转故障等不能仅靠修理员，还要有专门的管理员定期进行设备维修、更换，对于运行年份长的工厂，这一点尤为重要，不能因为机器的运行能力下降而影响正常生产。在企业生产过程中，不注重金针菇生产设备的维护，如装瓶设备运行不良会导致装瓶重量不均匀，培养基下紧上松，以及菌床表面的软硬不同；装瓶机漏斗下方的搅拌装置会缠绕较多编织袋绳，导致出料装瓶不均匀。装料不均匀会影响后期菌丝同步培养，也会导致播菌不良，进而影响出菇。设备运行时，打孔太快，会将瓶上部培养基压至瓶底，导致培养基下紧上松，应降低打孔速度，使培养料紧实且松紧均匀。

打孔棒磨损，不及时更换，或部分更换，会导致打孔不良，孔洞塌陷、回缩，孔径不一，影响接种时菌种的均匀流入，致使走菌不同步；或菌种发菌后堵塞孔洞使瓶内通气性降低，引起走菌期二氧化碳障碍，导致后期出菇不稳定。这种点检设备不到位所造成的问题在生产上常常出现，应予以避免。

有的厂家对空气净化（过滤）系统的清洁不够重视，实验室、冷却室、接种室、发菌房及出菇房等都要应用空气净化系统，才能实现环境的无菌化，保证菌种、菌瓶等不受污染。

【提示】

过滤系统分三级：初效过滤、中效过滤和高效过滤。初效过滤器一般2~3个月清洗1次，每半年更换1次，这样高效过滤器的寿命一般能在2年以上。每个月更换新初效过滤器；中效过滤器每个月清洗1次，每3个月更换1次，这样可以保证高效过滤器有5年（甚至10年）以上的使用寿命，而且因为更换后的新过滤器阻力小，空调负荷大大减少，而过滤器更换的费用远小于空调运行所需的电费，频繁更换前级预过滤器实际上是使空调在低阻力负荷下运行，可节省大量电费。

五、管理不够细致

金针菇大规模生产时，根据出菇要求进行细小的调整或大规模的变动比较难，但完全在固定的数值环境和规定的天数内完成栽培是不可能的，因此往往品质达不到要求。栽培管理须随菌株的特性及外界气候进行调整，固定的栽培技术无法适用于所有菌株。因此不管工厂大小，栽培者都要增强组织管理意识，准确开展管理工作。

【提示】

金针菇企业应用工业流水线生产的理念，在某种程度上，比工业生产更难，因为金针菇是有生命的活体，并且一环紧扣一环。检测手段又比较少，配方稳定是生产稳定的基础。

六、企业宣传不够

金针菇含有抗肿瘤、降低血糖、抗抑郁物质，其热水提取物对血液有清洁作用，可充分利用其药用价值，开发功能性食品。日本开发出一种金针菇"冰块"食品，即煮熟调味冷冻后用于出售，这样处理的金针菇营养成分特别容易被人体吸收；金针菇还含有美白成分，可用于化妆品开发。在市场竞争激烈的当前，企业或团体应扩大消费宣传，开发金针菇菜谱并宣传多种烹饪方式，以扩大其消费量。

【提示】

企业也可应用金针菇和真姬菇的工厂化栽培技术，高效率、机械化、自动化生产除金针菇以外的其他品种（如姬菇、真姬菇）或进行多品种复合式生产，会更容易销售。

真姬菇市场一直很好，但是由于后熟期较长、管理烦琐等原因，生产量一直难以提升，所以，其菇品的市场价格一直偏高，一直是食用菌中的高价产品。通过企业转型，迫使市场价格降下来，增加消费面，可实现更好的产业化发展。

第二节　结合生物学特性　向精细化管理要效益

近年来，金针菇工厂化生产在各地迅速发展，根据生产的先进程度可分为 2 类：一是机械化、自动化程度高，栽培条件完全可控；二是一定程度的机械化，自动化程度低，控制温度为主。目前国内主要以第二类为主，其主要特征为：投资少（仅为前者的 1/30~1/20），见效快，且以人工管理为主要手段。

一、合理配置库房结构及制冷设备

（1）库房结构　库房要求相对独立，各冷库排列于两侧，中间留出过道，库门开于过道两侧，过道自然形成缓冲间，减小空气交换时外界与栽培冷库内的温差。菇房要求封闭性、隔温性及节能性好，应利于控温、控湿、通风、控光和防控病虫害。菌丝培养库面积以 60 米 ^{2} 为宜，出菇库面积以 40 米 ^{2} 为宜，培养库、出菇库比例为 2∶1。

【提示】

单间出菇房长度、宽度、高度以 9 米 ×5.5 米 ×（4~4.5）米为宜，栽培架为 7~9 层，层间距为 40~45 厘米，顶层距房顶 90 厘米以上。出菇架各层均配备充足的照明光源。

（2）制冷设备配制　制冷设备（图 7-1）应与菇房大小相匹配，配置制冷机及制冷系统、冷风机及过滤通风系统和自动控制系统。

图 7-1　制冷设备

（3）技术模式　企业存在两种技术模式，一是立式出菇，菇架大约设置 5 层以上，高者可超过 8 层，使用梯形高凳进行管理，菇品尤其周正、均匀，商品率高、商品价值高。二是横（斜）式出菇，或为木制菇架，或为铁制菇架，也有少量网格式的；无论横式出菇还是斜式出菇，只要保持瓶（袋）口足够长，控制菌盖部位不会弯曲，商品价值也就不会降低。

【注意】

金针菇工厂应有健全的消防安全设施，备足消防器材；排水系统畅通，地面平整。所用建筑材料、构件制品及配套设备、机具等，不应对环境和金针菇产品造成污染。

二、生产设施要配套

包括栽培架、锅炉、灭菌筐、灭菌柜（图 7-2）、破碎机、拌料机、高压锅、天车机械手、自动上架机、自动下架机等。

（1）栽培架　培养库栽培架为 8 层，层间距为 40 厘米；出菇库栽培架为 7 层，层间距为 45 厘米，第一层离地 50 厘米以上（图 7-3）。

图 7-2　灭菌柜

图 7-3　栽培架

【提示】

因为菇房的湿度很高，所以杂菌极易繁殖，特别是松木制作的菇架，更容易发生绿色的木霉，必须用硫酸铜进行消毒（防除青霉和木霉）；为了预防发生曲霉，同时要用高效漂白粉进行彻底消毒。

（2）灭菌框、推车　灭菌框可装菌袋 16 袋，推车可装菌框 10 框（图 7-4 和图 7-5）。

图 7-4　推车（一）

图 7-5　推车（二）

（3）常压灶、锅炉　常压灶由锅炉提供蒸汽，每灶可装菌筐 250 筐（即 4000 袋），锅炉规格在 0.3 吨以上为宜。

（4）拌料机、破碎机　拌料机以每次拌料量为 150 袋为宜，颗粒粗的培养料需预先用破碎机进行破碎。

（5）天车机械手　实现菌瓶（袋）整筐的搬移（图 7-6）。

图 7-6　天车机械手

（6）自动上架机　将高筐或者矮筐输送到上架机辊筒输送线上，空层架输送到推筐工位处（图 7-7）。

（7）自动下架机　下架机逐层将筐推出到液压升降平台上（图 7-8）。

图 7-7　自动上架机

图 7-8　自动下架机

三、利用优质原料

金针菇菌丝体分解木材的能力较弱，因此坚硬的树木砍伐后，未达到一定的腐朽程度便作为原料栽培金针菇，是不会产生子实体的。坚硬的树木砍伐（木屑）后，需要露地堆放半年以上（待木屑中的树脂单宁等挥发油及水溶性有害物质流失），才能利于金针菇生长。

不允许供应商在原材料中添加石灰、碳酸钙等物质；严禁原材料供应商对玉米芯进行熏蒸漂白。企业应与原料供应商签订合同，若造成损失应要求赔偿；严格原材料入库检测制度和原材料使用记录制度；建立原料质量评价制度，保证优质合格原料的供应。

【提示】

木屑颗粒不可太小，直径小于或等于 0.85 毫米的占 22%，直径大于或等于 1.69 毫米的约占 20%，其他颗粒的直径介于 0.85~1.69 毫米之间。

除木屑之外，其他玉米芯（直径为 0.3~0.5 厘米的颗粒）、棉籽壳、甘蔗渣、米糠、酒糟、麸皮、玉米粉一定要新鲜、无霉变、无虫蛀。棉籽壳作为栽培原料，产量最高。

四、选用高产配方

金针菇工厂化栽培可选用以下配方：

1）甘蔗渣 30%，棉籽壳 29%，麸皮 30%，玉米粉 10%，轻质碳酸钙 1%。

2）棉籽壳 35%，麸皮 30%，木屑 8%，玉米芯 20%，玉米粉 5%，石膏 0.5%，轻质碳酸钙 1.5%。

3）木屑 34%，麸皮 30%，玉米芯 20%，甘蔗渣 10%，玉米粉 5%，轻质碳酸钙 1%。

4）玉米芯 36%，棉籽壳 30%，麸皮 30%，玉米粉 3%，石灰 1%。

5）木屑 33%，玉米芯 30%，米糠 22%，麸皮 11%，玉米粉 3%，石灰 1%。

6）棉籽壳 45%，麸皮 30%，木屑 21%，轻质碳酸钙 1%，过磷酸钙 1%，玉米芯 2%。

7）木屑 48%，玉米芯 20%，麸皮 25%，玉米粉 5%，硫酸钙 1%，轻质碳酸钙 1%。

8）玉米芯 70%，麸皮 20%，大米糠 4%，玉米粉 4%，硫酸钙 1%，轻质碳酸钙 1%。

【提示】

工厂化生产中为了尽量提高第一潮菇产量，米糠、玉米粉、麸皮添加量一般以 30%~40% 较为合适。

五、制袋（瓶）

1. 拌料

按配方称取各种原、辅料，用拌料机将栽培料干拌 10~15 分钟，搅拌均匀后，再加入水充分搅拌均匀，袋栽培养料含水量控制在 63%~65% 之间；瓶栽培养料含水量控制在 65%~67% 之间，pH 控制在 6.0~6.5 之间。金针菇工厂化栽培中不能直接向菇体喷水，所以在配料时，加水量应稍大，以料水比为 1∶(1.3~1.5）为宜。

金针菇拌料过程中要避免高温季节搅拌时间过长、堆料过久，导致出现培养料发酸的情况，因此要及时搅拌、装瓶、灭菌。培养料发酸会导致发菌缓慢，产量降低。也要避免空瓶子不够用，生产无法正常进行的情况，提前准备好相关用品。另外，搅拌机使用前后要清洗，日常管理要到位，注意加水方式确保加水均匀。

【提示】

预防培养料酸化的措施：①加入碱性调节物，在拌料中加入碱性调节物以调节 pH，但添加量不宜过多，过多对出菇有负面影响。②利用培养室排气来控制培养室的温度，搅拌间通过排气降低空间温度。③设备配置合理，一个拌料锅对应一个灭菌锅，灭菌锅容量以装瓶机 45 分钟的装瓶量为准。④确保充足的干拌时间，以便使料干拌均匀。⑤严格遵守当天灭菌原则。⑥剩余培养基第二天禁止使用。

2. 装袋（瓶）

栽培袋采用 17.5 厘米 ×40 厘米 ×0.05 厘米的聚丙烯塑料袋，中间插入直径为 2 厘米的接种棒后，以套环和棉花塞封口（图 7-9）。选用 1100~1400 毫升的聚丙烯塑料瓶，料面距瓶口 1.5 厘米，每瓶装料

图 7-9　装袋

湿重为 0.8~1.0 千克。装瓶（图 7-10）应上紧下松，孔隙度适中，料面平整，打孔数有 3 孔、5 孔、7 孔，中孔直径为 18~22 毫米，边孔直径为 13~15 毫米，打孔方式和数量可根据工艺需要确定。另外，装袋机、装瓶机使用前后要清洗（图 7-11），日常管理要精细。

图 7-10　装瓶

图 7-11　装瓶机清洗

3. 灭菌

装好的袋（瓶）采用数控高压蒸汽自动灭菌锅灭菌，冷空气排尽后，升温至 100~105℃维持 60 分钟，115℃维持 20~30 分钟，121~123℃维持 60~90 分钟；采用普通高压蒸汽灭菌锅灭菌，冷空气排尽后，升温至 121℃，维持 150 分钟左右。

【提示】

当灭菌器气压降到零后，打开灭菌器排气降温，当温度降至 80℃以下时，将载有栽培瓶的台车推入冷却室降温。在排气时切勿过急，要缓慢降低压力，以防塑料瓶盖向外膨胀或爆破。出锅后，在搬运过程中要注意保护塑料盖，勿使其破裂。影响灭菌彻底的因素有培养料是否存在干心料块、灭菌温度（压力与时间）、瓶盖类型（是否有利于蒸汽的穿透）。

灭菌炉有两个门，前门（图 7-12）进，后门（图 7-13）出，灭菌后培养瓶直接进入百级的洁净冷却工作室，当料温冷却至 30℃以下时，开始用接种机接种。

图 7-12　灭菌炉前门

图 7-13　灭菌炉后门

六、接种、培养

1. 接种

当料袋温度降至 30℃以下时接种，拔出接种棒，将菌种接入孔中并盖满料面后封口（图 7-14），接种完成后及时搬入培养室。

图 7-14　无菌接种

【提示】

接种环节有 3 个基本要求，即环境洁净度高，平皿检测菌落数平均为 0.25；人员消毒彻底，避免人员带菌；严格按照工艺流程操作。

除菌种带菌外，环境与人员因素对污染的影响高达 95%。使用液体菌种造成污染的最主要原因是接种过程中喷头堵塞，操作人员处理不当，该环节若控制好，污染率可控制在 0.5% 以内。

2. 培养

（1）**袋栽** 避光培养，初期培养室温度为18~22℃，相对湿度为65%~70%，二氧化碳含量控制0.3%以下，及时剔除杂菌感染的菌袋；当菌丝长至菌袋2/3时，温度逐渐降至15~17℃；当菌丝长满袋后，温度降至13℃左右进行袋内催蕾。

（2）**瓶栽** 避光培养，初期培养室温度为16~18℃（瓶肩温度不超过19℃），相对湿度为65%~75%，二氧化碳含量控制0.2%以下；当菌丝长至瓶肩时，温度降至13~15℃（瓶肩温度不超过18℃），相对湿度为75%~85%，二氧化碳含量控制0.3%以下。

【提示】

发菌过程中应定期检查菌丝长势及杂菌发生情况，每隔7~10天将菌袋上、下互换位置，发现杂菌污染袋要及时集中处理。较大的培养室，环境不易控制，温度低，萌发慢、封面慢，再加上菌液喷洒不均匀，随着培养环境恶化，隐形污染发生概率提高，造成出菇时有烂菇现象发生。发菌期可采用分段培养的方法来控制污染率，即前期用小培养室，后期采用大培养室，可有效降低污染。

七、合理催蕾

当袋栽菌丝基本生理成熟时，培养室温度控制在12~15℃之间，每天光照2~3次，每次1小时，光照强度为50~100勒，相对湿度保持在70%~80%之间，促使原基形成；当瓶栽菌丝达到生理成熟后，挑出污染瓶，无污染的栽培瓶经过搔菌机处理，将菌瓶表面的老菌皮搔掉，根据瓶子大小采用自动注水机注入一定量的洁净水，移入出菇房。催蕾应控制好以下环境因子。

1. 温度

目前我国栽培的金针菇分为黄、白两个品系，黄色金针菇为高温型，原基形成温度为10~14℃；白色金针菇为低温型，原基形成温度为 10℃左右。金针菇是一种变温结实型菌类，适当的温差刺激能诱导子实体原基大量发生。同时，金针菇子实体具有丛生的特性，基于金针菇以上的生物学特性，生产者在催蕾过程中就要抓住变温刺激和搔菌这两个主要方面。搔菌时，把菌种块及老菌皮一起刮掉，露出新的培养料，最后要把露出的新培养料面压平。出菇房的温度白天设定在 12℃，夜晚设定在 8℃，形成 4℃左右的温差。

【注意】

用搔菌机（图 7-15）搔菌时，刮除料面 5~7 毫米即可，然后平整料面；当料面出现脱壁、发干时，适当深搔。搔菌完毕后用一定压力的水冲洗料面，以刺激菌丝形成原基。搔菌后会发现菌种孔有菌丝块，而菌丝块堵塞菌种孔，影响菌床的透气性，这是引起不出菇的原因之一。同时，注意料面有无粉孢子，菌丝洁白程度、有无菌皮。

图 7-15　搔菌机

搔菌前，首先检查机器等设备配件是否完好，其次对搔菌刀及附件机械要事前进行消毒。搔菌时，工作人员应先及时挑出污染的栽培瓶，防止在搔菌时造成大面积交叉污染，料面菌丝颜色浅、培养料发黑者多为细菌污染（彩图 55）；污染量大的时候，加强对刀头的消毒。出菇房须彻底清洁消毒后才可使用。搔菌后的菌袋要及时进行催蕾处理，给予足够的低温刺激，促使原基形成，温度控制在 7~9℃之间。

【误区】

不同的工厂化栽培金针菇企业搔菌方法也不一样，有的只刮掉老菌皮，不压平露出的新培养料；有的不搔菌，也不去掉老菌皮，直接在老菌皮和菌种块上形成原基。长到2~3厘米后，再以强风及低湿度促其倒伏，重新催蕾，并在倒伏的子实体上长出新的原基。这种方法极易引起杂菌的感染和烂菇现象。这些管理措施缺乏科学依据，轻者延长出菇期，重者减产，造成产品品质下降。

2. 湿度

经过搔菌后的菌瓶（袋）（图7-16），由于其表面露出新的培养料，所以应提高出菇房的空气相对湿度至85%~90%（图7-17），防止表面干燥，而影响菌丝恢复生长。湿度太低，气生菌丝会过于浓密，但湿度也不应超过90%；湿度过大，原基下部会出现大量暗褐色液滴，引起病害，导致杂菌感染。

图7-16　搔菌9天后的菌瓶

图7-17　出菇房湿度控制

【误区】

部分金针菇工厂化栽培企业在催蕾过程中把湿度提高到了95%，水汽在还未长出菌丝的新培养料表面结成露珠，导致料面局部感染杂菌，造成了不必要的损失。

3. 空气

金针菇是好氧性真菌，尤其在生殖生长阶段，菌丝体呼吸作用旺盛，出菇房内的二氧化碳含量升高，容易造成氧气不足，菌丝体活力下降，影响菇蕾的形成。所以在催蕾过程中应加大出菇房的通风量，每天早、中、晚各通风 30 分钟。

【误区】

目前金针菇工厂化栽培的企业在催蕾过程中存在的问题是通风与保湿的矛盾，通风次数过于频繁，出菇房湿度达不到 85%，培养料表面干燥，气生菌丝徒长，影响原基的形成，导致出菇不均匀。二氧化碳含量为 0.06%~4.9%，金针菇可以正常生长；二氧化碳含量为 1%~4.9% 时，菌盖直径与二氧化碳含量呈负相关，二氧化碳抑制菌盖生长，促进菌柄生长；二氧化碳含量大于 5%，不形成子实体。

4. 光照

金针菇是厌光性菌类，但在完全黑暗的条件下不能形成子实体原基，微弱的光照能促进子实体原基的形成。出菇房内 15 瓦灯泡吊在离瓶（袋）面 3 米的高度，每天照射 12 小时就能满足催蕾过程对光照的需求；或每天给予 1 小时的散射光或蓝光灯照射（彩图 56），光照强度为 50~100 勒。

【误区】

有的厂家认为催蕾过程不需要光照刺激，便不提供光照条件。还有的厂家认为金针菇菌丝能进行光合作用，所以又提供了过强的光照射菌袋（瓶），这些错误做法都是对金针菇生物学特性缺乏了解造成的。

八、利用再生和抑制

1. 袋栽

（1）开袋　经 14~18 天的低温、光照刺激后，针尖菇可布满菌袋

80%，长度为 3~4 厘米，此时应开袋，拔去套环和棉花塞，割掉离料面 1 厘米以上的塑料袋（图 7-18），移至出菇房的中间 3 层栽培架上。

图 7-18 割袋

【提示】

开袋过早、过迟对再生菇的形成和品质都有较大影响，过早开袋针尖菇没有长齐，再生效果差；过迟开袋消耗培养基内的大量养分，且在温度较高的情况下容易形成烂菇，不利于再生菇形成。

（2）**再生期** 出菇房的初期温度控制在 6~9℃之间，相对湿度控制在 85% 以下，二氧化碳含量控制在 1.2%~1.4% 之间。当菇蕾失水倒伏时，控制温度在 9~10℃之间，相对湿度为 85%~90%，促进老菌柄上再生出新的菇蕾。

（3）**抑制期** 当整个料面再生菇蕾密集而整齐时，温度控制在 6~9℃之间；再生菇的菌柄伸长至 3~5 厘米进行套袋，并移至出菇层架的上层，温度为 5~7℃，相对湿度为 85%~90%，每天光照 3~5 次，每次 1 小时，光照强度为 100~300 勒。

（4）**子实体生长期** 将套袋分次拉高，经 5~7 天后将栽培袋从栽培架上层移至下层，相对湿度为 85%~90%，期间应减少光照和通风次数。在采收前 3 天，降低菇房相对湿度。

2. 瓶栽

（1）催蕾期　搔菌后第1~7天，出菇房温度控制在14~16℃之间，相对湿度在95%以上，二氧化碳含量为0.2%~0.3%。其中第3~5天进行光照，每天光照8小时，光照强度为200勒左右（图7-19）。

（2）均育期　第8~10天，温度由14℃逐步降至6℃左右，相对湿度为90%~95%，二氧化碳含量提高至1.2%~1.8%，抑制菌盖发育，促进子实体整齐生长。

（3）抑制期　第11~16天，温度控制在4~6℃之间，相对湿度为90%~95%，二氧化碳含量为0.4%~0.6%，菇蕾长至瓶口处，隔1天光照4小时，光照强度为200勒左右，促进子实体健壮、整齐生长。菇蕾长出瓶口1.5~2.5厘米时进行套筒（图7-20）。

图7-19　催蕾

图7-20　套筒

（4）子实体生长期　温度控制在6~8℃之间，相对湿度为90%左右，二氧化碳含量为0.6%~0.8%，套筒后2~6天，根据菇的整齐度适当光照2~8小时，光照强度为200勒左右，培育9~10天即可采收。

九、抑制过程应科学

所谓抑制就是在催蕾结束后，原基已经基本形成，菌盖刚刚分化出来，并长至1~2厘米时，所采取的一项技术措施。主要是通过低温、强光、强风的配合作用，减缓菇蕾发育速度，使菇蕾的整齐度和品质都得到提升。

抑制期菌芽数量少和瓶口内的针状菇芽徒长会导致菌根瘦小、松散，菌丛不均匀，因此抑制是否到位将决定菌根的状态。抑制偏晚，采收时菌根会不结实，切面松散、变色；抑制时光照不均匀，抑制开始时间不当，会影响菌帽分化的整齐度。此外，培养基水分少，也会导致菌根瘦小；培养基营养、水分不足会导致菌根萎缩、变色。抑制还要注意以下环境条件。

1. 温度

金针菇子实体发育的最低温度是3℃，低于3℃子实体就停止发育，当把出菇房温度调至3~5℃时，子实体发育速度明显减缓，但菌柄和菌盖则变得更加壮实，整个菇丛变得更加整齐。

【误区】

工厂化栽培金针菇的企业在抑制期的管理过程中存在的问题是所设置的温度过高或过低，3℃、6~8℃等都有，但6~8℃的居多。温度过高，子实体菌盖变大，商品价值降低。

2. 湿度

抑制阶段的子实体抗逆性较差，湿度过低易导致子实体干缩萎蔫。此阶段还要加大通风量，所以应保证出菇房湿度不低于85%。

3. 空气

为了抑制菌柄和菌盖的发育速度，需要调整出菇房氧气和二氧化碳的比例，加大通风量能提高出菇房氧气的含量，降低二氧化碳的含量，同时带走菌盖和菌柄上过剩的水分，减少病害的发生。

【误区】

在抑制期，工厂化栽培金针菇的企业应根据出菇房的实际情况，如菌袋的数量、密度、湿度大小，进行适量的通风。切不可采取一刀切的管理模式。

4. 光照

因为金针菇属厌光性菌类，所以光照对金针菇子实体的发育能产生巨大的影响，其主要作用表现在能抑制菌柄的生长，强光能使子实体的颜色变深，菌盖容易开伞。在抑制期，可利用金针菇的这一生物学特性，来抑制菌柄过快的生长。但这一措施与低温、大通风量配合使用才能起到良好的抑制作用。

【误区】

在抑制期，工厂化栽培金针菇企业管理中存在的问题是一味强调强光照射，导致菌盖变大，菇体颜色变深，使用 36 瓦的灯泡吊在离瓶（袋）面 3 米的高度，每天照射 12 小时就足够了。

十、适时套筒（袋）

当菇蕾长到 3~4 厘米时，就要适时套筒。套筒的目的是提高金针菇周围的二氧化碳含量，促使菌柄快速生长，同时要抑制菌盖过快发育的一项技术措施。套筒的长度因各金针菇工厂分级采收标准不同而有所不同，一般以长于一级菌柄长的 1~2 厘米为宜。

【提示】

套筒后（包胶片）子实体会出现不整齐，可以通过间断性光照控制整齐度（图 7-21）。

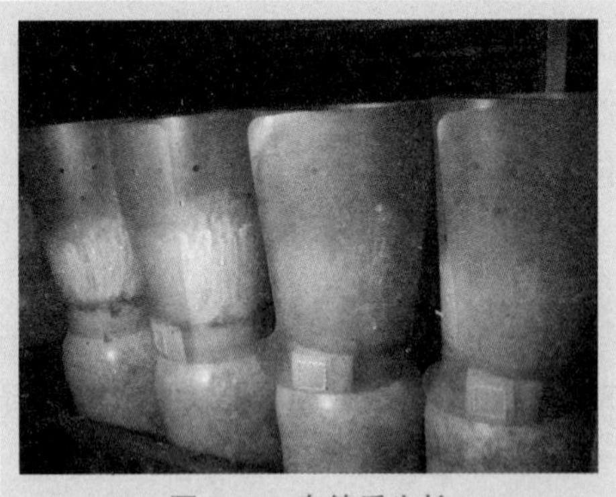

图 7-21　套筒后生长

1. 温度

白色金针菇子实体发育温度为5~8℃，低于5℃生长发育迟缓，生产周期延长；高于8℃生长速度加快，易开伞；高于15℃容易发生病害。最适宜的温度区间应设定在5~6℃，此时子实体发育健壮。

【误区】

工厂化栽培金针菇时存在的问题是过度强调低温，温度设置在5℃以下，生产周期将明显延长，增加了生产成本。也有的厂家把温度调得过高，如8~12℃，这会造成菌盖过早开伞，子实体生长过快，菌柄细长且变成黄褐色，不整齐，产量低，降低了金针菇的品质。工厂化金针菇生产企业可利用蓄冷技术（图7-22）进行节能生产，以提高经济效益。

图7-22　蓄冷水箱

2. 湿度

套筒育菇阶段的湿度管理对金针菇品质有较大的影响，当出菇房内的相对湿度超过90%时，易产生水菇，菇上长菇现象，易发生病害。若相对湿度低于75%，则子实体生长不良、发黄。因此，在套筒后的育菇阶段，出菇房相对湿度应以控制在80%~90%为宜。

【误区】

工厂化栽培金针菇存在的问题主要是出菇房湿度偏高，有的湿度已达到95%，菌柄易发生褐变；也容易引发根瘤病和细菌性的斑点病，基部变为黑褐色，菌盖发黏，导致腐烂。

3. 空气

金针菇子实体周围空气中二氧化碳含量的高低，是决定金针菇子实体菌盖大小和菌柄长短的主导因子，提高空气中的二氧化碳含量，对菌柄生长有促进作用，对菌盖生长有抑制作用。当二氧化碳含量超过10000毫克/千克时，会抑制菌盖发育；当二氧化碳含量超过50000毫克/千克时，子实体无法形成；当二氧化碳含量在30000毫克/千克左右时，菌柄不会过度伸长，而菌盖生长则能受到抑制，子实体的重量因菌柄伸长而增加。人工栽培金针菇可利用这一特性，当子实体长到3~4厘米进行套筒时，可抑制菌盖生长，促使菌柄伸长，从而提高栽培产量。如何进行通风换气才能满足金针菇对高含量二氧化碳的需要，就显得尤为重要。要根据栽培量的大小来决定通风的强度，以及通风时间的长短，可采用间歇式的通风方式，每隔12小时通风30分钟。

【误区】

存在的问题包括通风量大小、通风频次等，对二氧化碳含量没有一个统一的标准单位。现在使用的单位有：毫克/千克、%、ppm（百万分之一）等，在气象学及农业生产中二氧化碳含量常以ppm（百万分之一）来表示。通风过于频繁，势必要降低空气中的二氧化碳含量。有条件的厂家可在出菇房内不同位置设置采样点，把二氧化碳测量仪探头放置在套筒内。准确监测套筒内的二氧化碳含量，作为判断通风量及通风频次的依据。部分厂家所使用的ppm（百万分之一）含量与二氧化碳含量见表7-1。

表 7-1 部分厂家所使用的 ppm（百万分之一）含量与二氧化碳含量对照

ppm（百万分之一）含量	二氧化碳含量
1100	0.11%
1100~1500	0.11%~0.15%
4000	0.4%
5000~6000	0.5%~0.6%
10000	1%
5000~10000	5000~10000 毫克 / 千克

4. 光照

金针菇子实体具有强烈的向光性，对光照特别敏感，栽培容器位置改变会使菌柄扭曲，菇体的色泽受光照的影响较大，特别是菌盖的顶部及菌柄的下半部，长期受光照的刺激易变成深褐色，但对红光和黄光不敏感。在完全黑暗的条件下，子实体菌盖不能发育或发育不良，子实体分枝较多，生长不整齐。

【误区】

工厂化栽培金针菇存在的问题是散射光过强，照射时间过长，菌柄生长受到抑制，菌盖变大，色泽加深。35 瓦红灯吊在离瓶（袋）面 3 米的高度，每天照射 6 小时，即可满足套筒生育阶段金针菇对光照的要求（彩图 57 和彩图 58）。菌袋或光源位置经常移动，会使金针菇丛长成散乱的状态。所以，套筒后不要随意移动菌袋或改变光源的位置。

十一、及时采收

当菌柄长至 15~17 厘米、菌盖内卷呈半球形、直径为 1~1.5 厘米时，即可采收（图 7-23 和图 7-24）。采收时，轻握菌柄，整丛拔出，勿折断菌柄。根据市场要求进行分级包装，包装时切去菌根，用 2.5 千克装食品袋排放整齐，后装入泡沫箱。

图 7-23　金针菇采收期

图 7-24　金针菇采收车间

鲜菇采后要及时进入 0~5℃冷库预冷、整理分级、加工、贮藏保鲜。

【提示】

金针菇采收要对出菇房及时清理消毒，然后备用。没有感染杂菌的金针菇废料，可制作有机肥，或再次作配料栽培其他种类的食用菌；带有病菌的废料，可进行发酵处理或者作燃料烧毁，避免长时间堆积导致杂菌扩散蔓延。废料场地要整洁，卫生。

十二、避免出现问题

1. 出菇不整齐且量少，出菇有早有晚，大小不一

（1）主要原因　接种量过大或菌种块大；发菌温度偏低，特别是低于 15℃；菌袋膨胀。

（2）解决方法　接种量控制在 3% 左右，菌种块直径控制在 1 厘米左右；适温发菌，温度控制在 20~22℃之间；采取搔菌措施，即当菌丝长满培养料时，用镊子和铁丝钩将表面老化的菌丝和接种块去掉，搔菌不能太重，否则会推迟出菇；将灭菌后膨胀的料袋重新装袋。

2. 产量低、品质差（商品率低）

（1）通风不良　当出菇房内通风不良、二氧化碳含量过高时，便会出现子实体顶部纤细、中下部稍粗，而且生长参差不齐、东倒西歪的情况。若继续缺氧会停止生长，甚至死亡。

（2）**光照方向改变** 若出菇房内经常改变光照方向，则会出现子实体菌柄弯曲或扭曲，且子实体数量多，幼菇弱小且发育不良的情况。

（3）**子实体过早开伞，失去商品价值** 形成原因很多，温度、湿度、空气、光照管理不当和发生病虫害均可导致子实体过早开伞。

【提示】

要培养柄长、色正、盖小的优质金针菇，必须控制好温度、湿度、光照、二氧化碳含量4种因素之间的关系。温度控制在8~15℃之间；空气相对湿度为85%~90%；光照为极弱光，光源位置不能改变，否则子实体散乱；二氧化碳含量达0.11%~0.15%，可促使菌柄伸长，二氧化碳含量超过1%会抑制菌盖发育，二氧化碳含量达到3%会抑制菌盖生长而不抑制菌柄生长，二氧化碳含量达到5%就不会形成子实体。一般可通过控制通风量，维持高的二氧化碳含量。

3. 金针菇细菌性斑点病

（1）**发生特点** 病斑外圈颜色较深，呈深褐色，条件适宜时许多病斑连成一片；菌柄、菌盖呈黑褐色，质软，有黏液，最后整朵腐烂（彩图59）。发病初期在菌盖上产生黄色或浅褐色圆形或不规则斑点，中央稍凹陷，产品进入商超后发展尤其迅速；后期病斑呈棕褐色，分泌有臭味的黏液。

（2）**发生诱因** 细菌性斑点病的病原为托拉氏假单胞杆菌，发病诱因主要为菇房高温、高湿、通风不良；工厂化栽培蒸发器、加湿器等设备漏水，滴溅到菌盖上也会引起细菌性斑点病的发生。

（3）**防治措施** 菌瓶（袋）制作过程中应用纯菌种，防止菌种带菌；灭菌彻底、均匀周到；严格无菌操作；避免培养料过湿。出菇期避免菇体积水（低温期不用冷水直接喷在菌盖上）和高湿环境，注意通风及空气内循环。

4. 绵腐病

（1）发生特点　绵腐病是由异形葡枝霉引起的真菌性病害，也称软腐病，主要为害菌柄基部，也可为害菌盖。发病初期先在菌柄上形成白色的较稀疏的菌丝，然后逐渐扩展，两天后就可在发病处出现较浓密的似霜霉的霉层，基部出现深褐色水浸状小斑点，然后斑点逐渐扩大，并迅速向上蔓延，使子实体软腐变质，发生倒伏。在金针菇工厂化栽培中，受感染的栽培瓶，发病轻时子实体被棉絮状菌丝覆盖，严重时绵腐病菌丝布满整个料面，导致不能出菇。该病发生没有固定的位置，时间也不规律。

（2）防治方法　绵腐病难以控制，只能在前期提前做好房间的清洁工作进行预防。出菇阶段须保持菇房的空气相对湿度在 85%~90% 之间。可喷洒多菌灵 500 倍液或 1% 的漂白粉溶液，抑制绵腐病病原菌生长。对已发病的栽培瓶，应立即清除，烧毁废料，并对栽培瓶进行高压灭菌处理。

5. 黑根病

（1）发生特点　发生黑根病的菌丝白色透明，在基物表面形成匍匐丝，每隔一定距离长出根系状的菌丝（假根），从基质中吸取营养和水分。黑根病病原菌寄主范围广泛，适应性强，孢囊孢子在温度 25℃以上、湿度大于 65%、pH 为 4~6.5 时生长较快。金针菇菇房空间湿度大，湿气遇冷凝结成水珠贴在栽培瓶的瓶壁上，或者由于搔菌时的喷水导致中心孔洞积水和搔菌刀头交叉感染，因而极易在生育阶段感染黑根病。黑根病有两种，一种发生在菇体外围根部，呈黑褐色，严重时引起腐烂，有臭味；另一种发生在中心部位，外部没有表现。经观察，黑根病一般发生在栽培 2 年以上的菇房，催蕾期菇房湿度大，尤易发生。

（2）防治方法　①催蕾期间控制湿度使料面不出现积水是预防黑根病的主要手段。②菌种不能带有杂菌。③搞好菇房环境卫生，定期进行清理消毒工作。④一旦发病，菇房适当通风，停止喷水。⑤金针菇采收后要及时处理废料。

【注意】

金针菇病虫害要“防重于治”，只有防得住，才能治得了；防不住，杂菌病虫铺天盖地，治起来就很费劲。

参考文献

[1] 黄年来，林志彬，陈国良．中国食药用菌学［M］．上海：上海科学技术文献出版社，2010.

[2] 王世东．食用菌［M］．2版．北京：中国农业大学出版社，2010.

[3] 牛贞福，国淑梅．图说木耳高效栽培（全彩版）［M］．北京：机械工业出版社，2018.

[4] 国淑梅，牛贞福．食用菌高效栽培关键技术［M］．北京：机械工业出版社，2020.

[5] 崔长玲，牛贞福．秸秆无公害栽培食用菌实用技术［M］．南昌：江西科学技术出版社，2009.

[6] 刘瑞壁．长根菇生物学特性及栽培技术要点［J］．食用菌，2017，39（4）：46-47.

[7] 牛贞福，国淑梅，殷兴华．文化视角下食用菌产业的创新发展研究［J］．中国食用菌，2018，37（5）：87-89.

[8] 唐木田郁夫．中国金针菇工厂化生产中的问题［J］．食药用菌，2018，26（1）：23-25.

[9] 邓春海．金针菇工厂化栽培管理中存在的误区及改进措施［J］．食用菌，2013，35（6）：37-38，43.

[10] 马红，冯占，尹永刚．金针菇工厂化生产中的主要病害及其防治措施［J］．食药用菌，2015，23（6）：388-393.

[11] 荆会云．我国食用菌产业现状及大宗品种经济效益分析［J］．食用菌，2020，42（1）：1-2，15.